AF402497
AF402497

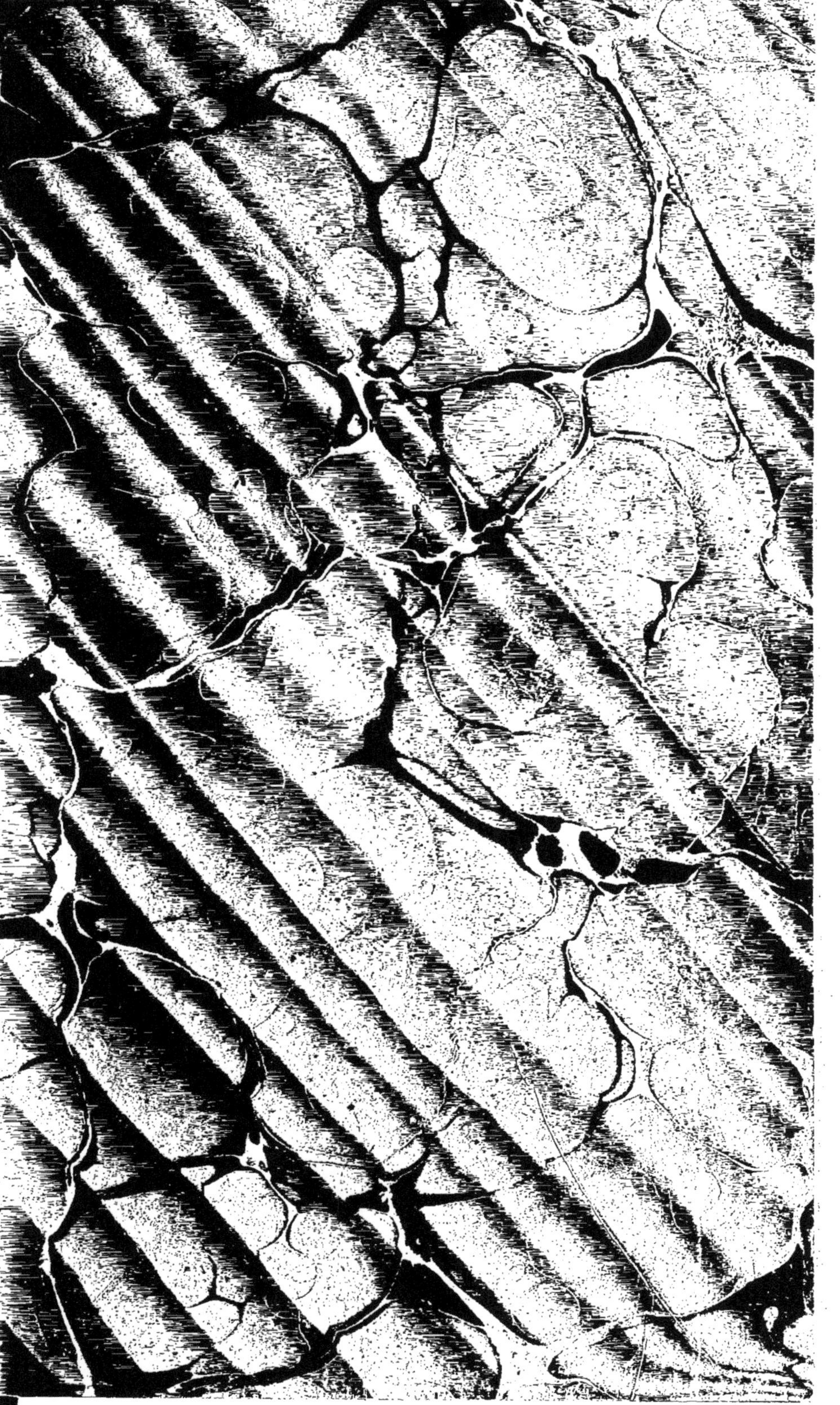

LEÇONS

LOCALISATIONS

MALADIES DU CERVEAU

LEÇONS

SUR LES

LOCALISATIONS

DANS LES

MALADIES DU CERVEAU

FAITES À LA FACULTÉ DE MÉDECINE DE PARIS (1875)

PAR

J.-M. CHARCOT

Professeur à la Faculté de médecine de Paris, Médecin de la Salpétrière,
Membre de l'Académie de médecine, de la Société clinique de Londres,
Président de la Société anatomique,
Ancien vice-président de la Société de Biologie, etc.

RECUEILLIES ET PUBLIÉES

PAR

BOURNEVILLE

Rédacteur en chef du *Progrès médical.*

PARIS

Aux bureaux du PROGRÈS MÉDICAL ⁞ V. ADRIEN DELAHAYE, Libraires-Éditeurs
6, rue des Écoles, 6. ⁞ Place de l'École-de-Médecine.

1876

PREMIÈRE PARTIE

PREMIÈRE LEÇON.

De la localisation dans les maladies cérébrales.

SOMMAIRE. — Préambule. — Aridité apparente de l'étude des localisations
cérébrales. — Principes de ces localisations.
De l'encéphale au point de vue morphologique. — Nécessité d'une nomenclature exacte. — Topographie des circonvolutions.
Importance de l'anatomie comparée. — Circonvolutions du cerveau du
singe : lobes frontal, pariétal et sphénoïdal. — Centres psycho-moteurs.
— Différences dans la composition de l'écorce grise des diverses régions
de l'encéphale.

I.

Messieurs,

Nous consacrerons la première partie du cours de cette
année à l'*étude anatomo-pathologique de l'encéphale*. Dans
un auditoire composé de médecins, c'est là un sujet dont
l'importance ne saurait échapper à personne. Mais, si je ne
me trompe, il s'y attache parmi quelques-uns, par suite sans
doute de ses abords, en apparence peu attrayants, un assez
mauvais renom. J'espère être suffisamment heureux pour
vous persuader bientôt, Messieurs, qu'un tel jugement serait
injuste et j'ai la conviction qu'à l'aide d'une méthode, plusieurs fois éprouvée déjà, à l'aide aussi d'une certaine dose
de patience et d'un peu de bonne volonté — et ce n'est pas
de mon côté, je vous le promets, qu'elle fera défaut, — nous

parviendrons, sans trop de difficulté et sans trop de fatigue, à l'accomplissement de la tâche que nous allons entreprendre.

Aujourd'hui, pour ne pas vous conduire de plain pied, et sans préparation, dans le domaine que nous devons parcourir ensemble, je voudrais, en manière d'introduction, vous présenter quelques observations relatives à des faits généraux, dont nous trouverons à chaque pas l'application dans nos leçons ultérieures.

Comme je ne crois guère à l'efficacité des généralités privées de leur substratum matériel, surtout en matière d'anatomie pathologique, j'invoquerai un certain nombre d'exemples, qui nous serviront, pour ainsi dire, de point d'appui. Ces exemples, je les détacherai d'un des chapitres les plus importants de la pathologie de l'encéphale, celui où il est traité de la *localisation dans les maladies cérébrales*.

Différentes raisons me décident à ce choix. En premier lieu, le sujet est un de ceux où l'heureuse influence des études anatomo-pathologiques sur les affaires de la clinique se fait le mieux sentir. C'est, en effet, sur le principe des localisations cérébrales qu'est fondé ce qu'on pourrait appeler le *diagnostic régional* des affections encéphaliques, cet idéal vers lequel, dans la section spéciale de la pathologie que nous envisageons, doivent tendre tous les efforts du clinicien.

D'un autre côté, cette question des localisations cérébrales vient d'entrer dans une phase nouvelle et elle fixe l'attention de tous, non-seulement en France mais encore à l'étranger. Bien que nous ne voulions pas sacrifier plus qu'il ne faut à la mode, nous ne saurions cependant nous soustraire à l'attrait qu'offrent toujours les investigations récentes, les faits nouvellement mis en lumière.

J'ajouterai enfin que, à propos du dernier concours d'agrégation de médecine, cet intéressant chapitre a été exposé, avec une grande distinction, sous forme de thèse, par mon ami et ancien élève, M. le Dr Lépine, agrégé de cette faculté. Je serai heureux, je vous l'avoue, de pouvoir utiliser les observations délicates qui abondent dans ce travail et de mettre à profit les richesses d'érudition que l'auteur y a accumulées.

Il ne saurait s'agir, cela va de soi, dans ces leçons préliminaires que d'une esquisse faite à grands traits. Tous les sujets qui vont être ébauchés devant vous devront être repris plus tard, soumis à une étude plus approfondie et fouillés, en quelque sorte, jusque dans leurs moindres détails.

II.

Il n'est pas nécessaire actuellement, je pense, d'entrer dans de longs développements pour faire comprendre ce qu'on entend par *localisation*, quand on parle de physiologie et de pathologie cérébrales. Le terme est, depuis longtemps, passé dans la langue usuelle et chacun sait ce qu'il signifie. Je me bornerai à vous rappeler que le principe des localisations cérébrales est fondé sur la proposition suivante : L'encéphale ne représente pas un organe homogène, unitaire, mais bien une association, ou si vous le voulez une fédération constituée par un certain nombre d'organes divers. A chacun de ces organes se rattacheraient physiologiquement des propriétés, des fonctions, des facultés distinctes. Or, les propriétés physiologiques de chacune de ces parties étant connues, il deviendrait possible d'en déduire les conditions de l'état pathologique, celui-ci ne pouvant être qu'une modification plus ou moins prononcée de l'état normal, sans l'intervention de lois nouvelles.

Il importe de rechercher maintenant sur quels fondements repose cette proposition. Pour en arriver là, nous devrons faire appel tour à tour aux données fournies par l'anatomie normale, la physiologie expérimentale et enfin par l'observation clinique appuyée sur l'examen méthodique et minutieux des lésions organiques. Je ne saurais trop faire ressortir que les documents du dernier ordre devront figurer constamment parmi les plus importants et les plus décisifs. Car, si les premiers peuvent mettre souvent sur la voie des localisations, seuls ceux-là permettront de juger en dernier ressort et de *fournir la preuve*, du moins pour ce qui concerne l'homme, objet spécial de nos études.

A. D'après ce qui précède, le moment est venu d'envisager l'encéphale d'abord sous le rapport morphologique. Nous n'allons pas entrer, vous l'avez compris, dans une description en règle. Je me propose d'indiquer seulement quelques traits généraux qu'il est indispensable de connaître pour le but que nous poursuivons et, afin de simplifier une situation fort complexe, je me limiterai au cerveau, c'est-à-dire à la masse de substance nerveuse, composée de deux hémisphères et située à l'extrémité supérieure de ce qu'on désigne sous le nom de *pédoncules cérébraux*.

Les deux hémisphères, vous le savez, sont symétriques ou peu s'en faut, et identiques quant à leur structure, de telle sorte que, anatomiquement parlant, ce que l'on dit de l'un peut s'appliquer rigoureusement à l'autre. Chacun d'eux est recouvert et comme enveloppé d'une couche de substance grise. La partie centrale est formée par une masse de substance blanche dans laquelle sont creusées les cavités ventriculaires et où apparaissent comme enclavés les noyaux ganglionnaires centraux, à savoir les *couches optiques* et les *corps striés*.

Une coupe transverse, pratiquée au niveau des éminences mamillaires, est bien propre à montrer ce qu'il y a de plus saillant dans la disposition réciproque des parties centrales (*Fig. 1*).

Immédiatement au-dessus de la protubérance, vous voyez
la face inférieure du pédoncule cérébral, dont le *pied* ou

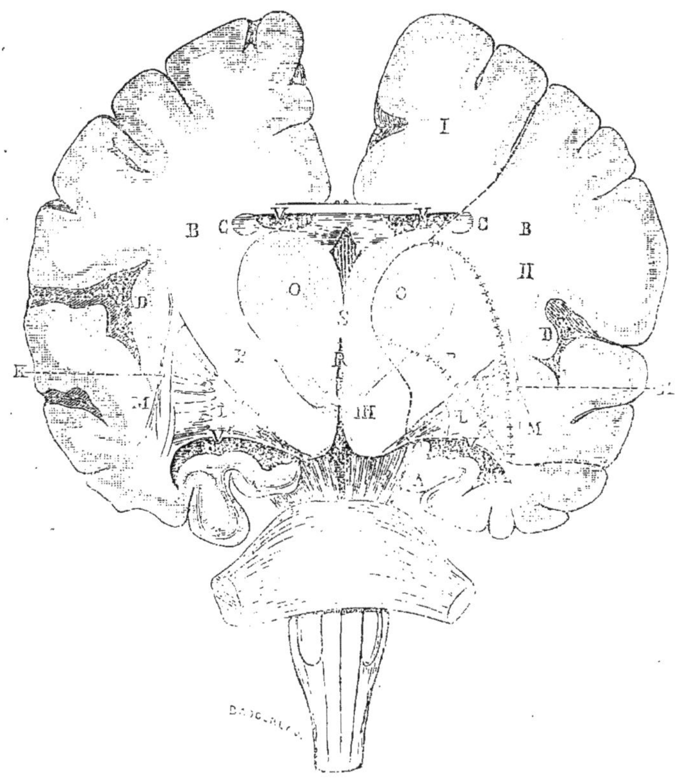

Fig. 1. — *Coupe verticale et transversale du cerveau faite en arrière des tubercules
mamillaires ou en avant des pédoncules.*— S, commissure grise ; — O, O, couches
optiques ; — V, ventricule latéral ; — V', sa corne sphénoïdale ; — P, P, capsule
interne ou pied de l'expansion pédonculaire ; — L, L, noyau lenticulaire ; — K,
capsule externe ; — M, M, avant-mur ; — R, troisième ventricule ; — A, corne
d'Ammon.

étage inférieur est issu, pour une bonne partie, comme nous
le verrons, des pyramides antérieures bulbaires. En remontant, à la partie inférieure et médiane de la coupe, vous

découvrez deux grands tractus blancs, (P, P,) qui se dirigent en divergeant vers la partie corticale des hémisphères. Ils sont compris entre deux masses de substance grise,
l'une interne et supérieure (O), l'autre inférieure et externe
(L). Ces deux tractus blancs sont les prolongements des
pédoncules à travers les hémisphères cérébraux.

Les pédoncules cérébraux, en effet, d'abord irrégulière-
ment quadrilatères, en pénétrant dans les hémisphères,
s'aplatissent de haut en bas, s'étalent d'arrière en avant,
et quand ils ont franchi le détroit de la région ganglionnaire,
s'épanouissent en rayonnant dans tous les sens : en avant,
vers l'extrémité frontale; au centre, vers les régions pariétales; en arrière, vers l'extrémité occipitale. Dans la
nomenclature de Burdach, on désigne la partie aplatie,
inter-ganglionnaire, des pédoncules sous le nom de *capsule
interne*; son rayonnement a été décrit par Reil, sous
le nom de *couronne rayonnante;* le *pied* de la couronne rayonnante est le point d'émergence des pédoncules
au-dessus des ganglions cérébraux. On peut caractériser
cette disposition des pédoncules dans les hémisphères en
disant qu'*ils se déploient en éventail.*

Indiquons maintenant brièvement, sauf à y revenir plus
tard, la situation respective des ganglions cérébraux par
rapport à cet éventail.

Lorsque, suivant la coupe classique, les ventricules latéraux ont été ouverts, vous vous souvenez avoir vu, faisant
saillie sur leur plancher deux masses de substance grise:
l'une antérieure et externe a la forme d'une virgule, d'une
larme batavique, dont la grosse extrémité ou *tête* est en
avant et dont la petite ou queue est en arrière et en dehors;
nous l'appellerons *noyau caudé* du corps strié; l'autre,
interne et postérieure, ovalaire, est la couche optique; les
couches optiques de chaque côté sont séparées par la profondeur du troisième ventricule.

Ces deux masses grises, intra-ventionlaires, le noyau

caudé du corps strié et la couche optique reposent *au-dessus et en dedans* de l'éventail pédonculaire. *Au-dessous* de ce même éventail, plus volumineux que les deux autres se trouve un troisième noyau, ayant à peu près la forme d'une lentille plane-convexe, d'où le nom de *noyau lenticulaire* (Burdach) (1). Comme il occupe d'avant en arrière la même étendue que les deux autres, sur les coupes *transversales* (frontales des Allemands, perpendiculaires à la grande scissure inter-hémisphérique), on le rencontrera toujours en même temps qu'eux sur la surface des sections.

L'étude des coupes transversales, pratiquées méthodiquement, d'avant en arrière, progressivement, suivant certains points de repère pris à la base des hémisphères, est indispensable à bien connaître pour l'anatomiste, auquel elle indique les rapports des noyaux entre eux et avec le pédoncule, et, pour le clinicien qui doit déterminer avec précision les parties lésées.

Je vous décrirai l'aspect de ces coupes frontales, à mesure que les besoins de la description l'exigeront. Aujourd'hui, il vous suffira d'en connaître une des plus postérieures, celle qui est pratiquée immédiatement en avant des pédoncules cérébraux.

Vous reconnaissez ici (en PP) la partie aplatie des pédoncules, *la capsule interne*. En dedans se trouve la section de la couche optique (O) et de la queue du corps strié (C). En dehors de la capsule interne, vous rencontrez le noyau lenticulaire du corps strié (L) avec ses trois segments. Ces noyaux gris sont, peut-être, autant de centres doués de propriétés, de fonctions distinctes, mais, ne l'oubliez pas, le fait n'est pas jusqu'ici péremptoirement démontré. Plus en dehors encore, vous découvrez succes-

---

(1) Dans la nomenclature, usitée chez nous, on l'appelle noyau *extra-ventriculaire* du corps strié.

sivement la capsule externe (K), l'avant-mur (M), une petite bande blanche innominée, et, enfin, l'écorce grise de l'insula de Reil (D).

Je n'ai pas l'intention d'entrer actuellement dans aucun détail de structure; je désire insister seulement, Messieurs, sur ces dénominations, toutes minutieuses qu'elles puissent paraître, et si, depuis longtemps, je me suis efforcé de les introduire dans la nomenclature française, c'est que je les considère comme de la plus haute utilité, quand on veut, lors de l'autopsie, déterminer la localisation exacte des lésions. Qui oserait affirmer que telle ou telle région, qui n'a pas d'appellation dans la nomenclature usitée chez nous, n'a pas une importance physiologique de premier ordre ? D'ailleurs, comment désigner cette région sur le protocole d'autopsie si elle n'est pas dénommée? Les désignations que je viens de donner fournissent autant de points de repère, et sont partant d'une utilité incontestable. Est-ce qu'une bonne carte stratégique est jamais trop complète ? C'est ainsi que, précisant l'endroit occupé par un foyer hémorrhagique, — la capsule externe ou interne, les noyaux de la substance grise, le pied de la couronne rayonnante, etc., — vous parviendrez à constater, s'il y a lieu, des différences symptomatiques en rapport avec des différences relatives au pronostic. Un exemple, emprunté à l'histoire de l'hémorrhagie cérébrale, vous prouvera sur le champ que ce n'est point là un travail superflu. Si un foyer hémorrhagique n'a intéressé que la capsule externe, le malade guérira, suivant toute vraisemblance, sans qu'il y ait persistance de l'hémiplégie, malgré l'étendue de la lésion et sans infirmité; s'il occupe, au contraire, la capsule interne, dans le cas où le malade survit, il persiste toujours une paralysie avec contracture indélébile.

L'importance d'une étude exacte et minutieuse de la configuration des circonscriptions du cerveau et, en même temps, d'une nomenclature appropriée, est surtout bien mise en évidence lorsqu'il s'agit de ces plis qui se dessinent à la surface des hémisphères, et qu'on désigne, en général, sous le nom de *circonvolutions*. Pendant longtemps, on a pu croire que ces circonvolutions étaient disposées pour ainsi dire au hasard, échappant par conséquent à toute description. Il appartenait à deux observateurs français, Leuret et Gratiolet, de démontrer qu'il y a là, au contraire, un plan régulier, qu'on peut suivre depuis les mammifères inférieurs jusqu'à l'homme, en passant par le singe.

Il y a lieu de distinguer, d'ailleurs, parmi les circonvolutions, les *plis fondamentaux*, ainsi appelés parce que leur disposition et leurs rapports sont absolument *fixes*, et les *plis secondaires* ou *accessoires*, dont il faut savoir faire abstraction, parce qu'ils sont *variables*.

Sans une bonne topographie des circonvolutions, vous le comprenez aisément, il est de toute impossibilité de faire un pas dans l'histoire des localisations cérébrales les plus importantes. Prenons un exemple. Comment parler des lésions qui produisent l'aphasie si l'on ne sait pas déterminer avec précision le siége et la configuration de la troisième circonvolution? Comment encore retrouver chez l'homme les régions dites psycho-motrices, découvertes chez les animaux par les recherches de Fritsch, Hitzig et Ferrier, si l'on ignore la disposition des plis et des sillons sur la substance grise du lobe pariétal et des parties postérieures du lobe frontal? Combien d'observations, propres à éclairer ces intéressantes questions de localisation, sont demeurées sans valeur, parce que, faute d'une connaissance suffisante des parties altérées, la dénomination exacte de ces parties n'a pu être donnée! Aussi, afin d'obvier dans la mesure du possible à cette lacune des descriptions anatomiques de l'état normal du cerveau, ai-je pris depuis longtemps l'habitude de figurer sur des schémas, dessinés d'après nature, le siége des lésions encéphaliques. En l'absence de ces précautions, on ne peut obtenir des notions exemptes de critique. Au reste, cette étude ne présente pas, tant s'en faut, les difficultés qu'on est porté tout d'abord à supposer. Si des renseignements plus complets n'ont pas, jusqu'ici, pénétré dans les livres classiques, ils abondent ailleurs. Sans parler des ouvrages fondamentaux de Leuret et Gratiolet, de Bischoff, d'Arnold, de Turner, etc., qu'il est indispensable de toujours consulter, je vous recommande l'usage du petit manuel d'Ecker (1), recueil de bonnes planches topographiques où vous trouverez, avec la synonymie, une nomenclature réduite à des termes fort simples. Ces planches, d'après mon conseil, ont été utilisées par M. H. Duret dans son important mémoire sur la circulation de l'encéphale. Enfin, nous possédons en France sur la matière un excellent travail. C'est une thèse de M. Gromier, faite sous l'inspiration de M. Broca. Elle est intitulée : *Etude sur les circonvolutions cérébrales chez l'homme et chez le singe* (1874).

L'anatomie comparée, de son côté, est d'un secours puissant pour l'étude des circonvolutions. Entre le singe et l'homme, par exemple, la ressemblance est frappante (2) en ce qui concerne les plis et les sillons fondamentaux, et telle disposition, qui paraît en quelque sorte inintelligible chez l'homme, s'explique sans peine en raison de sa plus grande simplicité quand on examine le cerveau du singe. Aussi, voudrais-je essayer de vous présenter un aperçu très-sommaire des circonvolutions envisagées chez le singe, avant

---

(1) *Die Hirnwindungen des Menschen nach eigenen Untersuchungen insbesondere über die Bentwicklung derselben beim Fötus und mit Rücksicht auf das Bedürfniss der Arzte.* Brunswick, 1869. — Il existe de ce travail une traduction anglaise.

(2) Lire à ce sujet dans la dernière édition de l'ouvrage de Darwin « *The Descent of Man* » (London, 1874) une intéressante note (p. 199) du professeur Huxley : *Note on the Resemblances and Differences in the Structure and the Developpement of the Brain in Man and Apes.*

de vous entretenir des circonvolutions du cerveau humain.
Cette étude vous offrira d'autant plus d'intérêt que l'expérimentation a déjà désigné, sur quelques-unes des circon-

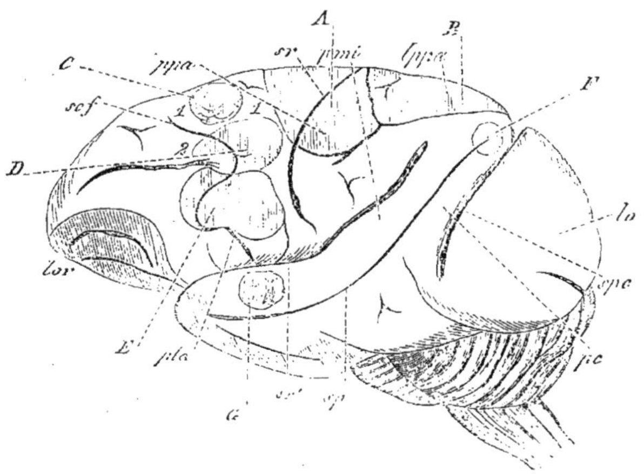

Fig. 2. — Face externe du cerveau du singe magot (Pithecus Innuus). (D'après Broca
et Gromier.)

Sillons: s r. sillon de Rolando; — s c f. sillon courbe frontal; — s s', scissure de
Sylvius; — s p e, scissure perpendiculaire externe (sillon pariéto-occipital externe);
— s p, scissure parallèle.

Plis: p f a, pli frontal ascendant; 1. 2, 3, première, deuxième, troisième plis frontaux: — le chiffre 3 qui manque devrait être au-dessous de la ligne ponctuée qui
va de D au chiffre 2; — p p a, pli pariétal ascendant; — l p p a, lobule du pli
pariétal ascendant; — p m i, pli marginal inférieur; — p c, pli courbe; — l o, lobe
occipital; — l o r. lobe orbitaire.

*Situation des centres pour les mouvements volontaires sur le cerveau du singe, d'après
les descriptions de Ferrier:* A, centres pour les mouvements volontaires du membre
antérieur; — B. centres pour le membre postérieur; — C, mouvements de rota-
tion de la tête et du cou; — D, mouvements des muscles de la face: — E, mouvements de la langue, des mâchoires, etc.; — F, certains mouvements des yeux,
vision; — G, centre en rapport avec les mouvements des oreilles et l'audition.

volutions du singe, la réalité de ces points dits psycho-moteurs dont il y a lieu de rechercher en se fondant, non
plus sur l'expérimentation, mais sur la clinique et sur
l'anatomie pathologique, l'existence dans les points correspondants du cerveau de l'homme.

Voici la représentation d'un cerveau de singe, vu latéralement (*Fig. 2*) d'après une figure empruntée à l'ouvrage

de M. Gromier. Il s'agit du *Magot (Pithecus innuus)*, un singe d'ailleurs d'assez bas étage. Je m'attacherai, pour le moment, à la description de la face externe de l'hémisphère, les faces interne et inférieure n'ayant pour le sujet qui nous occupe qu'une moindre importance.

On aperçoit, en premier lieu, deux longs sillons : l'un est le sillon de Rolando (*s r*), l'autre (*s s'*) la scissure de Sylvius. Ces deux sillons fondamentaux convergent en un point et délimitent la face externe du lobe frontal.

On voit ensuite et plus en arrière une autre scissure, *scissure perpendiculaire externe* ou *pariéto-occipitale* (*s p e*). Elle sépare nettement chez le singe le lobe occipital du lobe temporal et du lobe pariétal. Cette séparation est beaucoup moins évidente chez l'homme par suite de la présence de ce qu'on appelle les plis de passage qui comblent plus ou moins complétement ce sillon.

Le lobe pariétal et le lobe sphénoïdal se distinguent moins exactement chez le singe et, pour établir la démarcation, il faut prolonger la scissure de Sylvius par une ligne imaginaire passant par un pli désigné sous le nom de *pli courbe* (*p c*) ou *gyrus angularis*.

La surface externe de l'hémisphère cérébral se trouve donc divisée en quatre lobes : le lobe frontal, le lobe pariétal, le lobe sphénoïdal et le lobe occipital.

Chacun de ces lobes est partagé à son tour en lobes secondaires, qui portent le nom de plis ou circonvolutions, par des scissures ou sillons de deuxième ordre.

Lobe frontal. Le *sillon præcentral* ou *sillon courbe frontal* (*s cf*) limite en avant, sur le lobe frontal, une circonvolution parallèle à la scissure de Sylvius : c'est la *circonvolution frontale ascendante* et, afin de donner plus d'intérêt à cette énumération un peu sèche, je vous ferai remarquer que, suivant Ferrier, l'extrémité supérieure de cette circonvolution est occupée par les centres moteurs (A) du membre supérieur du côté opposé.

Des sillons perpendiculaires à la direction du précédent divisent le reste du lobe frontal en trois étages ou circonvolutions. 1° L'extrémité postérieure du premier étage constitue, au dire de Ferrier, un centre *C* dont l'excitation fait mouvoir la tête. — 2° Selon le même auteur, la partie postérieure du deuxième étage serait le centre des mouvements de la face, *D*. — 3° Enfin, dans le troisième étage serait placé, chez le singe, un centre qui préside aux mouvements des lèvres et de la langue, *E* ; c'est là que l'on rencontre, chez l'homme, le siége de la faculté du langage articulé : c'est la troisième circonvolution ou, ainsi que le disent les Anglais, la *circonvolution de Broca* (*Broca's Circonvolution*). Je ne veux pas me montrer moins français que ne le sont les Anglais et je suis heureux de saisir l'occasion qui se présente de reconnaître les services signalés qu'a rendus notre éminent collègue à la cause des localisations cérébrales.

Lobe pariétal. — Le lobe pariétal, dont l'étude est si difficile chez l'homme, est, en revanche, très-facile chez le singe. La scissure interpariétale le scinde en deux lobules secondaires : 1° Le *lobule pariétal supérieur.* (*l p p a*) qui est le centre (*B*) des mouvements du membre inférieur, d'après Ferrier ; 2° Le *lobule pariétal inférieur* ou lobule du pli courbe, à cause de sa connexité avec le pli (*p c*) du même nom ; 3° Enfin un sillon, plus marqué chez les singes supérieurs, isole de ces lobules la circonvolution pariétale ascendante. Dans une partie de ce lobule réside le centre moteur du membre supérieur (A), qui s'étend jusqu'à l'extrêmité supérieure de la circonvolution frontale ascendante.

Lobe sphénoïdal. — Le lobe sphénoïdal a une disposition

aisée à comprendre. Il est limité sur la face convexe de l'hémisphère par le bord inférieur de cette face et par la scissure de Sylvius. La scissure parallèle, ainsi qualifiée parce qu'elle suit la direction de la scissure de Sylvius, divise ce lobe en deux étages. Nous trouvons dans l'étage supérieur la circonvolution marginale et, à l'extrémité de la scissure parallèle, le pli courbe dont l'ablation, au dire de Ferrier, produirait la cécité temporaire dans l'œil du côté opposé (F').

Lobe occipital. — Un sillon transverse partage ce lobe en deux étages. Nous n'avons pour le moment rien de particulier à vous indiquer sur son compte.

Après cette étude sommaire des circonvolutions cérébrales chez le singe, celle des circonvolutions correspondantes chez l'homme devient des plus simples. L'énumération que je vais en faire, en me servant d'une figure, faite d'après une planche empruntée au bel ouvrage de Foville, vous fera reconnaître sans peine cette vérité (*Fig. 5.*)

Vous y retrouvez la scissure de Sylvius ($s\,s$) et le sillon de Rolando (R), circonscrivant en bas et en arrière le lobe frontal sur lequel vous voyez la circonvolution frontale ascendante (A) ou pariétale antérieure et les première, deuxième et troisième circonvolutions frontales (F_1, F_2, F_3).

La scissure pariéto-occipitale ($o\,p$), comme je vous le disais tout à l'heure, sépare d'une façon très-confuse, chez l'homme, en raison de l'existence des plis de passage, le lobe occipital des lobes pariétal et sphénoïdal.

Vous pouvez distinguer aisément en arrière du sillon de Rolando, entre ce sillon et la scissure interpariétale ($i\,p$). la circonvolution pariétale (B). Au-dessus et en arrière de la scissure interpariétale, vous découvrez successivement le lobule du pli pariétal ou lobule pariétal supérieur (P_1), le lobule du pli courbe (P_2) et enfin le pli courbe (P_3).

Quant au lobe sphénoïdal ou temporal, il présente ici, de même que chez le singe, une scissure qui remonte jusqu'au pli courbe : c'est la scissure parallèle. Entre elle et

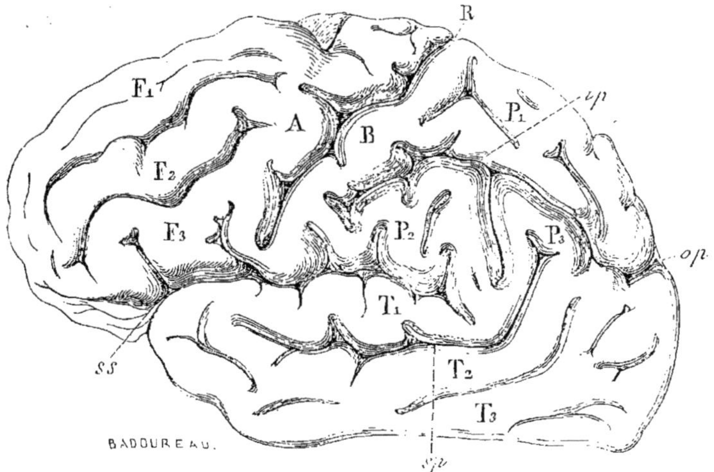

Fig. 3. — Face convexe d'un hémisphère du cerveau de l'homme. (Vue du lobe pariétal, dessin demi-schématique.)

Scissures : R, scissure de Rolando; — *s s*, scissure de Sylvius; — *s p*, scissure parallèle; — *o p*, scissure pariéto-occipitale externe; — *i p*, scissure interpariétale.
Circonvolutions et lobules : A, circ. frontale ascendante (circ. pariétale antérieure ou circ. centrale antérieure); — *F* ₁, *F* ₂, *F* ₃, première, deuxième et troisième circonvolutions frontales ; — *B*, circ. pariétale ascendante (cir. pariétale postérieure ou circ. centrale postérieure); — *P* ₁, lobule du pli pariétal; — *P* ₂, lobule du pli courbe; — *P* ₃, pli courbe; — *T* ₁, *T* ₂, *T* ₃, première, deuxième et troisième circonvolutions temporales.

la scissure de Sylvius, on voit la première circonvolution temporale (T₁) ; au-dessous d'elle et en arrière deux autres circonvolutions temporales (T₂ , T₃).

Vous avez ainsi, Messieurs, autour du lobe pariétal, de la scissure de Sylvius, et du sillon de Rolando, un certain nombre de points de repère qui pourront vous guider à l'autopsie.

III.

Ainsi se trouvent constituées, Messieurs, à la surface

de l'encéphale des départements dont la fixité ne saurait être méconnue. Ces divers départements, qui correspondent aux *circonvolutions fondamentales,* représentent-ils autant de centres fonctionnels distincts ? C'est là une question que la seule considération des dispositions architectoniques extérieures n'est pas en mesure de résoudre.

Je voudrais actuellement, faisant appel à l'intervention du microscope, rechercher avec vous si l'étude de la structure de la substance grise corticale, faite comparativement dans les diverses régions désignées par l'anatomie descriptive, n'est pas de nature à fournir sur le sujet qui nous intéresse des renseignements plus significatifs.

Depuis longtemps l'examen à l'œil nu a fait reconnaître des différences dans la composition de l'écorce grise, suivant les régions de l'encéphale que l'on envisage. Considérons, par exemple, à ce point de vue, l'étage inférieur du lobe occipital. Dans les parties de ce lobe qui entourent la corne postérieure des ventricules latéraux la substance grise n'a pas l'aspect à peu près uniforme qui lui est propre dans d'autres régions du cerveau, les lobes antérieurs si vous voulez. Vicq d'Azyr, en effet, avait déjà observé que, dans ces parties du lobe occipital, la substance grise des circonvolutions est divisée très-nettement en deux bandes secondaires, séparées par une bande blanche que nous appelons aujourd'hui le *ruban de Vicq d'Azyr.* Encore à l'œil nu, la circonvolution de la corne d'Ammon, celle de l'insula de Reil, se distinguent, quant à l'aspect, de l'écorce grise des circonvolutions appartenant aux autres régions des hémisphères.

Pour bien apprécier la valeur de ces renseignements, il me parait tout-à-fait indispensable d'entrer dans quelques détails minutieux.

DEUXIÈME LEÇON.

Structure de l'écorce grise du cerveau.

Sommaire. — Caractères généraux de la structure de l'écorce grise du cerveau.

1º Cellules ganglionnaires ou nerveuses ; — cellules pyramidales.

Notions sur les cellules nerveuses des cornes antérieures de la substance grise de la moelle épinière (cellules motrices). — Dimensions, forme, corps, noyau, nucléole, protoplasma, fibrilles et granulations ; — réseau nerveux ; — prolongements du protoplasma ; prolongement nerveux.

Comparaison des cellules nerveuses motrices de la moelle avec les cellules pyramidales.

Cellules pyramidales : dimensions ; — cellules de la petite espèce ; — cellules de la grosse espèce ou cellules géantes. — Constitution de ces cellules : configuration, corps, noyau, nucléole ; — prolongements cellulaires ; — prolongement pyramidal ; — prolongements rappelant ceux du protoplasma : — prolongement basal.

2º et 3º Eléments cellulaires globuleux ; — cellules allongées.

4º et 5º Tubes médullaires ; — névroglie.

Rapports de ces éléments entre eux ; — type à cinq couches.

Importance de l'examen de la structure de la substance grise corticale par circonvolution. — Division au point de vue de la structure de l'écorce grise en deux régions. Travaux de Betz.

I.

Messieurs,

La structure de l'écorce grise du cerveau, quelle que soit la région des hémisphères où on l'étudie, présente des caractères généraux que nous devons envisager avant d'exposer les caractères distinctifs. On peut dire que toutes les parties de l'écorce grise sont composées des mêmes éléments essentiels. Sans doute, chacun de ces éléments constitutifs peut offrir, suivant la région où on l'observe, des déviations importantes du type normal ; mais, dans l'*étude régionale* de la structure de la substance grise, il faudra tenir grand compte aussi des variétés du mode d'agencement de ces éléments.

Après avoir examiné ces éléments isolément, nous rechercherons comment ils se disposent pour constituer l'écorce grise. Notre description commencera naturellement par les éléments qui, sans conteste, jouent le rôle fondamental, je veux parler des *cellules ganglionnaires,* ou *nerveuses* qui forment en définitive l'élément caractéristique de la région ; on les désigne d'habitude sous le nom de *cellules pyramidales.*

Le meilleur procédé pour faire bien connaître les propriétés morphologiques de ces éléments n'est peut-être pas de les envisager exclusivement en eux-mêmes. Aussi ai-je estimé préférable de recourir à la méthode comparative, me fondant sur l'adage vulgaire : « La lumière naît du contraste. »

Permettez-moi donc, Messieurs, de vous rappeler, à titre d'introduction, les principaux traits de la constitution d'un des éléments cellulaires nerveux dont l'étude est la mieux connue à l'heure qu'il est : je fais allusion aux *cellules nerveuses des cornes antérieures de la substance grise de la moelle épinière,* dites encore *cellules motrices.* La description abrégée que je vais vous tracer de ces cellules nerveuses, nous servira pour ainsi dire d'étalon. J'aurai à relever, dans la comparaison qui s'en suivra, plus d'une différence, mais j'aurai aussi à mentionner d'une façon spéciale plus d'une analogie remarquable.

Les cellules motrices sont des *cellules* sans membrane distincte dont le *diamètre* est variable, sans s'éloigner toutefois de 0.050 μ. M. Gerlach dit cependant qu'il peut aller jusqu'à 0.120 μ. Leur *forme* est plus ou moins globuleuse, rarement allongée. Leur *corps* est constitué par un *protoplasma* qui paraît grenu lorsqu'on envisage la cellule non vivante ; mais dans le sérum, ou après l'action de l'acide osmique sur une cellule fraîche, le corps paraît composé par un protoplasma transparent, au sein duquel existent, ainsi que Schultze l'a fait voir, de nombreuses *fibrilles*. Ces fibrilles, par l'altération cadavérique, subissent la fonte granuleuse. Il y a dans la cellule un *noyau* ovalaire et un *nucléole* brillant. Enfin, je signalerai encore dans le protoplasma la présence habituelle, même dans les conditions physiologiques, de *granulations pigmentaires* brunes.

Mais une des particularités les plus importantes de ces cellules, c'est qu'elles sont hérissées de nombreux prolongements qui, au moment où ils se détachent de la cellule, figurent un tronc volumineux, lequel s'amoindrit à mesure qu'il subit, chemin faisant, des divisions dichotomiques. Les dernières de ces ramifications sont tout-à-fait grêles et il est difficile de les suivre bien loin. M. Gerlach, d'après des préparations au chlorure d'or, assure que ces ramifications se terminent en une sorte de réseau anastomosé qu'il désigne sous le nom de *réseau nerveux*. Ces prolongements sont composés d'ailleurs, comme le corps cellulaire lui-même, d'un protoplasma grenu et de longs filaments parallèles qui peuvent être suivis jusque dans le corps de la cellule. On les appelle *prolongements du protoplasma*, pour les distinguer d'une autre espèce de prolongement dont je vais maintenant vous entretenir.

Un histologiste allemand, Deiters, a découvert, il y a quelques années, un fait important, vérifié depuis cette époque par tous les anatomistes. Il consiste en ce que la plupart des cellules nerveuses motrices, toutes, peut-être, possèdent, en outre des prolongements que nous avons décrits, un prolongement, un seul, pour chaque cellule, qui se différencie des autres par des caractères parti-

culiers. Ce prolongement porte le nom de *prolongement nerveux*, et vous allez saisir dans un instant la raison de cette qualification. Il se détache du corps de la
cellule ou d'un de ses prolongements les plus gros, sous
la forme d'un filament très-grêle, mais qui, peu à peu,
devient de plus en plus volumineux. Ce prolongement ne
se ramifie point et il se colore moins vivement par le carmin que les prolongements du protoplasma.

Enfin, si on réussit à le suivre suffisamment loin, on le
voit se recouvrir, à l'instar d'un nerf ordinaire, d'un cylindre de myéline, si bien qu'il y a lieu de le considérer
à son origine comme un cylindre axile et, à une certaine distance, comme un nerf complet. La connexité des
cellules nerveuses, par la voie de ce prolongement, avec
les tubes de la substance médullaire, n'est donc pas dou-
teuse.

Tels sont, Messieurs, les principaux caractères des cellules nerveuses motrices spinales; il est temps de mettre
en regard d'elles les *cellules pyramidales de l'écorce
grise* (*Fig. 4*).

Ces cellules présentent des dimensions très-variables.
Il en est de très-petites relativement : ce sont les plus
nombreuses. Ces cellules pyramidales, qu'on pourrait appeler de la petite espèce, ont en moyenne 0.010μ de
diamètre à la base. Celles de la grosse espèce, moins multipliées que les précédentes, occupent d'ordinaire la région
la plus inférieure de la couche des cellules pyramidales.
Leur diamètre atteint jusqu'à 0.022μ (Koschewnikoff).

Enfin, il y a des cellules pyramidales géantes (*Riesenzellen*). Elles ont été étudiées avec soin par M. Betz (de
Kiew) et par M. Mezierjewski. On les rencontre dans des
régions spéciales, bien déterminées, de l'écorce grise. Le
diamètre de ces cellules gigantesques va quelquefois de

0.040 µ à 0.050 µ, c'est-à-dire qu'il égale celui des cellules des cornes antérieures de la moelle.

Quoi qu'il en soit de ces différences dans les dimensions, la constitution des cellules pyramidales paraît être, au fond, toujours la même. Nous l'étudierons en conséquence, pour plus de commodité, sur les cellules de la grosse espèce ou, encore, sur les *cellules géantes*.

La dénomination de cellules pyramidales peut être, jusqu'à un certain point, prise au pied de la lettre : leur configuration se rapproche, en effet, de celle d'une pyramide plus ou moins allongée. Le *corps* de la cellule rappelle ce que nous avons dit tout à l'heure, et Schultze déclare y avoir reconnu la structure fibrillaire. Le *noyau*, suivant beaucoup d'auteurs, est anguleux

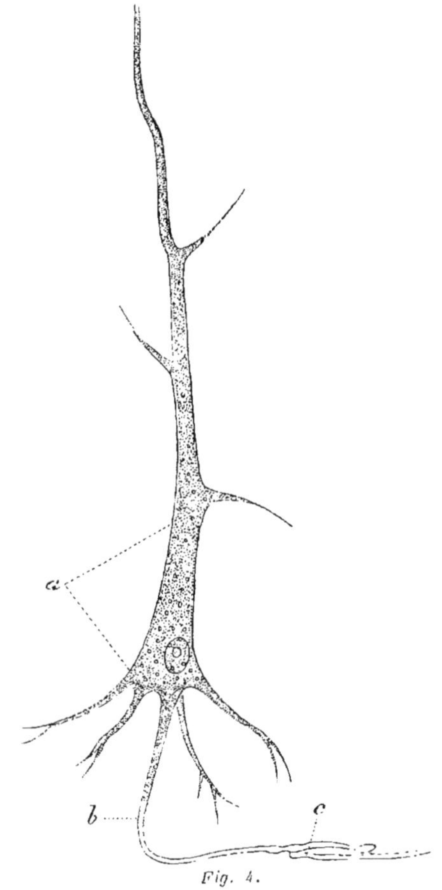

Fig. 4.

et reproduit en quelque sorte la forme générale de la cellule. Le *nucléole*, lui, n'offre rien de particulier.

Les prolongements cellulaires présentent des particularités dignes d'intérêt. L'un d'eux pourrait être appelé *prolongement pyramidal,* car il continue, pour ainsi dire, le corps de la cellule en s'effilant progressivement. Il pousse dans son parcours quelques prolongements latéraux et se divise parfois en forme de fourche à son extrémité qui se dirige toujours vers la surface de la circonvolution. Il résulte de cette direction que la cellule est orientée de telle façon que la base est parallèle au bord intérieur ou médullaire de la zone d'écorce grise.

D'autres prolongements de la même catégorie partent, soit des angles, soit de la base. Ceux-là se ramifient de manière à rappeler les prolongements de protoplasma des cellules motrices spinales. Ces prolongements se résolvent-ils dans l'écorce grise en un réseau nerveux, ainsi que cela a lieu, d'après M. Gerlach, pour les cellules spinales ? Quelques auteurs l'affirment.

Mais il existe certainement, Messieurs, pour les cellules pyramidales de la grosse espèce et les cellules géantes, — peut-être aussi pour les petites cellules — un prolongement spécial analogue au prolongement cylindrique des cellules motrices spinales. C'est, dans un cas comme dans l'autre, un filament grêle à son origine et qui va ensuite en s'épaississant légèrement. Sur des dissociations heureuses, il est possible, à une certaine distance de la cellule, de voir ce prolongement se recouvrir d'un cylindre de myéline. M. Koschewnikoff (1) a mis ce fait hors de doute en dissociant des cellules des lobes antérieurs du cerveau d'un sujet qui avait succombé à une encéphalite et, depuis la publication de son travail, on a pu constater maintes fois

---

(1) A. Koschewnikoff. — *Axencylinderforsätz der Nervenzellen im kleinen Hirn des Kalbes.* In *Schultze's Archiv,* p. 332, 1869. — *Axencylinderforsätz der Nervenzellen aus der Grosshirnzinde.* — Idem, 1869, p. 375. — Betz. — *Centralblatt,* 1874, p 579 — Mierzejewski. — *Etudes sur les lésions cérébrales dans la paralysie générale.* In *Archives de physiologie,* p. 194, 1875. — J. Batty Tuke. — *Morisonian Lectures.* In *Edinb. med. Journal,* p. 394, mai 1874.

la vérité de sa description. Ce *prolongement basal* (*Fig. 4, b*) pour employer l'expression usitée par M. Meynert. est toujours dirigé vers la substance médullaire des circonvolutions.

Toutes ces explications montrent qu'il est impossible de méconnaître les analogies qui rapprochent d'une part les cellules pyramidales de l'écorce grise — au moins les grandes cellules et les cellules géantes — et d'autre part, les cellules motrices des cornes antérieures et ces analogies, déjà pressenties d'ailleurs par M. Luys (1), il nous faudra plus tard les prendre en considération.

Les cellules pyramidales ne sont pas les seuls éléments cellulaires qu'on rencontre dans l'écorce grise. On y trouve encore de petits éléments cellulaires, ayant une forme globuleuse, rarement pyramidale, mesurant de 0.008 à 0.010 μ (Meynert) (2), hérissés quelquefois de petits prolongements, disséminés un peu partout ou composant, sur certains points, une couche assez dense. Divers auteurs les regardent comme des éléments nerveux incomplétement développés; d'autres leur dénient ce caractère et les comparent aux éléments qui constituent la couche granuleuse de la rétine.

M. Meynert range encore, parmi les éléments nerveux des zones corticales, des cellules allongées, en général fusiformes, ramifiées, et qui, en certains endroits, composent une cinquième couche. Ces cellules ont le plus souvent leur grand axe dirigé parallèlement aux fibres du *système d'association* constitué par des fibres médullaires qui unis-

---

(1) J. Luys. — *Recherches sur le système nerveux, etc.*, p. 162 et suiv. Paris, 1865.
(2) Meynert. — *Stricker's Handb.*, t. II et traduct. anglaise, t. II, p. 381 et suiv.

sent une circonvolution à la circonvolution voisine (*fibræ arcuatæ*) ; elles semblent faire partie de ce système.

Voilà quels sont, Messieurs, les éléments cellulaires nerveux, ou réputés tels, qui entrent dans la structure de l'écorce grise. A côté d'eux, il en est d'autres que nous devons mentionner : les *tubes médullaires* et la *névroglie*. Ces derniers, qui pénètrent dans la substance grise sous forme de faisceaux, ne nous arrêteront pas pour le moment ; nous y reviendrons bientôt. Quant à la névroglie, connue encore sous le nom de *formation épendymaire* (Rokitansky), elle sert de gangue unissante. Je n'entrerai pas dans le détail des particularités de structure relatives à la névroglie de la substance grise, je rappellerai seulement que, dans ces derniers temps, plusieurs auteurs l'ont considérée comme constituée par des cellules conjonctives d'un genre à part, dont le corps, pourvu d'un très-petit protoplasma, serait hérissé de prolongements non ramifiés (*cellules araignées* de Boll et Golgi). Ces prolongements, enchevêtrés et cimentés par une certaine quantité de substance gélatineuse interposée entre eux, composeraient toute la masse de la névroglie. Nous aurons à discuter, par la suite, cette interprétation. Sans nier l'existence de cellules rameuses, à l'état normal, dans certaines régions (cellules de Deiters), je me bornerai à dire que, très-vraisemblablement, la substance grise est faite, à cet égard, sur le même modèle que la substance blanche. En d'autres termes, la névroglie se rapporterait ici au type du tissu conjonctif ordinaire : faisceaux conjonctifs et cellules plates (Ranvier) ; seulement, dans la névroglie, les filaments fibrillaires seraient plus déliés que partout ailleurs. Je néglige actuellement l'étude des vaisseaux qui devra nous arrêter prochainement d'une façon toute spéciale.

C'en est assez, je pense, concernant l'histoire individuelle des divers éléments qui composent la substance grise. Il convient d'examiner maintenant quel est le mode d'agencement de ces éléments, et quelles sont les différences qui peuvent se produire, soit sous ce rapport, soit sous le rapport de la constitution des éléments eux-mêmes, dans chacune des régions que dessinent les sillons fondamentaux à la surface des hémisphères.

Il est un mode d'agencement susceptible d'être considéré comme représentant le type le plus vulgaire, le plus répandu, c'est celui où l'on distingue, sur des coupes minces, examinées au microscope, cinq couches superposées. Il se rencontre à peu près partout dans les lobes antérieurs. Voici comment les éléments sont répartis :

1° La *première couche*, la plus rapprochée des méninges, est presque exclusivement constituée par la substance conjonctive. Les éléments nerveux y sont très-rares ; cependant, Kölliker et Arndt (1) décrivent vers la surface, sous la pie-mère, une couche de tubes nerveux parallèles, très-délicats. Là aussi, les cellules nerveuses sont très-disséminées (*Fig. 5,1*). A l'œil nu, cette couche offre l'aspect d'une petite zone blanche. Ce défaut de coloration paraît être en rapport et avec la pauvreté de cette couche en éléments nerveux et avec le petit nombre des vaisseaux capillaires qu'elle renferme. En effet, les artérioles qui pénètrent dans la couche corticale ne fournissent de nombreux capillaires que plus profondément. Cette particularité de structure est très-bien indiquée sur une planche de Henle (2) et sur une figure du mémoire de M. Duret (3).

2° La *deuxième couche* (*Fig. 5*, 2) est marquée par

---

(1) R. Arndt. — *Studien ueber die Architektonich der Grosshirnrinde des Menschen*, in *Arch. für Mikroskop. Anatomie*. — 3ᶜ Bd, 1867, p. 441, Taf. XXIII, fig. 1 a. et fig. 2.
(2) J. Henle. *Handb. der Nervenlehre*, p.274, fig. 201. Braunschweig, 1871.
(3) *Archives de Physiologie*. T. VI, pl. 6, fig. 2 et 3.

Fig. 5. — Cette figure est empruntée au travail de M. Meynert   1). Les numéros 1, 2, 3, 4, 5, désignent l'ordre   es couches de l'écorce grise ; m, la substance médullaire.

(1) Th. Meynert. — *Vom Gehirne der Säugethiere. Stric-Ker's Handbuch.* T. II, p. 704-

une agglomération de cellules nerveuses pyramidales de la petite espèce, très-nombreuses, très-tassées, et qui lui communiquent une couleur grise très-manifeste.

3° La *troisième couche* (*Fig. 5*, *3*) est en grande partie formée par des cellules pyramidales, les unes de dimension moyenne, les autres volumineuses. Celles-ci, plus espacées que celles-là, sont situées de préférence à la partie la plus inférieure de cette couche, et pénètrent même dans la couche suivante. Outre les cellules, on trouve encore dans cette troisième couche des faisceaux de fibres médullaires qui s'enfoncent perpendiculairement à la surface de l'écorce grise et forment, dans l'intervalle des groupes de cellules pyramidales, des espèces de colonnes. Cette disposition a .été fidèlement représentée par M. Luys (1) et par Henle (2). C'est dans la zone la plus inférieure de cette couche qu'existent dans certaines régions les cellules géantes. Il semblerait que la rareté des cellules et la présence des fibres médullaires dût donner à cette couche une coloration blanche, il n'en est rien ; la réalité est que, en raison sans doute de la présence du pigment des cellules et de l'abondance des vaisseaux capillaires, cette région de l'écorce des circonvolutions présente à l'œil une coloration jaunâtre.

4° Viennent ensuite la *quatrième couche* (*Fig. 5,4*) où l'on aperçoit des granulations ou cellules globuleuses, à caractère mal déterminé, et la *cinquième*, où nous retrouvons les cellules fusiformes, dont nous avons parlé il y a quelques instants (*Fig. 5,5.*)

Ces investigations sommaires nous ont mis à même d'apprécier l'intérêt que peut offrir l'examen de la structure de

---

(1) *Atlas*, etc., pl. XX, fig. 4.
(2) *Loc. cit.*, fig. 198, p. 271.

la substance grise corticale, fait *par circonvolutions*. On
sait d'ailleurs depuis longtemps que certaines régions de
l'écorce grise diffèrent d'une manière très-notable, au point
de vue de la structure. Mais l'étude la plus féconde à cet
égard, et la plus récente, est celle qu'a entreprise M. Betz,
et dont les résultats ont été insérés dans le *Centralblatt*
de l'an passé (1).

M. Betz s'est proposé pour but d'étudier circonvolution
par circonvolution les modifications de texture que peut
présenter la substance grise. A ce point de vue, il y a lieu
de distinguer, d'après lui, à la surface des hémisphères,
deux régions fondamentales qui sont à peu près limitées
par le sillon de Rolando.

En avant de ce sillon, l'écorce grise est caractérisée par
la prédominance sur les cellules globuleuses des cellules
pyramidales de grande dimension. La région orbitaire est
comprise dans cette circonscription.

En arrière, la région comprend tout le lobe sphénoïdal,
l'occipital et la partie médiane jusqu'au bord antérieur du
lobe quadrilatère. Là, les couches granuleuses l'emportent
sur les grandes cellules, qui sont relativement rares.

Il y a, d'ailleurs, dans chacune de ces régions, un département spécial qui mérite de nous arrêter. Occupons-nous
d'abord de celui de la région postérieure.

1° Les éléments nerveux , bien développés sont, ici,
des cellules assez volumineuses. Pour M. Meynert, c'étaient
les plus grosses qu'on pût rencontrer dans l'écorce des hémisphères, avant la découverte des cellules géantes. Elles
ont quelquefois 0,030 µ de diamètre. Mais les prolongements de protoplasma sont peu nombreux ; le prolonge-

---

(1) P. Betz, in Kiew. — *Anatomischer Nachweis Zweier Gehirncentra.*
In *Centralblatt*, 1874, nᵒˢ 37 et 38.

ment basal est dirigé horizontalement et fait quelquefois communiquer deux cellules entre elles. Le territoire où l'on observe cette disposition comprend : *a*) le *cuneus* ; *b*) la moitié postérieure du lobule lingual et fusiforme ; *c*) tout le lobe occipital; *d*) les deux premières circonvolutions sphénoïdales et le pli de passage. Selon M. Betz, cette région serait destinée aux fonctions de sensibilité. Il y a longtemps déjà que, pour d'autres raisons d'ordre anatomique sur lesquelles nous reviendrons, les parties postérieures du cerveau ont été désignées comme siége du *sensorium*.

2° Le département du lobe antérieur qui mérite une mention particulière pourrait être appelé, vous allez voir pour quelle raison, *le département des cellules pyramidales gigantesques* ou *cellules motrices* par excellence. Il comprend la circonvolution frontale antérieure dans toute son étendue, la circonvolution pariétale antérieure dans son extrémité supérieure, enfin une partie que nous étudierons prochainement sous le nom de *lobule paracentral* et qui siége à la face interne des hémisphères, à l'extrémité des circonvolutions ascendantes dans ces régions, frontale et pariétale. C'est là qu'existent à peu près exclusivement les cellules géantes. Leur répartition n'y est pas uniforme, car elles sont plus nombreuses qu'ailleurs aux extrémités supérieures des deux circonvolutions médianes et surtout dans le lobe paracentral. Elles sont disposées en groupes ou en îlots. On les trouve dans les points qui viennent d'être indiqués chez les singes de toute espèce, aussi bien chez les inférieurs que chez les chimpanzés. Enfin, chez le chien, M. Betz a observé ces mêmes cellules dans les points désignés par Fritsch et Hitzig comme centres moteurs, autrement dit dans les parties qui avoisinent le *sulcus cruciatus*. Ce qui augmente l'intérêt de ce fait, c'est que, chez le chien, les cellules géantes pyramidales n'existeraient que dans les régions dites psycho-motrices.

Il ne vous a pas échappé sans doute, Messieurs, que, chez le singe, cette répartition des grandes cellules nerveuses est à peu près l'apanage des circonvolutions où l'expérience a montré, entre les mains de M. Ferrier, l'existence des points moteurs, c'est-à-dire des circonvolutions centrales. C'est là un résultat intéressant, fourni par l'étude histologique et qui, combiné aux données expérimentales ou anatomo-pathologiques, ne pourra pas manquer de jeter quelque jour sur l'histoire des localisations cérébrales.

TROISIÈME LEÇON.

Considérations sur la structure normale de l'écorce grise des circonvolutions *(suite)*.

Sommaire. — Description d'une coupe de l'écorce grise du cervelet. — Type de stratification en cinq couches des éléments cellulaires nerveux. — Régions où existe ce type de stratification. — Département des cellules pyramidales ou cellules gigantesques. — Relation entre ces cellules et les centres psycho-moteurs.
Description de la face interne des hémisphères cérébraux. — Lobule paracentral. — Circonvolutions ascendantes. — Faits cliniques et expérimentaux relatifs au développement des cellules pyramidales géantes.
Structure de l'écorce grise des régions postérieures de l'encéphale.

Messieurs,

Avant de serrer de plus près la question qui, dans ces leçons préliminaires, nous sert d'objectif — il s'agit, vous ne l'avez pas oublié, de la théorie des localisations dans les maladies cérébrales — je dois mettre la dernière main aux considérations que j'ai été amené à vous présenter dans la dernière leçon relativement à la structure normale de l'écorce grise des circonvolutions, étudiée comparativement dans les divers départements des hémisphères cérébraux.

A. Cette structure, j'ai dû l'envisager tout d'abord dans son type vulgaire, c'est-à-dire le plus généralement répandu. On pourrait, avec M. Meynert, le désigner sous le nom de *type de stratification en cinq couches des éléments cellulaires nerveux ou réputés tels.*

Je vais vous rappeler, très-sommairement, quels sont les traits les plus caractéristiques de cette structure. A cet effet, il est nécessaire de reporter votre attention sur la figure 5 qui représente une coupe de la troisième circonvolution frontale, coupe prise au fond d'un sillon de séparation.

Pour établir un contraste, je crois utile de vous tracer la description d'une coupe de l'écorce grise du cervelet empruntée comme la précédente à M. Meynert. Dans l'écorce grise du cervelet, vous remarquez successivement : 1º une couche épaisse, pauvre en éléments cellulaires et qui reçoit les prolongements protoplasmiques des cellules nerveuses situées dans une couche sous-jacente ; — 2º plus bas, une couche où l'on retrouve, suivant M. Meynert, des cellules fusiformes et des fibres médullaires parallèles à la ligne limitante ; — 3º au-dessous, les cellules de Purkinje qui occupent la limite supérieure d'une couche granuleuse très-accentuée ; plus bas enfin, la substance médullaire (1).

Si maintenant vous jetez un coup d'œil sur la figure qui représente les cinq couches de l'écorce grise du cerveau proprement dit, vous voyez par là que la substance grise corticale n'est point faite exactement sur le même modèle, dans les diverses circonscriptions de l'encéphale. J'aurai tout-à-l'heure à faire ressortir des différences très-prononcées encore, sinon aussi tranchées, suivant la région des hémisphères qu'on examine ; mais je dois revenir auparavant sur le type à cinq couches.

B. Le mode d'arrangement, ainsi désigné, se retrouve dans toute l'étendue des régions de l'hémisphère, situées en avant du sillon de Rolando, et un peu en arrière de lui dans

____

(1) Voir aussi : Henle. —*Nervenlehre, etc.* fig. 162, 163 A, 163 B.

une partie des lobes pariétaux, mal délimités encore du côté du lobe occipital. Nous verrons dans un instant que ce type se montre très-notablement modifié dans les parties postérieures de l'encéphale comprenant : 1° tout le lobe sphénoïdal; 2° le lobe occipital, et 3° enfin les parties de l'écorce grise de la face interne qui sont circonscrites par l'extrémité postérieure du lobe et par un sillon qui délimite en arrière une région parfaitement distincte que nous allons décrire tout à l'heure sous le nom de lobe carré.

a) Mais je crois nécessaire pour plus de clarté, de revenir sur un point que j'ai relevé déjà : c'est que, dans les régions des hémisphères où règne sans partage le type à cinq couches, il existe, je le répète, tout un département où la structure de l'écorce se distingue par un détail intéressant. Il s'agit de la présence constante dans ce département de cellules pyramidales comparativement énormes et que, pour ce fait, on a qualifiées de *cellules gigantesques*. Tout en conservant la forme pyramidale propre aux éléments cellulaires nerveux de la région, ces cellules, vous le savez, se différencient non-seulement par leurs dimensions, mais encore par la netteté du prolongement nerveux et par le développement des prolongements de protoplasma. Ces derniers traits permettent de les rapprocher des cellules nerveuses motrices des cornes antérieures de la moelle épinière.

Les régions où se rencontre cette importante particularité sont à proprement parler les régions centrales de la surface externe de l'hémisphère, à savoir : la *circonvolution frontale ascendante*, la *circonvolution pariétale ascendante*, surtout dans leur partie supérieure; enfin un petit lobule situé à la face interne de l'hémisphère, lobule jusqu'à ces derniers temps resté innommé et que M. Betz a proposé de désigner sous le nom de *lobule paracentral*(L P).

Je vous rappellerai que l'existence de ces grandes cellules dans l'écorce grise et leur localisation dans les régions indiquées ci-dessus ont été pour la première fois reconnues par M. Betz et M. Mierzejewski. Les résultats, obtenus

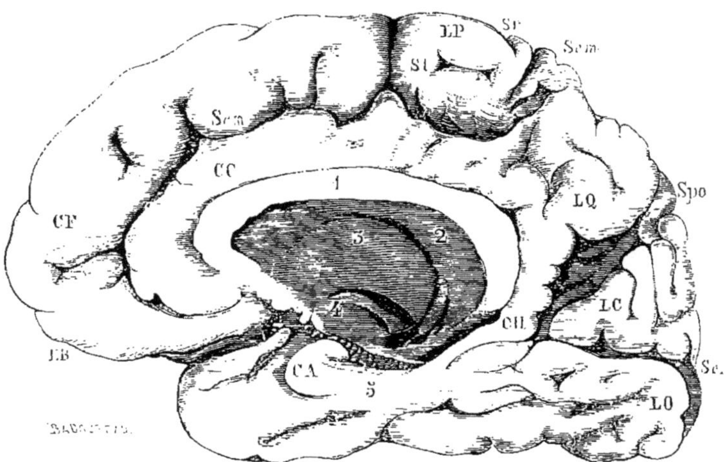

Fig. 6.—*Face interne de l'hémisphère cérébral*, dessinée d'après nature.— *Sem*, Scissure calloso-marginale; — *Spo*, Scissure pariéto-occipitale ; — *Sc*, Scissure calcarine; — *St*, Sillon transversal du lobule paracentral; — *Sr*, Extrémité supérieure de la scissure de Rolando. — LP, Lobule paracentral; LQ, Lobe carré ou avant-coin; LC, Lobule cunéiforme ou coin ; LO, Lobe occipital; CH, Circonvolution de l'Hippocampe; CA, Circonvolution de la corne d'Ammon ; CC, Circonvolution du corps calleux; CF, Face interne de la 1re circonvolution frontale. — 1, Corps calleux; — 2, Cavité du ventricule latéral ; — 3, Couche optique ; — 4, Partie antérieure et externe du pédoncule cérébral; — 5, Corps goudronné (1).

par ces auteurs, ont été confirmés récemment par M. J. Batty Tuke dans des leçons professées à Edimbourg (2). J'ai pu, à mon tour, en reconnaître l'exactitude.

Je me suis efforcé de faire ressortir devant vous que ces régions, remarquables par une particularité de structure, sont justement celles où, chez le singe, d'après les expériences de M. Ferrier (3), siégeraient les centres psycho-

---

(1) Consultez, sur la topographie de la face médiane du cerveau, la planche viii de l'*Atlas* de Foville et la fig. 4 de l'ouvrage d'Ecker.

(2) *Edinburgh Med. Journ.*, nov. 1874, p. 394.

(3) *West Riding Asylum*, t. IV, p. 49 et 50. — *Proceedings of the royal Society*, n° 151, 1874. — *British med. Journ.*, déc., 19, 1874.

moteurs pour les membres. N'est-ce pas là, Messieurs, une coïncidence qui méritait de vous être signalée?

Laissez-moi aussi revenir sur ce fait que, chez le chien, les parties réputées excito-motrices par les expériences de M. Ferrier lui-même et par celles, antérieures, de Hitzig, se distingueraient, d'après M. Betz, par la présence des cellules pyramidales gigantesques qu'on ne retrouve nulle part ailleurs, dans l'écorce, chez ces animaux. Mon insistance est justifiée, je l'espère, par la nécessité qui s'impose, de fixer aussi exactement que possible tous ces détails dans votre esprit.

b) Ces faits donnent évidemment un intérêt tout spécial aux régions de l'hémisphère où se rencontre cette particularité anatomique. Je pense donc qu'il est fort utile de bien connaître ces régions *topographiquement* afin de pouvoir les désigner avec précision dans le protocole des autopsies. En conséquence, je vous demanderai la permission d'entrer à ce sujet dans quelques développements. Nous aurons là, d'ailleurs, l'occasion toute naturelle de décrire la configuration de la face médiane des hémisphères, région qui, jusqu'à ce jour, est demeurée, à mon avis, un peu trop dans l'ombre.

Déjà, la disposition des circonvolutions ascendantes, de leur origine au bord supérieur de l'hémisphère, nous est connue, de telle sorte que notre attention pourra être concentrée sur les dispositions qui s'observent à la face interne de l'hémisphère. Sur cette coupe (*Fig. 6*), qui a divisé le corps calleux d'avant en arrière, vous reconnaissez d'abord au centre, la surface de section de cette grande commissure (*Fig. 6*, 1); au-dessous, le *septum lucidum*, la face interne de la couche optique (*Fig. 6*, 3) puis, la surface de section des pédoncules cérébraux (*Fig. 6*, 4).

Prenons, pour nous mieux orienter, un point de repère sur la face externe, dont la connaissance nous est maintenant familière, et suivons, en remontant, le sillon de Rolando jusqu'à son extrémité la plus interne (Sr). Ce sillon s'arrête quelquefois un peu en dedans de la scissure interhémisphérique; mais, d'autres fois, il arrive jusqu'à elle en déterminant sur le bord supérieur de l'hémisphère une sorte d'encoche (S r).

Le lobe paracentral (L P) est situé immédiatement au-des·sous de ce point. Il est limité ainsi qu'il suit : *en arrière*, par une scissure oblique qui n'est autre que le prolongement postérieur de la scissure calloso-marginale (cette scissure, prolongée, borne en arrière la circonvolution pariétale ascendante); *en bas*, par la partie horizontale du sillon calloso·marginal (Scm), sillon qui le sépare de la circonvolution dite du corps calleux (*gyrus fornicatus*); — *en avant*, par un sillon, en général peu profond, mais qui, se continuant parfois sur la face externe de l'hémisphère, dessine en avant la partie interne de la circonvolution frontale ascendante et limite de cette façon le lobule paracentral.

Nous avons donc sous les yeux un petit lobule, de forme quadrilatère, dont le plus grand diamètre est d'avant en arrière. En général, un sillon peu profond (S l), situé à égale distance du bord supérieur et du bord inférieur, le parcourt dans sa longueur. En somme, et tenant compte tant de sa structure que de ses rapports, on pourrait dire que le lobe paracentral représente l'extrémité *interne* renversée sur la face médiane de l'hémisphère, des deux circonvolutions ascendantes.

Ce point établi, les notions que nous avons encore à exposer, concernant la topographie de la face interne des hémisphères, ne sont pas difficiles à présenter: 1° en avant du lobe paracentral, vous reconnaissez la surface médiane de la première circonvolution frontale (C F); 2° au-dessous, et séparée de la précédente par le sillon calloso-marginal, est la circonvolution du corps calleux (C C) (*gyrus fornicatus*); 3° ce pli se continue en arrière avec un lobule parfaitement circonscrit qu'on appelle le *lobule quadrilatère (avant-coin, vorzwickel)*. Ce lobule (L Q) appartient à proprement parler au lobe pariétal; c'est, pour ainsi dire, la face interne ou médiane du lobule pariétal supérieur. En arrière, la *scissure temporo-occipitale*, très-accentuée à cet endroit parce qu'elle n'est pas interrompue, comme sur la face externe, par des plis de passage, sépare nettement le lobe carré (ou quadrilatère) du lobe occipital; 4° Immédiatement en arrière du lobule carré, dans le domaine du lobe occipital, il y a à remarquer un lobule triangulaire dont la pointe est en bas et en avant, la base en arrière et en haut et qui est limité en arrière par une scissure profonde, la *fissure calcarine*, ce petit lobule (L C) s'appelle le *coin (cuneus, Zwickel)*; 5° au dessous du triangle vous reconnaissez la promiscuité déjà signalée à propos de la face externe entre le lobe occipital et le lobe sphénoïdal. Là, il convient de distinguer surtout deux circonvolutions dirigées dans le sens antéro-postérieur. Ce sont: *a)* le lobule occipito-sphénoïdal latéral ou *lobule fusiforme*; *b)* le lobule occipito-sphénoïdal médian ou lobule lingual; 6° je me bornerai à mentionner seulement, plus en avant et en plein lobe sphénoïdal le *lobule de l'hippocampe*, le *crochet* qui fait partie du système de la *corne d'Ammon*.

Nous aurons assurément dans le cours de ces leçons, l'occasion d'utiliser les données topographiques que nous venons de recueillir, mais j'ai hâte d'en finir avec cette description qui, pour le moment, constitue en quelque sorte une digression.

C. J'en reviens, Messieurs, au *lobule paracentral* et aux *circonvolutions ascendantes*. Celles-ci ont déjà une histoire en pathologie expérimentale, et, plus tard, il y aura lieu de vous montrer qu'elles ont aussi une histoire dans la pathologie humaine. Je ne sache pas que, chez le singe, le lobule paracentral qui existe comme chez l'homme, au moins chez les singes supérieurs, ait jamais été l'objet d'investigations physiologiques.

a) Ici s'offre naturellement l'occasion que je dois saisir de signaler un fait, à la vérité encore unique dans son genre, mais qui, néanmoins, dès à présent, prête un certain intérêt à ce lobule, dans la pathologie humaine. Ce fait, que je vais résumer, a été recueilli par un observateur attentif, M. Sander (1).

Un enfant, qui mourut à l'âge de 15 ans, avait été frappé, dans le cours de sa troisième année, de *paralysie spinale infantile*. Cette affection avait atteint et atrophié plus ou moins tous les membres et surtout ceux du côté gauche.

L'autopsie fit reconnaître dans la moelle toutes les lésions découvertes par les auteurs français. Un examen minutieux du cerveau fit voir que les deux circonvolutions ascendantes sur la face externe étaient beaucoup plus courtes que dans l'état normal. Elles laissaient un peu l'insula de Reil à découvert, et, de plus, elles étaient dépourvues de replis. Le lobule paracentral était tout à fait rudimentaire et contrastait, sous ce rapport, avec toutes les autres circonvolutions qui avaient acquis un développement parfait. Enfin, les lésions étaient plus prononcées dans l'hémisphère droit que dans le gauche, ce qui est en rapport avec cette circonstance que les lésions spinales étaient plus accusées à gauche qu'à droite.

L'auteur émet l'opinion que, dans ce cas, les membres ayant été de bonne heure complétement paralysés, par suite d'une lésion spinale profonde, les centres psycho-moteurs, frappés d'inertie à une époque où ils étaient encore en voie d'évolution, ont été, en conséquence, frappés d'arrêt

---

(1) *Centralblatt*, 1875.

de développement. J'avoue que cette interprétation me paraît mériter d'être prise en considération. Il est à regretter, toutefois, que l'on n'ait pas songé à rechercher dans les centres psycho-moteurs l'état des cellules nerveuses.

Un cas, observé par M. Luys, se rapproche dans une certaine mesure du précédent. Dans un cas d'amputation ancienne, mon collègue, à la Salpétrière, a noté une atrophie des circonvolutions cérébrales du côté opposé au membre amputé. Malheureusement, le siége de l'atrophie, à ma connaissance du moins, n'a pas été précisé.

b) Je me trouve ainsi conduit à vous entretenir d'un autre fait, concernant encore le département de l'encéphale qui nous occupe. Ce fait est le suivant : D'après les études de M. Betz, les cellules pyramidales géantes n'existeraient qu'en petit nombre chez les très-jeunes enfants ; c'est plus tard seulement que leur nombre s'accroîtrait, et cet accroissement s'effectuerait, selon toute vraisemblance, sous l'influence de l'exercice fonctionnel.

Ce fait mérite d'être rapproché d'une part de celui de M. Sander, et, d'autre part, aussi d'une observation de l'ordre expérimental, enregistrée tout récemment par M. Soltmann (1). Cet auteur, et je crois que M. le professeur Rouget (de Montpellier) a, de son côté, noté quelque chose de semblable, aurait remarqué que, chez les chiens nouveau-nés, l'excitation des régions répondant au siége des points psycho-moteurs ne produisait aucun mouvement musculaire dans les membres correspondants, tandis que quelque temps après la naissance, vers le neuvième ou le onzième jour, ces points deviennent excitables.

Ces observations, encore peu nombreuses mais dont il est juste de tenir compte, sembleraient indiquer que les

___

(1) *Reizbarkeit der Grosshirnrinde.* In *Centralblatt*, 1875, n° 14.

centres psycho-moteurs ne sont pas préétablis, si l'on peut ainsi dire, tant sous le rapport anatomique qu'au point de vue physiologique. Ils se développeraient avec l'âge, par le fait, sans doute, de l'exercice fonctionnel.

A l'appui de cette vue, je vous présenterai une remarque par laquelle je terminerai ce qui a trait au sujet spécial qui vient de nous arrêter. Les régions à grandes cellules appartiennent au type à cinq couches et elles ne se caractérisent, en définitive, anatomiquement que par la présence même de ces cellules géantes. Or, ces dernières morphologiquement ne diffèrent pas d'une façon foncière des cellules pyramidales de la grosse espèce, lesquelles, ainsi que cela appert des recherches de Koschewnikoff, possèdent, elles aussi, en outre des prolongements de protoplasma, les prolongements nerveux, attributs des cellules motrices.

Il paraît naturel de se demander si ces cellules et même celles de la petite espèce qui les représentent en miniature, ne seraient pas susceptibles, dans de certaines conditions, sous l'action par exemple d'une excitation fonctionnelle anormale, d'acquérir du développement et de donner de la sorte naissance à des centres moteurs supplémentaires, destinés à remplacer les centres primitifs qu'une lésion quelconque aurait détruits. Ainsi s'expliquerait, par exemple, comment les mouvements volontaires peuvent se reproduire dans un membre, malgré la destruction d'un centre moteur, phénomène dont la guérison plusieurs fois constatée de l'aphasie, en dépit de la persistance de la lésion de la troisième circonvolution frontale, nous fournirait le paradigme.

D. Pour achever l'exposé de la structure de l'écorce cérébrale, je n'ai plus qu'à vous donner quelques renseignements très-sommaires sur les particularités de cette structure dans les régions postérieures de l'encéphale.

Les régions où se rencontrent ces particularités comprennent, je vous le répète, le lobe occipital tout entier, le lobe sphénoïdal et les parties postérieures et médianes de l'hémisphère jusqu'au bord postérieur du lobe quadrilatère.

Le caractère général de l'écorce grise, dans ces régions, c'est que les cellules nerveuses pyramidales y sont, en règle, peu nombreuses et peu volumineuses, tandis que les granulations, au contraire, prédominent d'une manière notable. Ce n'est point qu'il n'existe là de grosses cellules nerveuses, mais elles sont comparativement très-rares, *solitaires*, pour employer l'expression de M. Meynert. M. Betz ajoute qu'elles n'ont pas de prolongement nerveux distinct et que les prolongements de protoplasma sont eux-mêmes à peine développés.

Les circonscriptions du cerveau où cette disposition s'observe, correspondent pour beaucoup d'auteurs au *sensorium commune*. Si cette interprétation était exacte, il s'en suivrait que les cellules, dont nous venons de parler, seraient des cellules sensitives. Cette hypothèse se fonde encore sur d'autres considérations anatomiques et sur des données pathologiques que j'aurai ultérieurement à relever avec plus de détails.

QUATRIÈME LEÇON.

Parallèle entre les lésions spinales et les lésions cérébrales.

SOMMAIRE. — Conditions indispensables pour l'étude des localisations cérébrales dans les maladies chez l'homme. — Nécessité d'une bonne observation clinique et d'une autopsie régulière.
Histoire naturelle des lésions encéphaliques.
Parallèle entre les grands compartiments de l'axe cérébro-spinal. — Systématisation des lésions de la moelle épinière. — Localisations spinales. —
Le cerveau est placé sous un autre régime pathologique que les autres
parties du névraxe ; rareté des localisations. — Différence des lésions. —
Fréquence des lésions vasculaires dans les maladies du cerveau. — Nécessité de l'étude de la distribution des vaisseaux. — Aperçu extérieur
des artères cérébrales.

Messieurs,

J'espère avoir été assez heureux pour vous faire bien
saisir, dans les leçons précédentes que, sans l'acquisition préalable de connaissances solides et précises en anatomie
normale, il eût été téméraire de nous engager dans le domaine que nous nous proposons de parcourir ensemble.
La subordination, par un côté, de l'anatomie pathologique
à l'égard de l'anatomie normale est, en effet, surtout manifeste dans toutes les questions relatives à la pathologie
cérébrale. Vous allez, dans un instant, le reconnaître une
fois de plus.

1.

Permettez-moi, en inaugurant la séance d'aujourd'hui de vous rappeler les conditions indispensables pour aborder les problèmes qui concernent les *Localisations cérébrales dans les maladies* chez l'homme. Ces conditions fondamentales sont les suivantes : 1° une bonne observation clinique recueillie, autant que possible, à la lumière des données de la physiologie expérimentale ; 2° une autopsie régulière, c'est-à-dire parfaitement explicite, anatomiquement parlant.

Les études topographiques auxquelles nous nous sommes livrés déjà, nous ont fait faire un grand pas, car elles nous mettent à même de déterminer, mieux peut-être qu'on ne l'a fait jusqu'ici, le siége, l'étendue et la configuration des lésions révélées à l'autopsie.

Mais, Messieurs, il faut bien l'avouer, pour le point de vue spécial que nous envisageons, les observations anatomiques les plus exactes et les plus minutieuses ne pourront pas être toujours utilisées. Il importe, ici comme ailleurs, d'apprendre à faire un choix parmi les observations, et, sous ce rapport, il se présentera plus d'une difficulté que nous aurons à surmonter.

Pour vous faire bien reconnaître la situation, le mieux est, je pense, de jeter tout d'abord un coup d'œil général sur ce que j'appellerais volontiers l'*histoire naturelle des lésions encéphaliques.*

1° Quelles sont les altérations susceptibles d'atteindre l'encéphale (le cerveau en particulier)? Il ne s'agit pour le moment, cela va de soi, que des formes les plus usuelles, les plus vulgaires et aussi des lésions partielles, des lésions en foyer, ainsi qu'on les dénomme encore, qui seules, en pareille matière, peuvent être mises à profit.

2° Quelles sont, en second lieu, les conditions anatomiques générales qui président soit au développement, soit au mode de répartition de ces lésions? Car, Messieurs, dans cet ordre de choses rien ne se fait au hasard, même dans l'encéphale.

Pour parvenir à ce but, je me propose de faire appel encore une fois à la méthode comparative, ce puissant levier dans les sciences naturelles. J'établirai, au point de vue de l'anatomie pathologique, une sorte de parallèle entre les grands compartiments de l'axe cérébro-spinal ou autrement dit du *névraxe,* si vous voulez bien faire usage de ce mot pris dans la nomenclature de M. Piorry, — à savoir : 1° la moelle épinière ; 2° le bulbe rachidien ; 3° le cerveau proprement dit.

A. On peut dire qu'un grand fait domine la physiologie pathologique de la moelle épinière : c'est l'existence très-répandue, dans ce domaine, des lésions dites *systématiques.* Nous entendons désigner par cette expression, que j'emprunte à M. Vulpian, les lésions qui, systématiquement, — la dénomination est parfaitement appropriée — se circonscrivent sans en dépasser les limites à certaines régions nettement déterminées de cet organe complexe. Je vous prie à ce propos de reporter vos yeux sur la figure 21, qui vous remettra en mémoire nos études antérieures.

Il est, vous ne l'avez pas oublié, des lésions qui se bornent aux cornes antérieures de substance grise. (*Fig.* 7, D, D). Ce sont, dans le mode aigu, la paralysie infantile ; dans le mode chronique, les diverses formes d'amyotrophie spinale à marche progressive. — Il en est d'autres qui se limitent aux faisceaux latéraux et qui se traduisent par une parésie des membres avec tendance à la contracture. Vous n'ignorez pas que les faisceaux de Goll peuvent être lésés isolément et que la région des bandelettes externes, (*Fig.* 7, B, B), dans l'aire des faisceaux latéraux est seule le *subs-*

tratum anatomique nécessaire des symptômes spinaux tabétiques.

C'est ainsi que, guidée dans ses premiers pas par l'expérimentation chez les animaux et éclairée par la clinique, l'anatomie pathologique est parvenue chez l'homme à décomposer l'organe complexe qu'on appelle la moelle épinière, en un certain nombre de compartiments, de départements, d'organes secondaires.

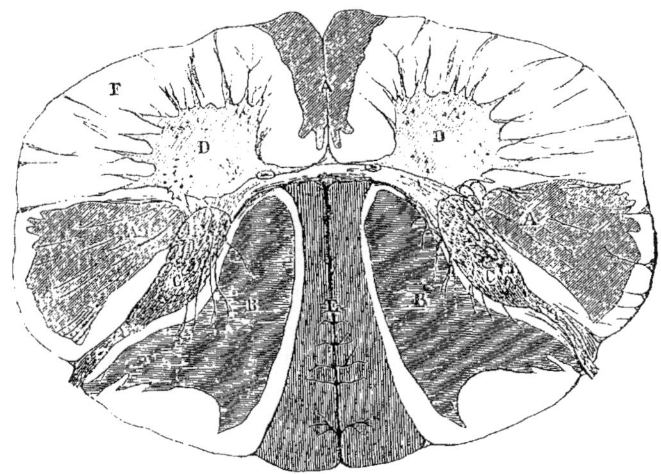

Fig. 7.— A, A, cordons latéraux; A, faisceaux de Türck ; — B, B, zones radiculaires postérieures; — C, C, cornes postérieures; — D, D, cornes antérieures; — F, zone radiculaire antérieure ; — E, cordons de Goll.

Aux lésions systématiques de ces diverses régions répondent autant d'ensembles symptomatiques ou syndromes qui leur ont fait prendre place dans la clinique, et ainsi ont été constituées, dans la pathologie de la moelle épinière, un certain nombre d'*affections élémentaires.* L'analyse, fondée sur la connaissance de ces affections élémentaires, est d'un grand secours pour débrouiller les hybrides, les formes complexes.

Nul doute, que l'étude de ces lésions systématiques,

n'ait puissamment contribué à faire sortir du chaos où elle était restée pendant longtemps plongée, la question des *localisations spinales*.

B. Les lésions systématiques se retrouvent encore dans le *bulbe rachidien*, dans la *protubérance*, dans les *pédoncules cérébraux* eux-mêmes. Je citerai, comme exemples, les *dégénérations secondaires* de la moelle, consécutives aux lésions de l'encéphale, la *sclérose symétrique et primitive des cordons latéraux*, la *paralysie bulbaire* par lésion isolée des noyaux d'origine des nerfs, etc. Mais, au-dessus de ce point, ce mode d'*altération pathologique* paraît cesser d'exister, et l'on peut dire, quant à présent, que dans le cerveau les lésions systématiques font défaut.

Ainsi, dans le *cerveau*, aujourd'hui, on ne connaît point, à proprement parler, de lésions systématiquement limitées aux couches optiques, aux différents noyaux du corps strié, aux diverses circonscriptions de l'écorce grise. Ce n'est pas, cependant, que des *localisations anatomiques* étroites, appropriées aux recherches, ne puissent se produire dans l'encéphale ; mais elles sont relativement rares et en quelque sorte accidentelles.

Quelle est la raison matérielle de ce fait singulier ? C'est que l'*encéphale* est placé, si je puis ainsi m'exprimer, *sous un autre régime pathologique* que les autres parties du névraxe. On peut dire, en effet, d'une façon générale, que dans l'encéphale et plus particulièrement dans le cerveau, c'est le système vasculaire (artères, veines, capillaires) qui domine la situation.

Je vous rappellerai à ce sujet l'importance des ruptures vasculaires qui occasionnent l'hémorrhagie en foyer intra-encéphalique ; le rôle prédominant des oblitérations vasculaires par thrombose, par embolies, dont l'effet est de déterminer l'ischémie, puis le ramollissement partiel du cerveau.

Je viens d'énumérer, Messieurs, les causes anatomiques

des affections organiques les plus vulgaires de l'encéphale.

C. Si nous nous reportons maintenant à la moelle épinière et au bulbe, nous avons à signaler, avec l'encéphale, un contraste remarquable. L'hémorrhagie par rupture vasculaire, dépendant elle-même de l'altération bien connue sous le nom d'*anévrysmes miliaires*, le ramollissement consécutif au rétrécissement artériel, soit qu'il s'agisse de la thrombose, soit qu'il s'agisse de l'embolie, sont choses à peu près ignorées dans la moelle épinière.

Le bulbe établit pour ainsi dire la transition entre la moelle épinière et l'encéphale, car là, on note, d'une part, des lésions systématiques qui rappellent ce qu'on voit dans la moelle et, d'autre part, un certain nombre d'hémorrhagies et d'ischémies ou de ramollissements, déterminés par des lésions vasculaires. Ces dernières affections s'accusent plus encore dans la protubérance, dont la pathologie, par ce côté, se rapproche plus étroitement de celle de l'encéphale. L'hémorrhagie par rupture d'anévrysme miliaire et le ramollissement par oblitération vasculaire y sont des accidents vulgaires.

D. Ces considérations, Messieurs, nous conduisent naturellement à comprendre que la raison des *localisations anatomiques* les plus communes dans l'encéphale, devra être cherchée surtout dans le mode de distribution des vaisseaux. Car le vaisseau primitivement lésé étant connu, on pourra en déduire, comme l'a dit excellemment M. Lépine, la configuration et les limites du territoire intéressé.

Nous sommes ainsi amené à rentrer encore une fois dans le domaine de l'anatomie normale, pour vous présenter quelques vues d'ensemble relatives à la vascularisation de l'encéphale. C'est là, Messieurs, je n'hésite pas à le dire, un sujet tout-à-fait digne de votre intérêt, d'autant mieux que toutes les questions qui y touchent ont été profondément remaniées par des études auxquelles notre pays, tant s'en faut, n'est pas demeuré étranger.

II.

Il nous suffira, pour le moment, d'envisager le système artériel, bien que les lésions du système veineux aient, elles aussi, une influence marquée sur le développement des altérations encéphaliques. Le but prochain est de vous montrer, par quelques exemples, jusqu'à quel point une connaissance approfondie des conditions normales de la circulation du cerveau est nécessaire à l'intelligence d'un bon nombre de lésions anatomiques dont cette partie des centres nerveux peut être le siége.

Vous vous souvenez comment les gros troncs artériels, les deux carotides internes et les deux vertébrales, concourent à la formation de la circulation artérielle de la base de l'encéphale (1).

Les carotides internes, à leur sortie des sinus caverneux, rencontrent *perpendiculairement* la base du cerveau, et, immédiatement, se divisent en deux branches : l'une, antérieure, est la *cérébrale antérieure;* l'autre, qui se dirige latéralement, porte le nom d'*artère sylvienne* ou *cérébrale*

---

(1) On sait que les ramollissements et les hémorrhagies du cerveau sont beaucoup plus fréquents à gauche qu'à droite. M. Duret, dans son mémoire, croit avoir trouvé l'explication de ce fait dans les dispositions anatomiques que présentent, à leur origine, la carotide primitive et la vertébrale du côté gauche. La carotide droite vient du tronc innominé, *qui s'incline sur la crosse de l'aorte,* tandis que la carotide *gauche* monte presque perpendiculairement, et son axe se continue directement avec celui de la portion verticale ou ascendante de l'aorte. Il en résulte qu'un caillot, lancé dans l'aorte par une contraction du cœur, y pénètre directement. — La vertébrale droite naît de la sous-clavière, après qu'elle a décrit sa courbe, quand elle est horizontale ; la vertébrale gauche, au contraire, prend son origine sur le sommet de la courbe de la sous-clavière.

moyenne. (*Fig. 8*, S.). Une anastomose transversale (*communicante antérieure*) réunit, près de leur origine, les deux cérébrales antérieures, et associe, d'une façon plus ou moins complète, la circulation de chacune des carotides internes. Cette disposition vasculaire crée un système spé-

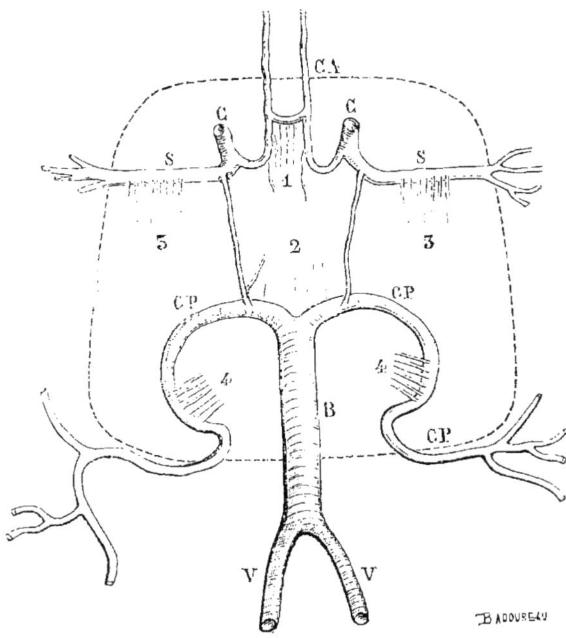

Fig. 8. — *Schéma de la circulation artérielle de la base de l'encéphale.* C, C, carotides internes. — C A, cérébrale antérieure. — S, S, Artères de Sylvius. — V, V, vertébrales. — B, tronc basilaire. — CP, CP. cérébrales postérieures. — 1, 2, 3, 3, 4, 4, groupes des artères nourricières. — La ligne ponctuée - - - circonscrit le cercle ganglionnaire.

cial, auquel on peut donner le nom de système antérieur ou *système carotidien.*

Les vertébrales (V, V), dirigées obliquement d'arrière en avant, convergent vers la ligne médiane et s'unissent en un seul tronc, le *tronc basilaire* (B). Celui-ci, vers le bord antérieur de la protubérance, se divise en deux branches, qu'on appelle les *cérébrales postérieures* (C P). Ainsi se trouve constitué un second système artériel, le système postérieur ou *vertébral*.

Le système *carotidien* et le système *vertébral*, unis par deux anastomoses très-variables dans leur volume et leur disposition (1), les *communicantes postérieures*, forment, à la base de l'encéphale, un cercle vasculaire connu de tous les anatomistes sous le nom d'hexagone, ou mieux de *polygone de Willis*.

Aux angles antérieurs du polygone de Willis, on voit les deux cérébrales antérieures ; des angles antéro-latéraux partent, en se dirigeant en dehors, les deux sylviennes; enfin, l'angle postérieur est formé par les cérébrales postérieures. C'est du cercle de Willis et des deux premiers centimètres de ces divers troncs artériels que naissent les artères nourricières des ganglions centraux : corps striés et couches optiques.

Ces artères nourricières forment six groupes principaux :

Le premier — *groupe médian-antérieur*, 1, — a son origine dans la communicante antérieure et dans le commencement des cérébrales antérieures. Les artérioles qui le composent nourrissent la partie antérieure de la tête du noyau caudé.

Le second — *groupe médian postérieur*, 2, — vient de la moitié postérieure des communicantes postérieures et de l'origine des cérébrales postérieures. Il nourrit les faces internes des couches optiques et les parois du troisième ventricule.

---

(1) M. Duret a attiré l'attention sur les variations fréquentes et sur les anomalies du cercle de Willis et des communicantes. Souvent celles-ci sont filiformes et tout-à-fait insuffisantes à rétablir le cours du sang dans le cas d'oblitération. Certaines anomalies expliquent aussi les cas de ramollissement d'un hémisphère *entier* par un caillot oblitérant la carotide niterne près de **sa** bifurcation.

Le troisième et le quatrième — *groupes antéro-latéraux droit et gauche*, 3, 3 —, composés d'un nombre d'artérioles beaucoup plus considérable, qui naissent de la sylvienne, vascularisent les corps striés et la partie *antérieure* de la couche optique.

Le cinquième et le sixième — *groupes postéro-latéraux*, 4, 4 —, sont fournis par les cérébrales postérieures après qu'elles ont contourné les pédoncules cérébraux; ils nourrissent une grande partie des couches optiques.

Une ligne circulaire, tracée à deux centimètres du polygone de Willis, et l'entourant complétement, limiterait la région d'origine des artères ganglionnaires. On décrirait ainsi un *cercle ganglionnaire*, dans lequel serait compris le cercle de Willis. (Voy. *Fig. 8*).

Les régions corticales (circonvolution des deux hémisphères cérébraux), sont irriguées par les grosses artères que nous avons vu former les angles et les côtés du polygone de Willis.

La *cérébrale antérieure* contourne le corps calleux et se répand sur une partie de la face inférieure du lobe antérieur ou frontal (*gyrus rectus et circonvolutions supraorbitales*), et sur une bonne portion de la face interne de l'hémisphère (*Première et deuxième circonvolutions frontales; lobule précentral; lobule quadrilatère ou avant-coin.*)

La *cérébrale postérieure*, née de la basilaire, entoure le pédoncule cérébral correspondant, et se divise en trois branches, qui vont à la face inférieure du cerveau et au lobe occipital (*gyrus uncinnatus; circonvolution de l'hippocampe; deuxième, troisième et quatrième circonvolutions temporales; coin; lobulus lingualis*).

L'*artère sylvienne* se distribue à la partie du lobe frontal qui n'est pas vascularisée par la cérébrale antérieure, et sur toute l'étendue du lobe pariétal. Il nous sera nécessaire, plus tard, d'exposer en détail la distribution de chacune des quatre branches de cette artère importante, et de décrire exactement leurs territoires vasculaires.

Telle est la distribution générale des artères qui se rendent sur les faces interne, externe et inférieure du cerveau. Pour savoir comment s'effectue la distribution intérieure des territoires vasculaires, il faut recourir à des coupes. Ainsi, sur une coupe, pratiquée dans le domaine de l'artère sylvienne, la circulation des noyaux gris paraît conondue avec celle de l'écorce grise et des noyaux blancs sous-jacents : mais c'est là une illusion que nous dissiperons dans la prochaine leçon.

CINQUIÈME ET SIXIÈME LEÇONS.

Circulation artérielle du cerveau.

Sommaire. — Travaux de M. Duret et de M. Heubner. — Artères principales du cerveau. — Système des artères corticales; — vaisseaux nourriciers. — Système des artères centrales ou des ganglions centraux.

Artère sylvienne ; ses branches : artères des noyaux gris centraux ; — branches corticales, ramifications et arborisations : — artères nourricières de la pulpe encéphalique : elles sont longues (artères médullaires) ou courtes (artères corticales).

Effets de l'oblitération de ces diverses artères. — Ramollissements superficiels, plaques jaunes. — Communication entre les territoires vasculaires : opinion de Heubner; opinion de Duret. — Artères terminales (Cohnheim).

Autonomie relative des territoires vasculaires du cerveau. — Localisation des lésions de l'écorce.

Branches de la sylvienne : frontale externe et inférieure; — artère de la circonvolution frontale ascendante ; — artère de la circonvolution pariétale ascendante ; — artère du pli courbe ; — artères cérébrale antérieure et cérébrale postérieure : leurs branches.

Messieurs,

Je me propose de reprendre aujourd'hui le sujet que je n'ai fait qu'ébaucher dans la dernière séance et de le fouiller plus profondément. Si j'ai été assez heureux pour bien faire ressortir que le système vasculaire à sang rouge domine pour ainsi dire la situation dans le champ de la pathologie cérébrale, j'ai dû vous convaincre, du même coup, de la nécessité d'études préalables, concernant les rapports qui existent, à l'état physiologique, entre ce système et les divers départements qui composent le cerveau proprement dit.

Comment comprendre, en effet, la raison de la localisation de ces foyers d'hémorrhagie ou de ramollissement qui constituent un des principaux chapitres de l'anatomie pathologique du cerveau, si l'on n'est pas parfaitement éclairé sur le mode de distribution des vaisseaux artériels dont l'altération est le point de départ, la condition première de ces lésions diverses?

Il ne saurait, d'ailleurs, s'agir ici de la pure contemplation de faits d'anatomie normale. L'application se présente, en quelque sorte, d'elle-même d'une façon immédiate. Je l'ai déjà montré et je le montrerai, je pense, mieux encore aujourd'hui.

Je m'arrête d'autant plus volontiers, Messieurs, sur ce point de l'anatomie de la circulation cérébrale que vous ne trouverez, à cet égard, dans les traités les plus justement estimés que des renseignements vagues, tout à fait insuffisants pour l'objet de nos études. Tout ce que nous savons de précis sur ce sujet est de date récente et résulte d'études provoquées par les besoins de l'anatomie et de la physiologie pathologiques.

Mes emprunts seront faits surtout à l'important travail de notre compatriote M. Duret, travail qui a été exécuté dans le laboratoire de la Salpêtrière. Je ne dois pas vous laisser ignorer, toutefois, que M. Duret, dans la voie où il s'est engagé, a rencontré un émule. Cet émule est un médecin allemand, M. le Dr Heubner, professeur à l'université de Leipzig. Ces deux auteurs ont poursuivi leurs recherches simultanément, mais sans se connaître, et ils sont arrivés, du moins pour les points essentiels, à des résultats identiques. Cela est assurément une garantie de l'exactitude des descriptions nouvelles qu'ils nous ont données.

Seulement, dans un ouvrage récent qui traite de l'altération syphilitique des artères cérébrales (1), M. Heubner émet la prétention d'avoir été l'initiateur. C'est là une prétention insoutenable. Les premières recherches de M. Duret, relatives à la circulation du bulbe et de la protubérance, ont été communiquées à la *Société de biologie* dans la séance du 7 décembre 1872. Par une coïncidence remarquable, ce même jour, 7 décembre, le résumé des recherches de M. Heubner, sur la circulation du cerveau, était publié à Berlin dans le *Centralblatt*. Un mois après, en janvier 1873, M. Duret a publié une note dans le *Progrès médical* (2) concernant la partie de ses recherches ayant trait également à la .circulation du cerveau. Les investigations de M. Duret ne sont donc pas postérieures de deux années à celles de M. Heubner, comme ce dernier l'insinue : elles sont absolument contemporaines. C'est là un fait dont M. Heubner aurait pu facilement se convaincre, puisqu'il a pris connaissance du dernier mémoire de M. Duret, inséré dans les *Archives de physiologie* (1874), et où l'historique de la question est exposé dans tous ses détails (3).

J'ai cru utile d'insister sur cette chronologie, afin de bien déterminer, devant cette manie d'annexion, la large part qui revient à notre compatriote.

I.

Mais j'en viens à l'objet particulier de nos études. Vous savez de quelle façon trois troncs, émanés du cercle

---

(1) *Die luetische Erkrankung der Hirnarterien*, p. 188 ; Leipzig, 1874.
(2) 18 et 25 janvier, 1er février, 8 et 15 novembre 1873.
(3) Les recherches de M. Duret présentent un intérêt pathologique considérable, car elles ont été faites surtout dans le but de rechercher l'explication de l'aspect des lésions trouvées à l'autopsie. A l'aide de plus de deux cents observations qui lui ont été confiées par M. Charcot, il a pu, au point de vue anatomique, établir la classification des hémorrhagies et des ramollissements cérébraux.

de Willis, se partagent la circulation artérielle de chaque
hémisphère cérébral. Ce sont : 1° la cérébrale antérieure ;
2° la cérébrale moyenne ou artère sylvienne, issues l'une
et l'autre de la carotide interne ; 3° la cérébrale postérieure,
branche de la basilaire, provenant elle-même de la con-
fluence en un seul tronc des deux artères vertébrales.

A. Chacune de ces artères, dans chaque hémisphère, règne, pour ainsi dire, sur un domaine particulier, et je vous
ai déjà fait connaître, très-sommairement au moins, la topographie générale et les limites de ces grands territoires
vasculaires. Ces territoires doivent être considérés, non-
seulement à la surface des hémisphères, mais encore dans
la profondeur de ceux-ci à l'aide de coupes.

Notre attention doit se fixer, en premier lieu, sur la surface du cerveau, comprenant les faces externe, supérieure,
interne et inférieure ; et, en second lieu, sur les coupes
frontales qui montreront l'importance prépondérante du
territoire de la sylvienne.

Nous verrons tout à l'heure que ces territoires ou pro-
vinces peuvent être divisés en un certain nombre de départements secondaires, correspondant à la distribution d'autant d'artères secondaires, émanant des troncs principaux.

B. Ne nous arrêtons pas plus longtemps à cette première
vue d'ensemble et entrons de suite dans le détail. Chacune
des trois artères principales donne naissance à deux systèmes très-différents de vaisseaux secondaires. Le premier
de ces systèmes peut être désigné sous le nom de *système
des artères corticales*. Les vaisseaux qui le composent se
répandent dans l'épaisseur de la pie-mère et s'y divisent
selon un mode particulier, avant de fournir les petits vaisseaux qui pénètrent dans la pulpe cérébrale et qui sont,

à proprement parler, les *vaisseaux nourriciers* de l'écorce grise et de la substance médullaire sous-jacente.

Le second système est le *système central* ou des *ganglions centraux (masses grises centrales)*. Les vaisseaux qui entrent dans sa constitution partent de chacune des trois artères principales, tout près de leur origine, et s'enfoncent immédiatement, sous forme d'artérioles, dans l'épaisseur des masses ganglionnaires.

Ces deux systèmes, bien qu'ils aient une origine commune, sont tout-à-fait indépendants l'un de l'autre et, à la périphérie de leur domaine, ils ne communiquent sur aucun point.

C. Nous devons étudier ces deux systèmes dans chacun des grands territoires vasculaires. Dès notre entrée dans cette étude, nous aurons à relever des traits communs et quelques traits particuliers. Tout d'abord, nous nous occuperons de l'artère sylvienne, la plus importante et la plus compliquée des trois artères cérébrales. L'histoire des deux autres s'en trouvera ensuite aisément simplifiée.

II.

L'artère sylvienne pénètre dans la scissure de Sylvius dont il faut écarter les lèvres pour bien mettre à nu le vaisseau artériel. Mais, auparavant, elle a déjà fourni, par son bord supérieur, dans une région qu'on appelle l'*espace perforé antérieur*, une série d'artères qui s'insinuent parallèlement les unes aux autres dans chacun des trous de cet espace perforé lequel est formé par de la substance blanche. Ce sont là les *artères des noyaux gris centraux* ou, d'une façon plus spéciale, les *artères du corps strié*. Nous laisserons de côté, pour l'instant, le système des noyaux gris pour ne nous attacher qu'au système cortical.

Dans le fond de la scissure de Sylvius, se voit l'insula de Reil au niveau duquel l'artère sylvienne se divise en quatre branches qui méritent chacune un nom particulier. Ces branches suivent les sillons qui séparent les circonvolutions de l'insula auxquelles elles fournissent des vaisseaux. Elles se recourbent ensuite, de dedans en dehors, pour remonter à la surface de l'hémisphère, où elles se distribuent, ainsi que nous le disions tout à l'heure, sur un certain nombre de circonvolutions fondamentales, formant là autant de petits territoires secondaires qui correspondent à chacune de ces circonvolutions (*Fig. 9*).

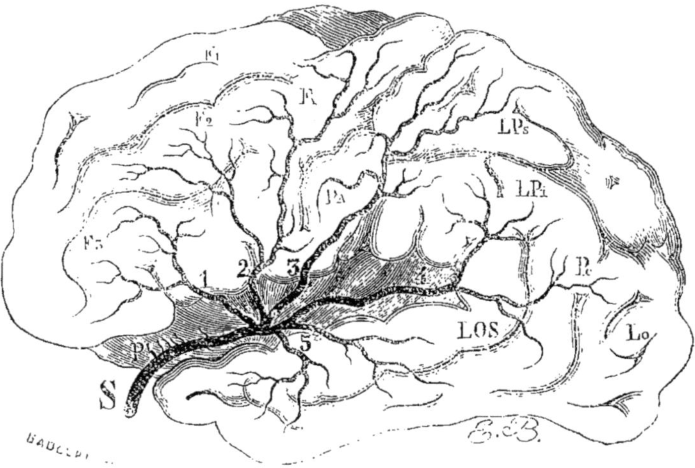

Fig. 9. — *Distribution de l'artère sylvienne.* (Figure demi-schématique). — S, tronc de l'artère sylvienne qui pénètre dans la scissure de Sylvius et dont les branches divergent entre les circonvolutions de l'insula. —P, branches perforantes destinées aux noyaux gris centraux. — 1, artère de la circonvolution de Broca, ou frontale externe et inférieure. — 2, artère frontale ascendante. — 3, artère pariétale ascendante.— 4 et 5, artères pariéto-sphénoïdale et sphénoïdale.
F1, F2, F3, 1re, 2e et 3e circonvolutions frontales. — Fa, circonvolution frontale ascendante. — Pa, circonvolution pariétale ascendante. — LPs, lobule pariétal supérieur. — LPi, lobule pariétal inférieur. — Pc, pli courbe. — Lo, lobe occipital.

Nous n'insisterons pas davantage quant à présent sur cette description, et nous allons examiner plus à fond le mode suivant lequel les artères corticales se divisent et se ramifient dans l'épaisseur de la pie-mère avant de pénétrer dans la pulpe cérébrale.

Immédiatement, je dois vous faire remarquer que les branches, issues de la sylvienne, se partagent en rameaux de troisième ordre, au nombre de deux ou trois pour chaque tronc secondaire. Ces rameaux *tertiaires* constituent ainsi une sorte de squelette vasculaire sur lequel est greffé tout un système d'*arborisations*. C'est un système particulier très-original de petits vaisseaux qui partent non-seulement des extrémités des rameaux, mais encore de leurs troncs

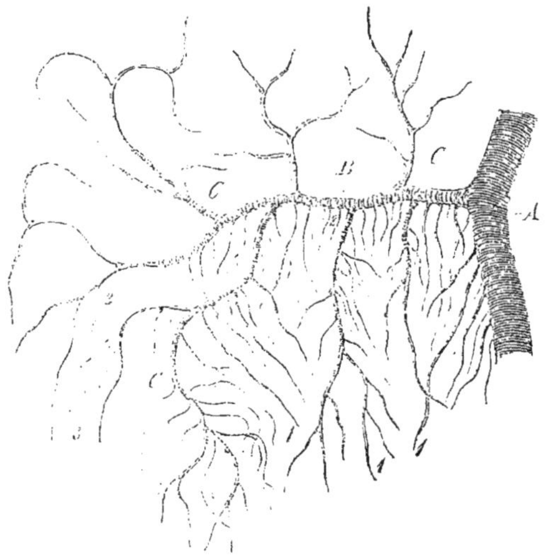

Fig. 10. — A, artere principale. — B, arborisation primitive. — CC, arborisations secondaires. — 1, 1, 1, artères médullaires. — 2, 2, artères corticales. — 3, réseaux des artères corticales dans la pulpe cérébrale (1).

eux-mêmes. Contrairement aux assertions de la plupart des auteurs, M. Duret affirme que ces *arborisations* ne s'anastomosent pas entre elles, tandis que les *rameaux* communiquent quelquefois avec ceux des territoires voisins (*Fig. 10*).

---

(1) Cette figure est empruntée au travail de M. Duret inséré dans les *Archives de physiologie*, 1874, p. 312.

Les *ramifications* et les *arborisations* sont situées dans le plan de la pie-mère. Du côté de la face interne de cette membrane, elles donnent naissance aux *artères nourricières* de la pulpe encéphalique, lesquelles pénètrent celle-ci perpendiculairement. Tous ces vaisseaux nourriciers sont déjà des capillaires, suivant la nomenclature de M. Ch. Robin. Ce caractère les distingue des vaisseaux des ganglions centraux qui s'enfoncent dans la substance blanche de la base du cerveau (espace perforé antérieur) alors qu'ils ont encore les dimensions et la structure des artères.

Le moment est venu d'observer de plus près, sur des coupes susceptibles d'être examinées au microscope, les particularités relatives à ces *artères nourricières*.

Sur des coupes d'ensemble d'une circonvolution faites perpendiculairement à la surface, on distingue d'abord, à la périphérie, la substance grise qui se montre sous la forme d'un feston ayant une épaisseur de 2 à 3 millimètres ; puis, en dedans, la substance médullaire composée de fibres rayonnantes et de fibres commissurales reliant une circonvolution à sa voisine. Comment, sur de pareilles coupes, se comportent les artères ? On y distingue aisément deux sortes d'artères nourricières, ainsi que l'ont reconnu, du reste, depuis longtemps plusieurs auteurs et en particulier Todd et Bowmann. De ces artères, les unes sont *longues*, les autres sont *courtes*.

1° Les *artères longues* ou autrement dit *médullaires* se détachent des *ramifications* ou bien sont la terminaison des *arborisations*. On en voit douze ou quinze sur une coupe de circonvolution : trois ou quatre à la surface libre ; les autres se distribuent sur les deux versants ou dans le sillon de séparation. Les artères du sommet sont verticales ; l'une d'elles occupe en général la partie médiane de la circonvolution ; les artères du versant sont obliques ; celles qui occupent le fond des sillons se montrent de nouveau verticales. Ces artères pénètrent dans le centre ovale jusqu'à une profondeur de trois à quatre centimètres ; elles progressent sans communiquer entre elles autrement que par de fins capillaires, et constituent de cette façon autant de petits systèmes indépendants. Disons enfin qu'elles s'approchent, par leur terminaison, de l'extrémité du système des artères centrales, mais qu'il ne s'établit *aucune communication entre les deux systèmes*. Il résulte de cette disposition qu'il y a là, sur les confins des deux domaines, une espèce de terrain neutre où la nutrition s'opère moins énergiquement. Ce terrain neutre est plus spécialement le siége de certains *ramollissements lacunaires* séniles centraux.

2° Les *artères nourricières courtes* ou *corticales* ont la même origine que les longues ; elles sont seulement plus grêles, plus courtes et s'arrêtent pour ainsi dire en chemin. Les unes vont jusqu'à la limite de la couche grise, du côté du centre médullaire ; les autres s'étendent moins loin et se terminent dans l'épaisseur de la couche grise. Ces artères courtes donnent naissance à des vaisseaux capillaires qui, conjointement à ceux qui émanent des artères longues, forment les mailles d'un réseau.

Dans les circonvolutions, le réseau possède les caractères suivants (*Fig. 11*) : 1° La première couche, A, a une épaisseur d'un demi-millimètre; elle est peu vascularisée ; 2° La seconde couche, B, correspond aux deux zones de cellules nerveuses; là, le réseau vasculaire est très-serré, à mailles polygonales très-fines; 3° sur la limite de cette couche, C, les mailles deviennent plus larges ; 4° enfin, dans la substance médullaire, D, les mailles sont plus larges encore et allongées verticalement.

Des renseignements qui précèdent, il résulte que, au point de vue de la distribution artérielle, l'écorce grise et l'écorce blanche sous-jacente sont solidaires puisque les vaisseaux qu'elles reçoivent dérivent également des artères qui rampent dans la pie-mère. Ceux-ci sont-ils oblitérés sur un point ? La substance grise et la substance blanche souffriront simultanément dans les parties correspondantes, et

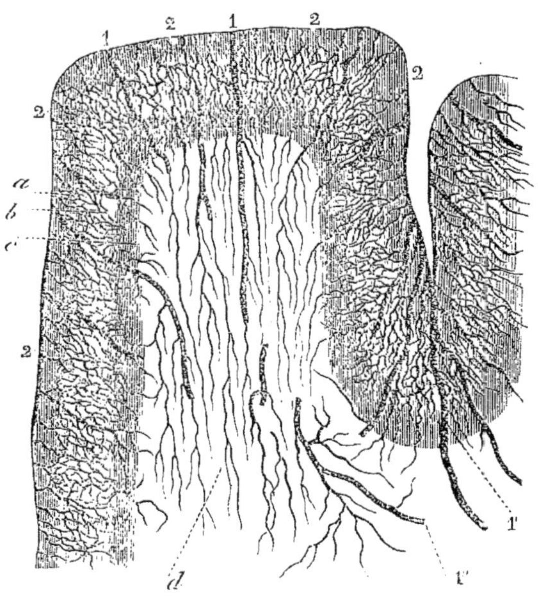

Fig. 11. — 1, 1, Artères médullaires. — 1' Groupe d'artères médullaires du sillon situé entre deux circonvolutions voisines. — 1" Artères des fibres commissurales de Gratiolet. — 2, 2, 2, Artères corticales ou de la substance grise.

a, Réseau capillaire à mailles assez larges situé sous la pie-mère. — b, Réseau à mailles polygonales plus serrées, situé dans la région de la couche grise. — c, Réseau de transition à mailles plus larges. — d, Réseau capillaire de la substance blanche.

pourront subir cette sorte de mortification qu'on nomme le *ramollissement cérébral ischémique.* La disposition réciproque des parties permet de vous donner un schéma du ramollissement superficiel.

Vous vous rappelez la distribution générale des vaisseaux nourriciers. Ils se dirigent parallèlement les uns aux autres vers les parties centrales comme autant de rayons. La région blanche et la région grise de l'écorce peuvent donc, en tant que départements vasculaires, être divisées en un certain nombre de *coins* dont la base est vers l'encéphale et le sommet tronqué dirigé vers les parties centrales. C'est, en effet, la forme qu'affectent la plupart des *ramollisse-ments* dits *superficiels*. Cela remet immédiatement en mémoire l'aspect des infarctus de la rate et du rein. Si le ramollissement est ancien, c'est-à-dire s'il date déjà de quelques semaines, la substance grise paraît déprimée, en raison de la destruction que ses éléments ont subi et de l'effondrement concomitant de la substance blanche sous-jacente.

La partie superficielle du foyer forme ce qu'on appelle une *plaque jaune*. La coloration jaune appartient exclusivement à la substance grise, la substance blanche sous-jacente, ramollie, étant seulement blanchâtre ou quelquefois légèrement teintée de jaune.

A. Nous avons supposé, dans ce cas, qu'il s'agissait de l'oblitération d'une branche de deuxième ou de troisième ordre. L'oblitération du tronc de la sylvienne elle-même pourrait avoir pour effet d'amener la nécrose de toute l'écorce grise et de l'écorce blanche sous-jacente.

Les parties centrales seraient totalement épargnées si l'oblitération siégeait au-dessus de l'origine des artères du corps strié.

B. Il ne faudrait pas croire, Messieurs, que toutes les oblitérations de ce genre produiront nécessairement, toujours, à coup sûr, des effets aussi désastreux. Il est des cas, rares à la vérité, où une telle oblitération portant soit une branche de l'*artère sylvienne*, soit sur le tronc de cette artère, — je prends ici la sylvienne pour exemple, mais ce que je vais en dire pourrait s'appliquer tout aussi bien à la *cérébrale antérieure* ou à la *cérébrale postérieure* — il est des cas, dis-je, dans lesquels l'oblitération en question ou bien reste sans résultat appréciable, ou bien ne détermine que des effets passagers.

S'il en est ainsi, Messieurs, cela tient à ce que les trois grands territoires vasculaires qui se partagent l'écorce du cerveau et les départements en lesquels ils se divisent, ne sont pas, rigoureusement parlant, des territoires isolés, autonomes. Ils peuvent communiquer et communiquent en effet, dans la règle ordinaire. Mais, ces communications sont-elles faciles, constantes, ou, au contraire, sont-elles des voies accidentelles, indirectes, souvent impraticables ? C'est là un problème sur la solution duquel nos auteurs ne sont pas d'accord.

M. Heubner prétend que les communications en question sont très-faciles, qu'elles se font par l'intermédiaire de vaisseaux qui n'auraient pas moins d'un millimètre de diamètre. Il fonde cette assertion sur des résultats d'injections qui lui auraient montré constamment que la matière poussée dans l'un quelconque des départements, soit par le tronc principal, soit par les rameaux, pénètre toujours avec rapidité dans les autres territoires.

Il fait appel aussi à des cas pathologiques qui indiquent que l'oblitération d'un des vaisseaux du système cortical ou de ses branches ne s'est révélée pendant la vie par aucun symptôme évident, cas dans lesquels, la mort étant survenue, la pulpe cérébrale, dans les parties correspondantes à l'oblitération, n'a présenté, à l'autopsie, aucune trace de ramollissement.

En premier lieu, pour ce qui concerne les faits pathologiques invoqués par M. Heubner, nous devons reconnaître qu'ils existent en réalité, cela est incontestable. Toutefois, si j'en juge d'après les observations très-nombreuses que j'ai été à même de recueillir, ils sont véritablement rares.

Il est certain, d'un autre côté, que, dans le domaine de l'anatomie normale, les choses sont loin d'être toujours, tant s'en faut, telles que M. Heubner les a vues. Les observations de M. Duret, à cet égard, ont été multipliées et à peu près toujours concordantes.

Voici, brièvement, ce qu'elles nous apprennent :

On place une ligature sur les trois artères principales de la base de l'encéphale, des deux côtés, immédiatement au-delà de l'origine dans le cercle de Willis. On pousse alors dans la sylvienne une injection. Celle-ci remplit d'abord le territoire de la sylvienne et, dans la majorité des cas, elle en dépasse les limites. La matière à injection envahit les territoires voisins en y pénétrant peu à peu. Cette invasion se fait de la périphérie vers le centre du territoire envahi. Elle s'opère par l'intermédiaire de vaisseaux de petit calibre appartenant au système des *ramifications*, n'ayant par conséquent qu'un quart ou un cinquième de millimètre de diamètre, contrairement à l'opinion de M. Heubner qui prétend qu'il s'agit, en pareille circonstance, de vaisseaux artériels d'un millimètre de diamètre.

Le nombre des anastomoses de territoire à territoire est d'ailleurs très-variable. Il est des cas où l'on peut injecter isolément un seul des trois grands territoires, les anastomoses ne suffisant pas pour permettre à l'injection d'entrer dans les territoires voisins. La communication qui se fait dans la zone périphérique d'un territoire vasculaire explique pourquoi l'oblitération d'un tronc principal a souvent pour conséquence le ramollissement isolé des parties centrales du territoire, les parties périphériques demeurant indemnes.

Telles sont les conclusions de M. Duret. Elles sont, à mon sens, plus conformes aux faits pathologiques que celles de M. Heubner. J'ajouterai que M. Cohnheim qui, de son côté, s'était livré à un certain nombre d'injections partielles des artères encéphaliques, avait conclu dans le même sens que M. Duret. Si les artères de l'encéphale, a-t-il dit, ne sont pas absolument des artères *finales* ou *terminales*.

— nous allons dire ce que M. Cohnheim entend par ce mot — elles se rapprochent considérablement de ce type.

Sous le nom d'*artères terminales* ou *finales* (*Endarterien*), M. Cohnheim (1) catégoriseingénieusementles artères ou les artérioles qui, dans leur trajet, depuis leur origine jusqu'aux capillaires, ne fournissent ou ne reçoivent aucun rameau anastomotique. Un exemple d'artères terminales, commode pour l'étude, est fourni par la langue de la grenouille qui est transparente et sur laquelle il est aisé de suivre, *de visu*, tous les effets d'une oblitération sous le microscope. Vous voyez sur ces dessins schématiques les conséquences diverses d'une oblitération d'une artère terminale. Ils se produisent d'une manière fatale. Si nous considérons, par opposition, une artère à anastomoses, le cours du sang se rétablit en général avec facilité, au-dessous du point lésé, par les anastomoses. Mais, celles-ci peuvent être oblitérées à leur tour, et il s'ensuit qu'une artère qui, dans les conditions normales, n'est point une artère *terminale*, le devient accidentellement.

La circulation de l'encéphale fournit un grand nombre d'exemples d'artères terminales. Ainsi, sans compter les ramifications qui existent dans la pie-mère, nous pouvons signaler les artères nourricières. Nous verrons encore que le système des artères des ganglions centraux est construit tout entier et rigoureusement sur ce modèle. Le même type se retrouve dans tous les autres systèmes circulatoires où se produisent soit pathologiquement, soit expérimentalement, ces lésions par oblitération vasculaire que l'on a coutume de désigner sous le nom d'*infarctus*. Tels sont la rate, le rein, le poumon et la rétine. Tous les viscères, et cette remarque appartient à M. Cohnheim, où les infarctus ne se produisent pas dans la règle, ne sont pas soumis à ce mode de distribution artérielle.

---

(1) *Untersuchungen ueber die embolischen Processe*. Berlin, 1872.

Je clos cette digression qui, je crois, n'aura pas été inopportune et j'en reviens à l'autonomie relative des territoires vasculaires du cerveau. Cette autonomie n'est pas l'apanage exclusif des grands territoires ; elle se retrouve encore dans les départements secondaires en lesquels les premiers se divisent et qui correspondent aux ramifications artérielles de deuxième ou de troisième ordre. Entre ces régions de second ordre, de même qu'entre les grands territoires, les communications sont possibles, mais le plus souvent très-difficiles. Il résulte de cette disposition que l'oblitération d'une de ces branches secondaires pourra avoir et aura souvent pour conséquence de déterminer la mortification d'une région très-limitée de l'écorce. C'est là un point capital pour l'étude des localisations cérébrales. Il pourra se faire que la lésion, ainsi limitée, corresponde justement à une de circonvolutions ou à un groupe de circonvolutions, douées de propriétés spéciales et se traduise pendant la vie par des phénomènes spéciaux.

Cette localisation étroite des lésions de l'écorce, produite par l'oblitération de branches artérielles de deuxième ou de troisième ordre, sera surtout intéressante à étudier, vous le comprenez aisément, dans le domaine de la sylvienne. C'est dans cette grande région, en effet, que l'expérimentation tend à placer les fameux centres moteurs et c'est là aussi que la clinique, avec le secours de l'anatomie pathologique, a placé le siége de la faculté du langage articulé.

Il nous importe, par conséquent, de bien connaître chacune des principales artères émanées de la sylvienne et d'examiner de plus près leur mode de distribution dans les circonvolutions fondamentales de la région.

L'artère sylvienne se partage en quatre branches principales ou tout au moins donne naissance à quatre branches principales. La distribution de ces branches a été soigneusement étudiée par M. Duret et par M. Heubner. (Voyez *Fig. 9* et *12*).

La première est désignée par M. Duret sous le nom de

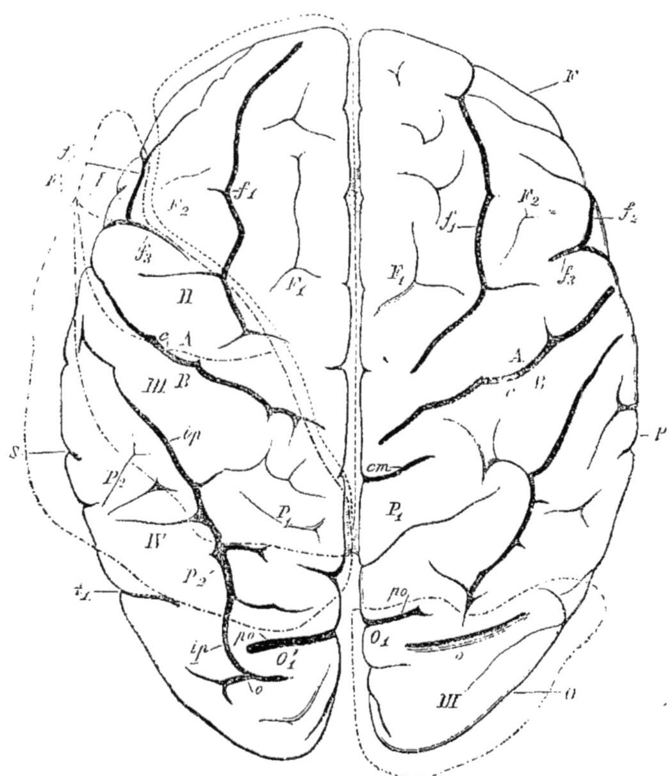

Fig. 12. — *Territoires vasculaires de la face supérieure du cerveau.* —F, lobe frontal. — P, lobe pariétal. — O, lobe occipital. — S, fin de la branche horizontale de la scissure de Sylvius. — C₁, sillon central. — A, circonvolution centrale antérieure. — B, circonvolution centrale postérieure. — F ₁, F ₂, F ₃, circonvolutions frontales supérieure, moyenne et inférieure. — f₁, f₂, sillons frontaux supérieur et inférieur. — f₃, sillon frontal vertical (sulcus præcentralis). — P ₁, lobule temporal supérieur. — P ₂, lobule temporal inférieur ou P ₂, Gyrus supra-marginalis. — P'₂, Gyrus angularis. — ip, Sulcus interparietalis. — c m, sulcus calloso-marginalis. — po, po, fissura pariéto-occipitalis. — t₁, sillon temporal supérieur. — O ₁, première circonvolution occipitale. — o, sulcus occipitalis transversus.
Artères. — 1° La ligne (...) circonscrit la distribution de la cérébrale antérieure ; 2° La ligne (.—.—.), du côté gauche de la figure, limite la distribution de l'artère sylvienne. — I. Artère frontale externe et inférieure. — II. Artère pariétale antérieure. — III. Artère pariétale postérieure. — IV. Artère pariéto-sphénoïdale ; 3° La ligne (.—.—.—.) du côté droit de la figure limite la distribution de la cérébrale postérieure. (Cette figure et les figures 16 et 17 sont empruntées au travail de M. Duret, inséré dans les *Archives de physiologie*, 1874).

frontale externe et inférieure. C'est, à proprement parler, l'artère de la troisième circonvolution frontale (circonvolution de Broca). Plusieurs fois j'ai vu, pour mon compte, l'oblitération de ce seul tronc artériel produire un ramollissement limité au seul territoire de la troisième circonvolution et, plus explicitement, à sa partie postérieure. Voici, à l'appui, un fait concluant. Il concerne une femme, nommée Farn..., observée à la Salpétrière dans mon service. Elle avait été frappée d'aphasie. Il n'avait existé aucune trace de paralysie soit du mouvement, soit de la sensibilité. L'aphasie, dans ce cas, était le symptôme unique et l'atrophie de la troisième circonvolution a été aussi la seule lésion correspondante, révélée par l'autopsie. (*Fig. 13* et *14*). C'est là, Messieurs, incontestablement un bel exemple de localisation cérébrale (1).

La *deuxième* branche de la sylvienne est l'*artère pariétale antérieure* de Duret; j'aimerais mieux l'appeler *artère de la circonvolution frontale ascendante*. (*Fig. 9*, 2 et *Fig. 12*, II).

La *troisième* est l'*artère pariétale postérieure* qui serait mieux nommée, suivant nous, *artère de la circonvolution pariétale ascendante*. (*Fig. 9*, 3 et *Fig. 12*, III).

La *quatrième* branche se rend au pli courbe et à la première circonvolution sphénoïdale. (*Fig. 9*, 4, 5 et *Fig. 12*, IV).

Les deux circonvolutions auxquelles se rendent la seconde et la troisième branche de la sylvienne seraient, d'après les expériences de Ferrier sur le singe, le siége des centres moteurs des membres. Vous voyez, d'après la distribution artérielle, que ces deux circonvolutions pourront être lésées isolément.

J'ignore si la destruction complète de ces deux circonvolutions centrales a été jamais réalisée ; mais voici un fait

---

(1) Nous avons publié l'observation complète de cette malade dans les n°ˢ 20 et 21 du *Progrès médical* (1874).   B.

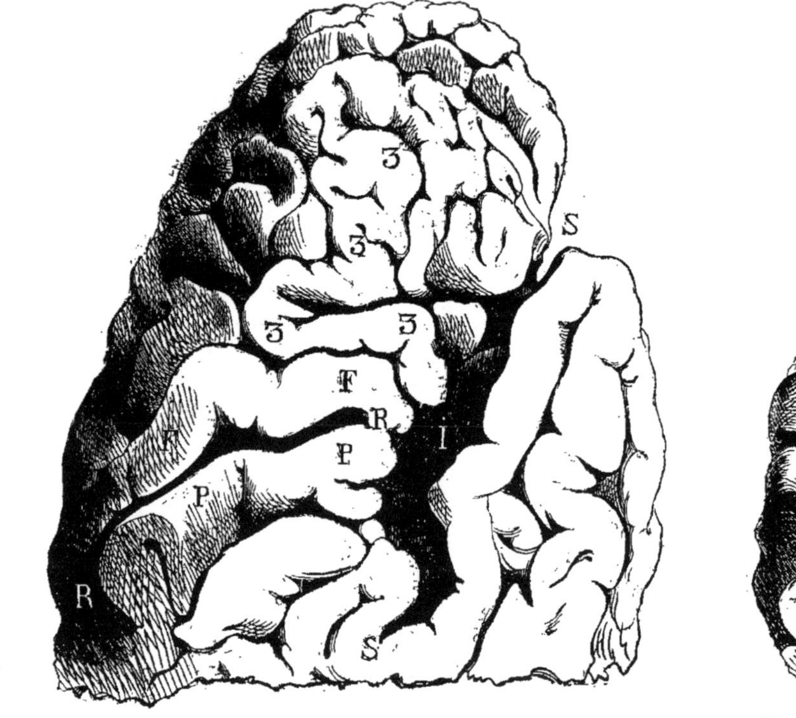

Fig. 14. — 3, troisième circonvolution du côté *droit*, ayant ses dimensinos normales.

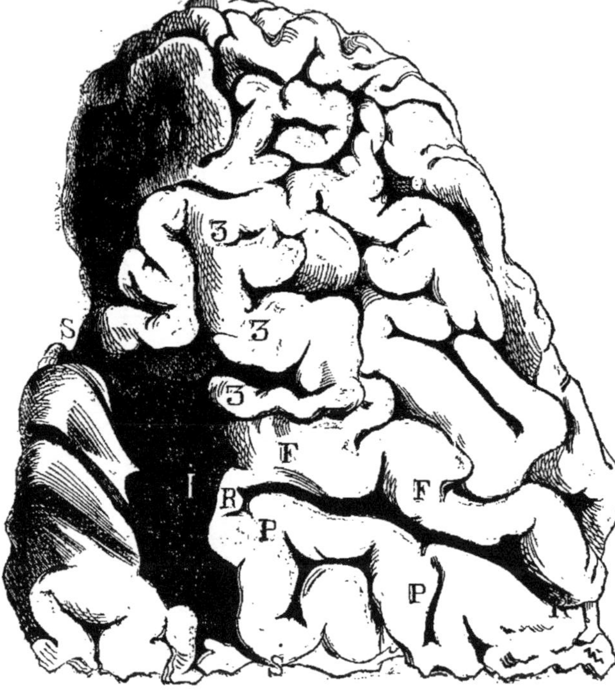

Fig. 13. — 3, circonvolution de Broca du côté *gauche* atrophiée dans sa partie postérieure.

F, circonvolution frontale transverse. — R, R, sillon de Rolando. — P, P, circonvolution pariétale transverse. — S, S, scissure de Sylvius. — I, insula.

dans lequel la destruction a porté sur la totalité de la circonvolution pariétale ascendante, qui, chez le singe, est le siége,
selon Ferrier, du centre des mouvements du membre supérieur et, pour une partie, du membre inférieur. Dans ce
cas, la circonvolution en question est remplacée par une
plaque jaune déprimée. La circonvolution frontale ascendante est respectée en partie, mais manifestement atrophiée. Or, bien que la couche optique et le corps strié
fussent dans ce cas tout à fait indemnes — cette intégrité
est mentionnée d'une façon très-explicite dans l'observation
— il existait une hémiplégie complète, permanente, dans les
membres supérieur et inférieur du côté opposé. (*Fig. 15.*)

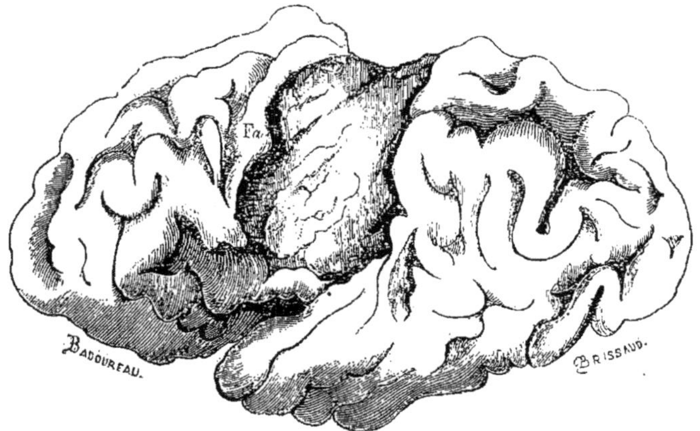

Fig. 15. — *Fa*, Circonvolution frontale ascendante. — Vaste foyer de ramollissement cortical ayant détruit la circonvolution pariétale ascendante, une bonne partie
de la circonvolution frontale ascendante, et la plus grande partie de circonvolution de
l'insula. Les masses centrales étaient indemnes.

C'est là, Messieurs, un résultat qui contraste singulièrement avec ce qui a été consigné dans deux autres observations relatives à des lésions étendues occupant d'autres
parties de l'écorce grise du cerveau. C'est ainsi que, dans
un cas de destruction limitée au lobe carré (plaque jaune),
il n'existait aucun indice de paralysie correspondante. —
Dans un autre fait, il s'agit encore d'une plaque jaune la-

quelle intéressait une large étendue de la face inférieure du lobe sphénoïdal qui, vous le savez, est artérialisé par la cérébrale postérieure. Eh bien, pendant la vie, il n'avait pas existé non plus dans ce cas la moindre trace d'hémiplégie.

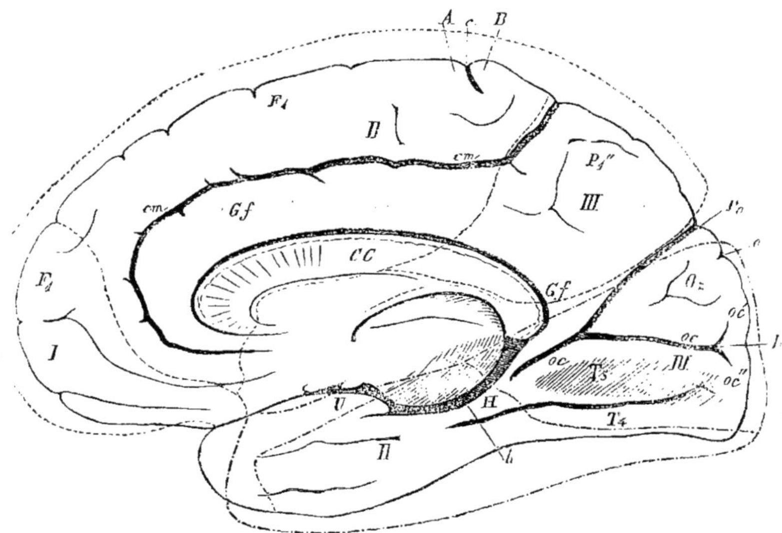

Fig. 16. — *Territoires vasculaires de la face interne du cerveau.* — C C, corps calleux coupé suivant le plan médian. — G f, gyrus fornicatus. — H, gyrus hippocampi. — h, sulcus hippocampi. — U, Gyrus uncinnatus. — c m, sulcus calloso-marginalis. — F $_1$, première circonvolution frontale vue du côté du plan médian. — C, fin du sillon central. — A, circonvolution centrale antérieure. — B, circonvolution centrale postérieure. — P $_1$, Avant-coin (Vorzwickel). — O z, coin (Zwickel). — P o, scissure pariéto-occipitale. — O, sillon occipital transverse. — O c, fissure calcarina ; o c′, sa branche supérieure ; o c″, sa branche inférieure. — D, Gyrus descendens. — T$_4$, gyrus occipito-temporalis-laterelis (lobulus fusiformis). — T $_5$, gyrus occipito-temporalis-medialis (lobulus lingualis). — *Artères.* — 1° Les régions circonscrites par la ligne (...) représentent le champ de distribution de l'artère cérébrale antérieure. — I. Artères frontales interne et antérieure. — II. Artères frontales interne et moyenne. — III, Artères frontales, interne et postérieure. — 2° Les régions circonscrites par la ligne (.—.—) représentent le champ de distribution de la cérébrale postérieure. — II, Artère temporale postérieure. — III (intérieur), Artère occipitale.

Ces exemples, que je pourrais aisément multiplier, suffiront, je pense, pour vous convaincre qu'il sera possible un jour chez l'homme, et très-vraisemblablement dans un avenir peu éloigné, de juger en dernier ressort, et sur des documents indiscutables, la doctrine des localisations en ce qui concerne du moins les parties superficielles du cerveau.

Après les développements dans lesquels je suis entré au
sujet de l'artère sylvienne, je crois devoir être bref dans

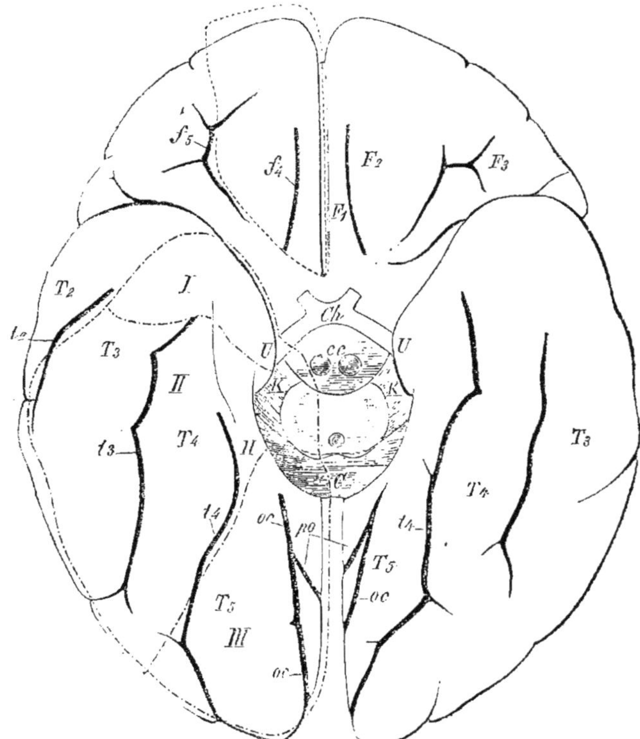

Fig. 17. — Territoires vasculaires de la face inférieure du cerveau. — F₁,
gyrus rectus. — F₂, circonvolution frontale moyenne. — F₃, circonvolution
frontale inférieure. — F₄, sulcus olfactorius. — F₅, sulcus orbitalis. — T₂,
deuxième circonvolution temporale ou circonvolution temporale moyenne. —
T₃, troisième circonvolution temporale ou circonvolution temporale inférieure. —
T₄, gyrus occipito-temporalis-medialis (lobulus lingualis). — t₄, sulcus occipito-
temporalis inférieur. — t₃, sillon temporal inférieur. — t₂, sillon temporal moyen:
— po, fissure parieto-occipitalis. — oc, fissura calcarina. — H, gyrus hippocampi.
— U, gyrus uneinnatus. — Ch, chiasma. — cc, corpora candicantia. — KK, pediculi
cerebri. — G, genou du corps calleux.
Artères. — La ligne (.....) circonscrit la distribution de la cérébrale antérieure
(Artères frontales internes et inférieures). La ligne (.—. .—.—.) circonscrit la
distribution de la cérébrale postérieure. — I, artère temporale antérieure. — II,
artère temporale postérieure. — III, artère occipitale.

l'exposé de la subdivision en départements secondaires des
grands territoires vasculaires corticaux de la cérébrale antérieure et de la cérébrale postérieure.

III.

La *cérébrale antérieure* est beaucoup moins fréquemment le siége d'altérations graves que ne l'est la sylvienne. Cette particularité tient en partie, sans doute, à sa direction par rapport à la carotide interne. (*Fig. 12, 16* et *17.*)

Cette artère fournit trois branches principales : la *première* nourrit les deux circonvolutions frontales inférieures; la *deuxième*, d'une importance plus grande, se distribue moins souvent que la sylvienne, mais beaucoup plus communément que la cérébrale antérieure, à la circonvolution du corps calleux (*Fig. 16*), au corps calleux C C, à la première circonvolution frontale F ₁ (faces interne et externe). au lobule paracentral et, sur la face convexe du lobe frontal, à la première et à la deuxième circonvolution frontale (*Fig. 17*), enfin à l'extrémité supérieure de la circonvolution frontale ascendante. La *troisième* branche de la cérébrale antérieure est destinée au lobe carré qui peut être lésé pour son propre compte, ainsi que j'en ai fourni tout à l'heure un exemple.

IV.

La *cérébrale postérieure* (*Fig. 12, 16, 17*) est le siége fréquent d'altérations par embolie ou par thrombose.

Aussi les ramollissements ischémiques des lobes postérieurs sont-ils bien plus communs que ceux des lobes antérieurs.

Le territoire de cette artère se partage en trois départements secondaires répondant à trois artères de second ordre : La *première* de ces artères se rend à la circonvolution du crochet; la *deuxième* à la partie inférieure du lobe sphénoïdal, comprenant la circonvolution sphénoïdale inférieure et le lobule fusiforme ; la *troisième* va au lobule lingual, au coin et au lobule occipital proprement dit.

SEPTIÈME LEÇON.

Circulation des masses centrales (noyaux gris et capsule interne).

Sommaire. — Circulation artérielle des noyaux gris centraux. — Hémorrhagie intra-encéphalique. — Différences anatomo-pathologiques entre les parties périphériques et les parties centrales du cerveau. — Rareté relative de l'hémorrhagie cérébrale dans les parties périphériques ; sa fréquence dans les parties centrales.

Origine des artères du système central. — Artères terminales ; leurs caractères. — Indépendance des systèmes artériels cortical et central. — Analogies entre les artères de la protubérance, du bulbe et des ganglions centraux. — Leur mode d'origine explique la prédominance dans ces parties des ruptures artérielles. — Les branches qui composent ce système naissent des cérébrales antérieure et postérieure et de la sylvienne.

Disposition des noyaux gris : leur forme et leurs rapports. — Considérations sur la capsule interne : ses parties constituantes (faisceaux pédonculaires directs : faisceaux pédonculaires indirects ; faisceaux rayonnants.)

Messieurs,

J'ai mis, dans la séance précédente, la dernière main, à la description anatomo-médicale du système cortical des artères du cerveau. Aujourd'hui, je me propose d'appeler votre attention sur la circulation artérielle des *noyaux gris centraux*. Vous savez que, sous ce nom, on désigne les couches optiques, les corps striés et ce qu'on pourrait appeler leurs annexes. C'est là, Messieurs, une étude qui doit réclamer tous nos soins ; car les phénomènes qui se produisent dans ces noyaux, en conséquence des lésions vasculaires, ne le

cèdent en rien par leur importance clinique, à ceux qui surviennent dans les parties superficielles de l'hémisphère
à la suite des altérations du système artériel cortical.
Nous retrouverons dans les régions centrales du cerveau
qui vont nous occuper, les altérations ischémiques signalées à propos des couches superficielles de l'encéphale,
mais nous y rencontrerons, en outre. sur une grande échelle, des lésions qui ne se montrent au contraire que rarement
à la périphérie. Je veux parler de l'*hémorrhagie intra-
encéphalique* vulgaire, l'une des causes anatomiques le
plus habituelles du syndrome *apoplexie*.

Il existe à cet égard, une opposition assez intéressante à
relever entre les parties périphériques et les parties centrales du cerveau. Dans celles-là, l'hémorrhagie intra-encéphalique est relativement rare, tandis qu'elle est commune dans celles-ci. C'est là un fait dont témoignent déjà
éloquemment les statistiques anciennes d'Andral et de Durand-Fardel et que les statistiques récentes ne font que confirmer. Ainsi, sur 119 cas rassemblés par Andral et Durand-
Fardel, 102 fois la couche optique et le corps strié ont été
le point de départ de l'hémorrhagie, 17 fois seulement le
foyer a pris naissance soit dans le centre des lobes antérieurs ou postérieurs, soit à la périphérie de l'encéphale.
En revanche, le ramollissement ischémique du cerveau prédomine. suivant la remarque judicieuse de Durand-Fardel,
dans les parties périphériques. Les faits que j'ai recueillis
à la Salpétrière confirment de tous points ces données.

Nous aurons à indiquer dans un instant, quelques-unes
des conditions propres à expliquer cette opposition remarquable ; qu'il me suffise pour le moment de bien fixer vos
idées sur ce point, à savoir que si les études auxquelles nous
nous sommes livrés, concernant le *système artériel cortical*, étaient une introduction nécessaire au chapitre qui
traite du ramollissement ischémique de l'encéphale, les développements dans lesquels nous allons entrer aujourd'hui

sont la préface obligatoire de l'histoire non moins intéressante de l'hémorrhagie intra-encéphalique.

I.

Vous n'avez pas oublié, Messieurs, comment les artérioles qui constituent le *système central* naissent de chacun des trois gros troncs artériels du cerveau, au voisinage immédiat de leur origine dans le cercle de Willis. Les artères qui forment ce système sont, en général, des vaisseaux d'une certaine importance, quant au calibre. Ce sont, en effet, des artérioles d'un millimètre et demi à un demi millimètre de diamètre, pour les artères du corps strié, d'après M. Duret.

Leur mode d'origine rappelle celui de ces jeunes rejetons qu'on voit dans les forêts pousser à la base des arbres. Cette comparaison, que j'emprunte à M. Heubner, en outre de son caractère pittoresque, est assez juste ; mais il ne faut pas la pousser trop loin, car les artères du système central, dès leur point de départ, se dirigent perpendiculairement à la direction du tronc principal.

Cette direction perpendiculaire nous remet en mémoire ce que nous avons vu à propos des artères nourricières de l'écorce de l'encéphale. Toutefois, il convient de ne pas oublier qu'il existe une différence entre les artères nourricières corticales et les artères des noyaux gris centraux : les premières, en effet, sont, à proprement parler, des capillaires — suivant, du moins, la définition de M. Robin — et les secondes, au contraire, des vaisseaux d'un certain calibre.

Un autre caractère des artères des noyaux centraux c'est que, selon l'acception donnée à ce mot par M. Cohnheim, ce sont des *artères terminales* par excellence. Si une discussion a pu s'élever, ainsi que nous l'avons vu, au sujet de l'autonomie des territoires vasculaires de l'écorce, il n'en est plus de même pour ce qui regarde les artères centrales. Celles-ci sont tout-à-fait indépendantes les unes des autres; c'est là un point sur lequel nos auteurs sont parfaitement d'accord.

Ainsi, dit M. Heubner, on peut, à l'aide d'une seringue de Pravaz dont la pointe du trocart est émoussée, injecter une à une chacune des petites artères qui se rendent aux diverses parties du corps strié ou de la couche optique. Malgré toutes les précautions possibles, on ne parviendra jamais à injecter la couche optique ou le corps strié tout entier. Vous n'injecterez que de petits départements de chacun de ces corps ; si l'injection est poussée trop fortement, on produit des ruptures, mais le territoire vasculaire ne s'étend pas pour cela au-delà des limites qui lui sont assignées.

Les expériences multipliées de M. Duret plaident dans le même sens. Il convient d'ajouter que, dans aucune circonstance, par cette voie des artères centrales, *on ne fait pénétrer l'injection dans le domaine des artères corticales.* La réciproque, je le rappelle, est également vraie, c'est-à-dire qu'aucune injection, poussée dans l'une quelconque des artères du système cortical, ne se répand dans le domaine des artères centrales.

Il n'est peut-être pas sans intérêt de faire ressortir les analogies qui existent sous le rapport du mode d'origine des artères nourricières entre les parties basilaires de l'encéphale et la protubérance, voire même le bulbe.

Dans la *protubérance*, la ressemblance est frappante, les artères médianes naissent à angle droit de l'artère basilaire qui est un tronc volumineux, et elles pénètrent jusqu'aux parties postérieures, parallèlement les unes aux autres, sans s'anastomoser, reproduisant de la sorte le type des artères terminales.

Dans le *bulbe*, la même disposition existe, mais elle est, en quelque sorte, atténuée par une modification spéciale.

Les artères médianes du bulbe ne naissent pas directement des gros troncs de l'artère vertébrale ; elles prennent leur origine dans les artères spinales.

Il est possible déjà, si je ne me trompe, de trouver dans ce mode d'origine et de distribution des artères de la protubérance et des ganglions centraux, une des raisons d'ordre mécanique, capables d'expliquer la prédominance dans ces parties des ruptures artérielles.

Rappelez-vous que, à la superficie du cerveau où, ainsi que je vous l'ai annoncé, les hémorrhagies sont comparativement rares, les artères ne s'introduisent dans la pulpe qu'après avoir fourni un long trajet dans la pie-mère et s'être transformées en des vaisseaux très-ténus, qui sont à proprement parler des capillaires ; rappelez-vous, dis-je, ces particularités, et vous comprendrez bien plus facilement les différences que j'ai à vous signaler en ce qui concerne les artères centrales.

1° Le chemin du cœur aux gros ganglions de la base est très-court. Les artères qui se rendent à ces ganglions émanent en quelque sorte directement des artères du cercle de Willis, c'est-à-dire d'artères de troisième ordre, en partant du cœur. C'est là une circonstance évidemment favorable aux ruptures artérielles. Elle est, à la vérité, compensée dans une certaine proportion par le mode d'origine des vaisseaux qui s'opère à angle droit et aussi par la différence considérable de calibre.

2° Mises en regard des artères corticales, les artères centrales sont volumineuses, je fais allusion surtout aux artères du corps strié puisqu'elles ont un diamètre d'un demi millimètre à un millimètre et demi.

3° J'ajouterai que l'absence d'anastomoses est encore une condition fâcheuse, car, en cas d'une pression exagérée dans un vaisseau, le dégagement est impossible en raison de l'absence bien établie de collatérales.

Les trois gros troncs artériels du cerveau, ainsi que je l'ai répété en commençant, prennent tous une part à la vascularisation des régions centrales, mais cette part est fort inégale. La *cérébrale antérieure*, par exemple, envoie seulement quelques vaisseaux à la tête du corps strié et encore l'existence de ces rameaux n'est-elle pas constante. La *cérébrale postérieure* a, dans l'espèce, un domaine beaucoup plus vaste et beaucoup plus important. Elle fournit aux couches optiques, dans une grande étendue, à l'étage supérieur des pédoncules cérébraux et aux tubercules quadrijumeaux. Mais incontestablement, c'est, ici encore de même que pour le système cortical, les artères sylviennes qui jouent le rôle prépondérant. Ces artères donnent toutes les branches qui se rendent au noyau caudé, à l'exception du petit domaine des branches inconstantes de la cérébrale antérieure, et aux divers segments du noyau lenticulaire.

Nous prendrons en conséquence les branches de l'artère sylvienne pour type de nos descriptions. Il nous sera aisé, après cela, de compléter l'histoire du système nourricier central par quelques mots relatifs aux branches de ce système issues soit de la cérébrale antérieure, soit de la cérébrale postérieure.

II.

Mais, avant d'entrer dans le détail de la description de ces vaisseaux, il est tout-à-fait nécessaire, Messieurs, d'envisager de plus près que nous ne l'avons fait jusqu'ici, les parties auxquelles ils vont se distribuer. Dans l'exposé qui précède, nous nous sommes bornés, pour ainsi dire, à nommer ces parties et à indiquer, d'une façon sommaire, ce qu'il y a de plus général dans leur configuration. Maintenant cet aperçu rapide devient insuffisant. Il nous faut entrer dans les développements nécessaires pour acquérir une connaissance anatomique plus profonde.

Il s'agit, et je n'ai pas besoin d'insister à cet égard, de parties très-intéressantes, au point de vue de la théorie des localisations cérébrales, à savoir la *couche optique*, le *noyau caudé*, le *noyau lenticulaire* et enfin la *capsule interne* : tels sont les divers compartiments dont la réunion forme ce qu'on pourrait appeler le *système central*, par opposition au *système cortical*.

Rappelez-vous comment le pédoncule cérébral, arrondi au moment où il aborde la *couche optique*, s'aplatit après qu'il l'a dépassée de dedans en dehors, en même temps qu'il s'élargit d'avant en arrière à l'instar d'un éventail. Sur cet éventail, laissez-moi continuer la comparaison, les noyaux de substance grise sont disposés ainsi qu'il suit : en dedans et en arrière, la *couche optique;* en dedans encore, mais en avant et au-dessus, le *noyau caudé ;* en dehors de l'éventail et au-dessous de la couche optique et du noyau caudé est situé le *noyau lenticulaire* qui s'étend en avant à peu près aussi loin que la tête du corps strié et en arrière, aussi loin, ou peu s'en faut, que l'extrémité postérieure de la couche optique.

Je ne veux faire qu'indiquer en passant, la forme et les principaux rapports des noyaux gris que je viens d'énumérer :

1° La *couche optique* a l'aspect d'un ovoïde aplati. De ses deux faces, la supérieure regarde le ventricule latéral et l'inférieure, qui est aussi interne, le ventricule moyen. Elle se sépare difficilement par la dissection en raison de ses connexions très-multipliées et très-étroites avec les parties contiguës.

2° Le *noyau caudé* a la forme d'une virgule — ou encore d'une pyramide, — dont la grosse extrémité est dirigée en avant et en dedans et la queue en haut et en dehors. La face supérieure fait saillie dans le ventricule; la face interne, fictive, est, en grande partie, appliquée sur l'extrémité supérieure de la capsule interne. Ce noyau est très-facile à détacher par la dissection; toutefois, il faut rompre, pour l'isoler, les nombreux faisceaux qu'il reçoit par la capsule interne.

3ᵉ Le *noyau lenticulaire*, bien que recouvert dans toute sa périphérie, peut être aisément isolé des parties avoisinantes, sans trop d'artifice, comme nous le verrons. Sa configuration générale est celle d'un ovoïde avec une extrémité antérieure, l'autre postérieure. On distingue, dans sa composition, deux parties : *a)* Le tiers antérieur, plus obtus et constitué par une masse uniforme de substance grise, se confond à son extrémité la plus antérieure avec le noyau intra-ventriculaire du corps strié ; — *b)* La seconde portion, qui répond aux deux tiers postérieurs du noyau lenticulaire, est aplatie de haut en bas, de manière à offrir un angle tourné en dedans vers la capsule interne. La face interne et supérieure est intimement unie à la capsule interne, et la face inférieure est parallèle à la base du cerveau. La face externe est en rapport avec la capsule externe et par son intermédiaire avec l'avant-mur et l'insula. L'insula la recouvre médiatement dans toute son étendue. Une préparation qu'il est intéressant de faire, consiste à enlever avec soin successivement la substance grise des circonvolutions de l'insula, l'avant-mur et la capsule externe ; on tombe enfin sur la face externe du noyau lenticulaire.

Sur des pièces durcies, la séparation entre la capsule externe et la face externe du noyau lenticulaire s'opère pour ainsi dire sans artifice, avec la plus grande facilité.

C'est que, en effet, il n'y a pas de faisceaux médullaires, —
et vous verrez qu'il n'y a pas non plus de vaisseaux — qui
relient la capsule externe au troisième segment du noyau
lenticulaire.

On peut dire, d'après les relations qui viennent d'être
indiquées, que les trois noyaux ou masses grises centrales,
couche optique, noyau caudé, noyau lenticulaire, sont en
quelque sorte, comme l'a dit M. Foville, appendus à la
capsule interne, prolongement des pédoncules cérébraux,
à la manière de cotylédons.

Du côté des ventricules, la couche optique et les noyaux
caudés sont isolés, le noyau lenticulaire est isolé, lui
aussi, virtuellement du moins, du côté de l'insula. Ces
noyaux de substance grise forment donc comme un système distinct des autres parties du cerveau, tant par leurs
connexions que par leur mode de vascularisation.

Des coupes verticales vous feront, sans peine, comprendre les rapports des parties centrales. Je n'insisterai pas,
pour le moment, sur les détails de structure relatifs aux
différents noyaux, j'y reviendrai quand l'occasion se présentera. Mais je crois indispensable maintenant d'entrer
dans quelques développements à propos de la constitution
de la capsule interne.

La capsule interne est, pour une portion au moins, la
prolongation, non pas de tout le pédoncule cérébral, mais
seulement du *pied* ou *crusta*, *étage inférieur*. Le *tegmentum* ou *étage supérieur*, qui est séparé du pied par le *locus
niger*, entre en connexité surtout avec les tubercules quadrijumeaux et la couche optique : il ne prend point une part
directe à la formation de la capsule interne.

Une opinion, déjà ancienne, considérait la capsule interne comme une émanation complète et immédiate du
pied de la couronne rayonnante. C'est là une erreur qui a

été relevée par MM. Luys et Kölliker. Ces auteurs ont, en effet, démontré que des fibres provenant du pied s'arrêtent en chemin pour pénétrer dans les divers noyaux. Cependant, j'estime qu'ils sont allés beaucoup trop loin, en avan_ çant que la capsule interne est formée toute entière : 1° de fibres de la couronne rayonnante qui se terminent dans les ganglions; 2° de fibres qui, partant des ganglions, se répandent dans la couronne rayonnante.

Se fondant sur des observations anatomiques, à la vérité fort délicates, MM. Meynert, Henle et Broadbent, ont émis l'opinion qu'il existe un troisième ordre de fibres, lesquelles se continuent directement, d'un côté, avec la couronne rayonnante et partant avec l'écorce grise, de l'autre côté, avec le pied du pédoncule.

La réalité de l'existence de ces derniers faisceaux repose, ainsi que nous le verrons, sur un certain nombre de preuves pathologiques. J'invoquerai, entre autres, certains cas de dégénération descendante observés par M. Vulpian et par moi. Dans les cas auxquels je fais allusion, il s'agissait de plaques jaunes ayant détruit dans une grande étendue des circonvolutions médianes, sans altération concomitante du corps strié et ayant donné lieu à une dégénération descendante qui pouvait être suivie à travers l'isthme, jusque dans les régions les plus inférieures de la moelle épinière. On doit à M. Gudden, une série d'expériences que j'aurai encore à citer plus tard et dont les résultats plaident dans le même sens.

Henle (1) va peut-être trop loin quand il écrit dans sa description du système nerveux que la capsule interne est composée *surtout* de fibres contenant celles du pied. — Toujours est-il — et nous aurons l'occasion de revenir sur ce sujet — que les faits du domaine pathologique et ceux

---

(1) Henle. — *Nervenlehre*, p. 261.

du domaine expérimental qu'il est possible d'invoquer en
faveur de ces fibres sont nombreux et importants. Ils

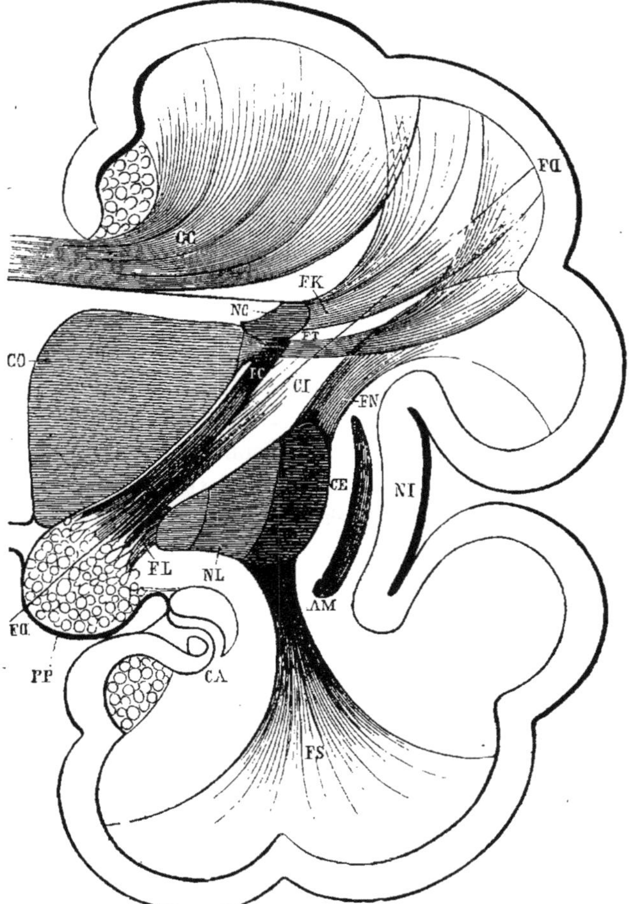

Fig. 18. — N C, noyau caudé. — C O, couche optique. — N L, noyau lenticulaire
avec ses trois segments. — A M, avant-mur. — C E, capsule externe. — C l, capsule
interne. — P P, pied du pédoncule. — C A, corne d'Ammon. — N l, insula de Reil.
F L, fibres du pédoncule destinées au noyau lenticulaire. — F C, fibres pédonculaires destinées au noyau caudé. — F S, fibres du noyau lenticulaire qui se jettent
dans le lobe sphénoïdal. — F N, fibres du noyau lenticulaire qui vont à la périphérie.
— F R, fibres du noyau caudé qui vont à la périphérie. — F T, fibres de la couche
optique qui vont à la périphérie. — F D, fibres directes. (*Schéma d'après M. Huguenin*).

ont même permis d'avancer, nous en verrons la démonstration plus loin, que parmi ces fibres directes, les unes (ce sont les antérieures) sont centrifuges et en rapport avec les mouvements des membres, tandis que les autres (les postérieures) sont en rapport avec la transmission des impressions sensitives (*Fig. 18*).

En résumé, la *capsule interne,* d'après les recherches modernes (1), serait constituée ainsi qu'il suit :

1° Par des *faisceaux pédonculaires directs* qui traversent la capsule sans s'arrêter aux ganglions;

2° Par des *faisceaux pédonculaires indirects.* Parmi ceux-ci : les uns se rendent aux corps striés qu'ils abordent par la face inférieure ; les autres vont aux noyaux lenticulaires qu'ils pénètrent par le premier segment. Très-nombreuses dans ce segment, elles le sont de moins en moins dans le second et le troisième et c'est à cette inégale répartition qu'est due la différence de couleur des trois segments qui composent le noyau lenticulaire.

Il n'est pas question de fibres pédonculaires provenant du pied de la couronne rayonnante pour la couche optique, celle-ci ne recevant pas du pédoncule cérébral d'autres faisceaux que ceux du *tegmentum.*

A ces faisceaux qui, du *pied* du pédoncule, se rendent aux noyaux gris centraux, succèdent dans la partie supérieure de la capsule interne des faisceaux qui, prenant origine dans les noyaux gris, vont concourir à la formation de la couronne rayonnante et se dirigent vers la couche grise corticale. Ces faisceaux portent le nom de *faisceaux rayonnants (Stabkranzbündel).* Il y a lieu de distinguer : 1° les faisceaux rayonnants des corps striés; 2° les faisceaux rayonnants de la couche optique; 3° les faisceaux rayon-

---

(1) Huguenin. — *Allg. Patholog. der Krankh. des Nerven systems;* Zurich, 1873, p. 94, fig. 70; p. 85, fig. 63; p. 119, fig. 82; p. 127.

nants issus du noyau lenticulaire, lesquels se détachent principalement du bord supérieur du second et du troisième segment. (*Fig. 19*).

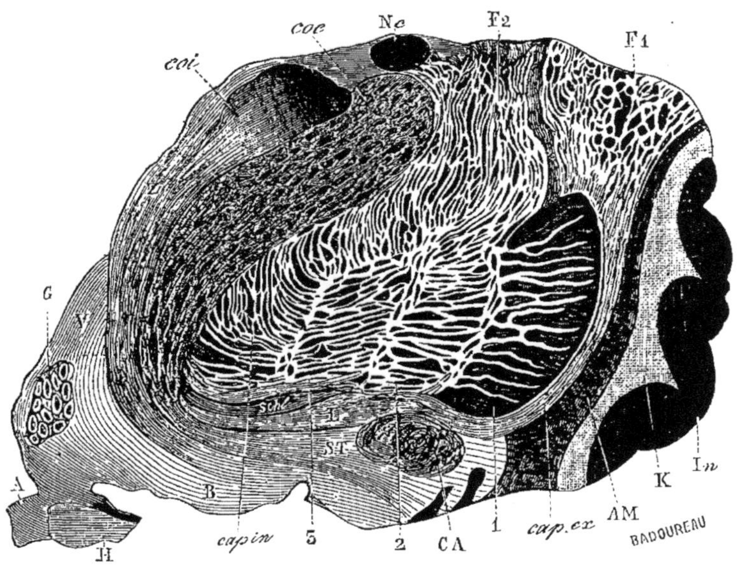

Fig. 19. — 1, 2, 3, noyau lenticulaire. — B, portion basilaire du noyau caudé. — I *n*, insula. — K, substance blanche intermédiaire à l'insula et à l'écorce grise de l'insula. — A M, avant-mur. — *Caps. ex.*, capsule externe. — *Caps. in.*, capsule interne. — C A, commissure antérieure. — H, nerf optique et son ganglion optique. — A, commissure dans la cavité centrale de la masse de substance grise. — G, pilier descendant de la voûte. — V, substance grise du troisième ventricule. — C O L et C O E, partie interne et externe de la couche optique. — N C, noyau caudé. — F₁, fibres émanés du *tapetum*. — F₂, fibres émanées des deux segments internes du noyau lenticulaire. — S T, L, S ch et Z, les quatre couches de la substance innominée. (*Figure d'après M. Meynert*.

Il suit de cet exposé que quatre ordres de faisceaux entrent dans la composition de la couronne rayonnante et rattachent la capsule interne à l'écorce des circonvolutions.

Ce sont : 1° les faisceaux rayonnants de la couche optique ; 2° ceux du corps strié ; 3° ceux du noyau lenticulaire — ces divers faisceaux rattachent à l'écorce grise les noyaux gris centraux ; — 4° les faisceaux directs qui, du pied du pédoncule, se rendent à l'écorce grise sans s'arrêter dans les noyaux gris centraux.

On peut, dans la capsule interne elle-même et encore dans le pied de la couronne rayonnante, reconnaître ces divers modes de provenance sur des coupes minces convenablement durcies et examinées à un faible grossissement ; à la vérité, cette recherche n'est pas exempte de difficultés ; mais un peu au-dessus de ce point tous les faisceaux s'entrecroisent dans les directions les plus variées, soit entre eux, soit avec les fibres commissurales, de manière à donner naissance à un lacis inextricable qu'on appelle la substance blanche centrale. Nous nous rendrons prochainement un compte exact de l'intérêt qui s'attache aux dispositions que nous venons d'étudier.

HUITIÈME ET NEUVIÈME LEÇONS.

Artères centrales. — Lésions isolées des noyaux gris.

Sommaire. — Origine du système artériel des masses ganglionnaires centrales. — Participation, dans des proportions variables, des grandes artères du cerveau, à la constitution de ce système. — Description des artères striées : artères striées internes, — artères striées externes (lenticulo-striées ; — lenticulo-optiques). — Artères terminales.

Conséquences de l'oblitération des artères centrales émanant de la Sylvienne. — Ramollissement des corps opto-striés. — Hémorrhagie intra-encéphalique. — Diagnostic régional.

Lésions isolées des noyaux gris, sans participation de la capsule interne. — Hémiplégies cérébrales *centrales* et *corticales*. — Lésions de la capsule interne. — Variété des symptômes suivant le siége qu'occupe la lésion dans la capsule interne.

Nouvelles considérations anatomiques : Fibres pédonculaires directes se rendant à la substance corticale du lobe occipital ; — leur rôle relativement à la sensibilité. — Preuves fournies : 1° par les lésions de la région postérieure lenticulo-optique de la capsule interne (hémi-anesthésie cérébrale) ; — 2° par l'expérimentation.

I.

Messieurs,

Les trois grandes artères du cerveau prennent part, vous ne l'avez pas oublié, à la formation du *système artériel des masses ganglionnaires centrales* ; mais elles y prennent une part inégale.

a) Ainsi, c'est de beaucoup à *l'artère sylvienne* que revient la prédominance. Elle fournit : 1° à la plus grande partie du *noyau caudé* ; 2° au *noyau lenticulaire* tout entier ; 3° à une portion de la *couche optique;* 4° à toute l'étendue de la *capsule interne.*

b) Dans ce système, la *cérébrale antérieure* a, au contraire, des attributions fort modestes. Elle artérialise seulement la tête du noyau caudé et encore sa participation n'est-elle pas constante.

c) Quant à la *cérébrale postérieure,* son rôle est plus important et assez caractéristique. Cette artère dont la distribution est très-étendue, puisqu'elle envoie des bran-

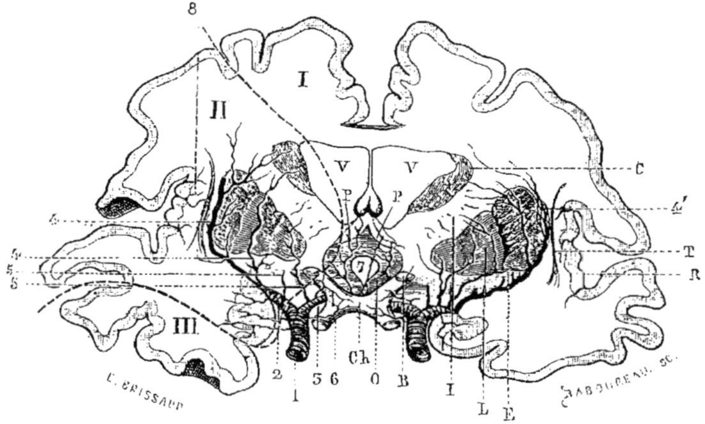

Fig. 20. — *Coupe transversale des hémisphères cérébraux, faite à un centimètre en arrière du chiasma des nerfs optiques. — Artères du corps strié.* — Ch, chiasma des nerfs optiques ;— B, section de la bandelette optique ; — L, noyau lenticulaire du corps strié ; — 1, capsule interne ou pied de la couronne rayonnante de Reil ; — C, noyau caudé ou intra-ventriculaire du corps strié ; — E, capsule externe ; — T, noyau tæniforme, avant-mur ; — R, circonvolution de l'insula ; — V, V, coupe des ventricules latéraux ; — P, P, piliers du trigone ; — O, substance grise du troisième ventricule qui se continue en arrière avec la couche optique. *Territoires vasculaires.* — I, artère cérébrale antérieure ; — II, artère sylvienne ; — III, artère cérébrale postérieure. — 1, artère carotide interne ; — 2, artère sylvienne ; — 3, artère cérébrale antérieure ; — 4, 4, artères externes du corps strié (lenticulo-striées) ; — 5, 5, artères internes du corps strié (artères lenticulaires). Les artères lenticulo-striées ne sont pas représentées ici. (Cette figure est faite d'après une planche de M. Duret).

ches aux plexus choroïdes, aux parois ventriculaires, etc., fournit, en ce qui concerne les masses centrales, aux régions suivantes : 1° à la partie externe et postérieure de la couche optique ; 2° aux tubercules quadrijumeaux ; 3° à l'étage supérieur du pédoncule.

Les *planches* que je fais passer sous vos yeux (*Fig. 20* et *21*), et sur lesquelles les territoires vasculaires sont sépa-

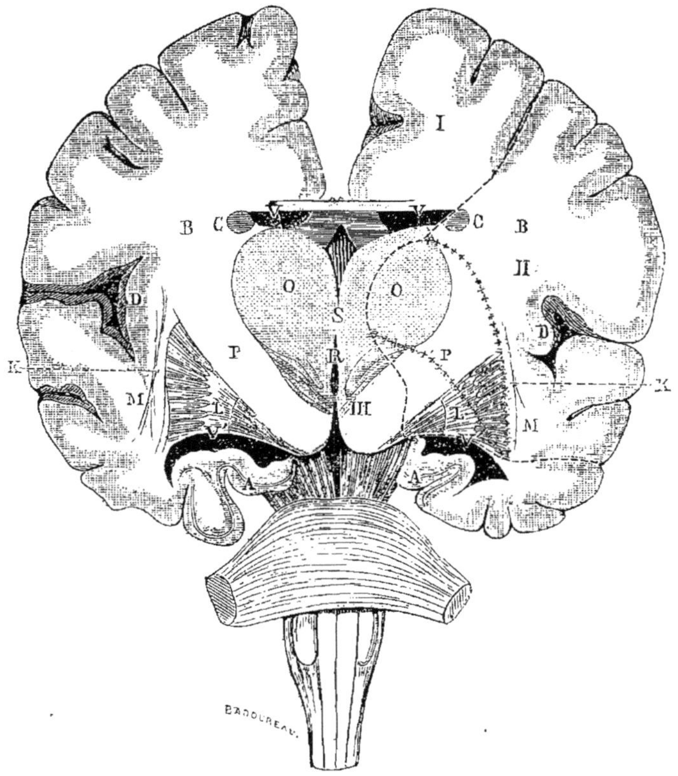

Fig. 21. — *Coupe verticale et transversale du cerveau faite en arrière des tubercules momillaires ou en avant des pédoncules.* — S, commissure grise ; — O, O, couches optiques ; — V, ventricule latéral, — V', sa corne sphénoïdale ; — P, P, capsule interne ou pied de l'expansion pédonculaire ; — L. L, noyau lenticulaire ; — K, capsule externe ; — M, M, avant-mur ; — R, troisième ventricule ; — A, Corne d'Ammon. *Territoires vasculaires.* — I, artère cérébrale antérieure ; — II, artère sylvienne ; — III, artère cérébrale postérieure.

rés par des lignes ponctuées, vous rendront plus facile la compréhension de tous ces détails.

Seule, la description des *artères striées* nécessite quelques développements. Quand elle sera faite, nous pourrons vous exposer brièvement les notions qu'il est essentiel de connaître relativement aux artères centrales issues soit de la cérébrale antérieure, soit de la cérébrale postérieure.

Emanées du bord supérieur de la sylvienne, les artères striées pénètrent dans les trous de l'espace perforé antérieur où bientôt on les perd de vue. Mais une préparation fort simple permet de les suivre dans la première partie de leur trajet intra-cérébral. J'appelle votre attention sur la disposition que je vais décrire, parce qu'elle est indispensable à l'intelligence de faits importants à savoir pour la théorie de l'hémorrhagie cérébrale vulgaire.

Cette préparation consiste à détruire successivement l'écorce grise de l'insula, la substance blanche sous-jacente, l'avant-mur et enfin la capsule interne. On met ainsi à nu la surface externe du noyau lenticulaire dans toute son étendue. Si la préparation a été faite avec quelque soin, sur un cerveau bien injecté, — et cette préparation est facile parce que dans sa partie frontale au moins, le noyau lenticulaire est, pour ainsi dire, naturellement détaché de la capsule externe, — on peut suivre la première partie de la distribution des principales artères striées. On voit, grâce à cet artifice, qu'elles forment comme un éventail à la surface du noyau gris. Mais, à une assez courte distance de leur origine, elles s'enfoncent dans l'épaisseur même du troisième segment où on les perd de vue.

Maintenant, Messieurs, c'est sur des coupes transversales qu'il faut suivre la distribution ultérieure des artères striées.

Une première coupe, pratiquée en arrière du chiasma (*Fig. 20*), nous montre seulement le noyau caudé et le noyau lenticulaire, la couche optique étant plus postérieure. On retrouve sur cette coupe, dans leur trajet plus profond, les artères que nous avions tout-à-l'heure sous les yeux.

En outre, on découvre d'autres artérioles plus petites à la surface externe du noyau lenticulaire, et qu'on peut appeler *internes ;* après s'être détachées du tronc de la sylvienne, elles s'élèvent presque verticalement dans les deux premiers segments du noyau lenticulaire et dans les parties attenantes de la capsule interne.

D'un intérêt plus grand sont les *artères striées externes*, celles qui dans la première partie de leur trajet rampent sur la face externe du noyau lenticulaire. Elles doivent être divisées en deux groupes : le premier groupe est antérieur et les artères qui le composent sont les *artères lenticulo-striées ;* — le second groupe est postérieur ; les artères qui le constituent sont les *artères lenticulo-optiques.*

L'une des artères du groupe antérieur est surtout importante à cause de son volume et de son rôle prédominant dans l'hémorrhagie intra-encéphalique : on serait, en quelque sorte, autorisé à lui imposer le nom d'*artère de l'hémorrhagie cérébrale.* Après avoir pénétré dans le troisième segment, elle traverse la partie supérieure de la capsule interne, puis arrive dans l'épaisseur du noyau caudé. Elle se continue ensuite jusqu'aux régions les plus antérieures de ce noyau, en se dirigeant d'arrière en avant.

La distribution de cette artère striée, ainsi que celle des artères lenticulo-striées, doit être étudiée sur des coupes pratiquées en avant de celle qui a jusqu'ici servi à notre démonstration.

Les *artères lenticulo-optiques* sont disposées sur le même modèle; seulement, après avoir traversé la partie la plus postérieure de la capsule interne, elles abordent la partie externe et antérieure de la couche optique où elles se répandent.

Je vous rappellerai, Messieurs, qu'il s'agit là d'*artères terminales,* et que si les injections sont poussées trop fort, il s'opère de petites ruptures sur les différents points du trajet des vaisseaux, imitant ainsi tant par le siége que par la forme, les foyers d'hémorrhagie qui se produisent dans l'état pathologique.

Nous n'avons rien de spécial à dire sur la branche ou les branches de la *cérébrale antérieure*, si ce n'est qu'elles n'existent pas constamment et qu'elles peuvent donner lieu à des hémorrhagies très-circonscrites, mais d'une gravité réelle, en ce sens que le foyer s'ouvre souvent dans les ventricules.

Quant à l'*artère cérébrale postérieure*, elle mérite dans l'espèce, je le répète, qu'on s'y arrête plus minutieusement. Toutefois, je ne veux m'occuper ici que des artères qu'elle envoie à la couche optique.

Ces artères sont de deux ordres : 1º l'*artère optique postérieure interne*, née de la cérébrale postérieure, tout près de son origine au tronc basilaire, qui fournit à la face interne de la couche optique, et est capable, dans son trajet ultérieur, d'occasionner des hémorrhagies, peu étendues à la vérité, mais sérieuses comme étant fréquemment suivies d'inondation ventriculaire ; — 2º l'*artère optique postérieure externe*, qui vient de la cérébrale postérieure, quand elle a déjà contourné le pédoncule cérébral et dans lequel elle monte obliquement, avant d'entrer dans la portion postérieure de la couche optique. Les ruptures de ce vaisseau déterminent des hémorrhagies qui fusent souvent dans l'épaisseur du pédoncule cérébral. Elle mérite toute votre attention, car, comme nous le verrons plus tard, les lésions dans son territoire produisent un cortége de symptômes tout-à-fait spécial.

II.

Nous venons de recueillir chemin faisant des faits intéressants au plus haut degré, pour la théorie des localisations cérébrales pathologiques. Ces faits, nous allons maintenant les serrer de plus près, en commençant par ceux qui concernent les masses ganglionnaires centrales.

A. — *a*) Le système tout entier des artères centrales, émanant de la sylvienne, peut être oblitéré en conséquence de la thrombose ou de l'embolie du tronc artériel principal. Alors, le ramollissement porte sur la masse des noyaux gris tout entière ou peu s'en faut, — les districts répondant à la distribution des artères cérébrales antérieures et des artères optiques *postérieures* étant seuls épargnés. C'est là une *localisation* très-sommaire, en général d'une gravité extrême, et qui résume, si l'on peut ainsi dire, cliniquement, toute la pathologie des centres ganglionnaires. Le syndrome qui se rattache à ce ramollissement total des *corps opto-striés*, — ainsi a-t-on désigné quelquefois l'ensemble des masses centrales — n'est autre que l'*hémiplégie cérébrale vulgaire*, avec accompagnement de l'*hémianesthésie cérébrale*.

b) L'analyse peut pénétrer dans cet ensemble complexe. Il ne faudrait pas croire, toutefois, que nous soyons en mesure aujourd'hui de reconnaître à des symptômes particuliers les destructions de la couche optique, celles du noyau caudé, celles du noyau lenticulaire et, à plus forte raison, celle de ses divers segments.

c) Mais il est possible, cependant, qu'il survienne, en

raison même du mode de distribution artérielle que nous avons fait connaître, telle localisation anatomique, susceptible de se décéler par des symptômes spéciaux, et permettant, par conséquent, un *diagnostic régional*. Cette condition se réalise quand le ramollissement affecte toute ou presque toute l'étendue soit du territoire des artères lenticulo-striées, soit du territoire des artères lenticulo-optiques. Nous verrons, en effet, que les symptômes sont différents dans les deux cas : présents dans le second cas, les symptômes de l'hémianesthésie cérébrale font défaut dans l'autre.

B. — Ce qui vient d'être dit relativement au ramollissement ischémique, est applicable à *l'hémorrhagie intra-encéphalique*. Celle-ci est, vous le savez, fréquente, prédominante dans ces régions ; les artères striées sont, en effet, très-sujettes à la forme spéciale de sclérose artérielle qui produit les *anévrysmes miliaires*. On extrait communément, d'un foyer hémorrhagique récent, une artère striée ou optique dont les prolongements portent de petits anévrysmes (1).

Le plus souvent, contrairement à l'opinion généralement répandue, l'épanchement de sang, — ainsi que **M.** Gendrin l'avait depuis longtemps bien reconnu (2) — se fait tout d'abord, en pareil cas, non dans l'épaisseur même du corps strié, mais en dehors de lui, et, pour préciser davantage, au contact de la surface externe du noyau lenticulaire, entre cette surface et la *capsule externe* qui se trouve comme décollée. Ainsi se produisent ces foyers aplatis qui, sur des coupes transversales, apparaissent comme des lacunes étroites, linéaires, dirigées à peu près verticalement, parallèlement au noyau

---

(1) Voir la Planche V des *Archives de physiologie*, 1868.
(2) A. N. Gendrin. — *Traité philosophique de médecine pratique*, t. I. 1838. Voir page 443, nᵒˢ 789, 796 ; p. 465, nᵒˢ 808, 809, 810, et p. 478, nᵒ 830.

gris de l'avant mur. (*Fig. 22*). Quand l'épanchement sanguin est abondant, le foyer s'agrandit surtout en travers, et, en raison de la résistance plus grande des parois crâniennes, du côté de l'insula, les masses centrales, pour ainsi dire énucléées, sont refoulées, en bloc, du côté de la cavité ventriculaire. (*Fig. 22*).

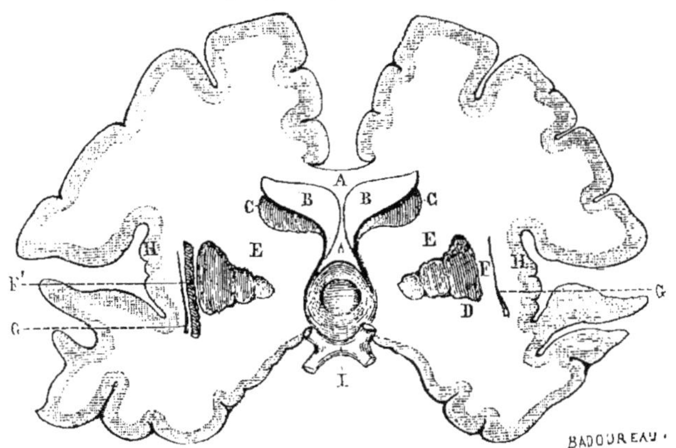

Fig. 22. — *Foyer hémorrhagique extra-lenticulaire.* (Coupe pratiquée en arrière du chiasma); pas d'hémianesthésie. — A, corps calleux; — B, B, ventricule latéral; — C, C, noyau caudé; — D, D, noyau lenticulaire; — E, E, *région antérieure* ou *lenticulo-striée de la capsule interne;* — F, capsule externe; — F', foyer hémorrhagique, ayant détruit la capsule externe; — G, G, avant-mur; — H, H, insula; — I, chiasma des nerfs optiques.

Je viens d'indiquer des cas très-vulgaires, mais il peut arriver aussi qu'un épanchement provenant des extrémités artérielles terminales, se produise dans l'épaisseur même, soit des corps striés, soit des couches optiques.

Quoi qu'il en soit, les seules localisations de ce genre, accessibles à la clinique, sont ici encore, comme pour le cas du ramollissement, celles qui répondent à l'envahissement du domaine lenticulo-strié, ou à celui du domaine lenticulo-optique.

Il y a lieu de remarquer, dès à présent, qu'en ce qui concerne l'hémorrhagie, il se présente pour l'interprétation des symptômes, des difficultés qui n'existent pas, du moins au même degré, dans le ramollissement. Si l'on n'en est pas informé, on sera exposé à rapporter aux effets de *la destruction* d'une partie, des accidents qui sont tout simplement le résultat d'un phénomène de voisinage. Je fais allusion à la compression que, dans les premières périodes, un épanchement de sang ne manque jamais de produire, à une certaine distance, sur les parties voisines, pour peu qu'il ait quelque étendue. C'est là un point sur lequel je reviendrai, d'ailleurs, dans un instant.

III.

On peut, en somme, réduire à un très-petit nombre de propositions les faits acquis définitivement, relatifs au *diagnostic régional* des diverses parties qui entrent dans la composition des masses ganglionnaires centrales du cerveau.

1° Pour ce qui regarde d'abord les lésions isolées de chacun des noyaux gris centraux, *sans participation de la capsule interne*, nous ne sommes pas encore, ainsi que je l'ai annoncé, en mesure aujourd'hui de les reconnaître à des caractères cliniques spéciaux.

a) Ainsi, on est dans l'impossibilité de distinguer, pendant la vie, une lésion limitée au noyau lenticulaire, d'une lésion circonscrite dans le noyau caudé et les lésions de la couche optique,— bien que sur ce dernier point, il y ait lieu, peut-être, de faire quelques réserves, — se confondent cliniquement, en général, avec celles qui se produisent dans les deux compartiments du corps strié.

Les symptômes qui accompagnent ces lésions, limitées aux noyaux gris centraux, sont ceux de l'*hémiplégie céré-*

brale vulgaire. Cette forme d'hémiplégie cérébrale peut être dite *centrale*, pour la distinguer des paralysies motrices qui résultent quelquefois de la lésion de certaines régions superficielles et que, par opposition, j'appellerai *hémiplégies cérébrales corticales.*

b) Dans la majorité des cas, la paralysie liée aux lésions des noyaux gris centraux porte sur le mouvement seul ; les troubles de la sensibilité, se présentant avec les caractères qui distinguent l'*hémianesthésie cérébrale*, s'y adjoignent parfois, cependant, dans des circonstances particulières qui vont tout-à-l'heure fixer notre attention.

c) L'hémiplégie, liée aux altérations ainsi circonscrites dans les noyaux gris, est communément transitoire, passagère, peu accusée, non indélébile, en tout cas, et, partant, comparativement bénigne. Il est clair qu'en formulant cette proposition, j'éloigne toute complication capable de modifier profondément le tableau, telle que serait, par exemple, l'irruption d'un foyer d'hémorrhagie, même de petite dimension, dans une cavité ventriculaire. Des symptômes graves, à savoir : la *contracture précoce*, des *convulsions épileptiformes*, surviendraient à peu près nécessairement en pareil cas, et la mort plus ou moins rapide est la conséquence à peu près obligatoire d'une semblable complication.

La bénignité relative des lésions limitées à la substance des noyaux gris tient sans doute pour une part à cette circonstance, que ces noyaux ne sont à peu près jamais lésés dans leur totalité. Ainsi, jamais le noyau caudé, par exemple, — et ce fait s'explique par le mode de distribution des vaisseaux qui s'y rendent — n'est détruit dans toute son étendue, du moins isolément, c'est-à-dire, sans la participation de la *capsule interne* ou des autres noyaux gris. D'un autre côté, le caractère transitoire de la paralysie résultant de ces lésions partielles des masses ganglionnaires centrales, peut indiquer, ainsi que nous le verrons, l'existence d'une sorte de *suppléance fonctionnelle* pouvant s'établir au besoin, soit entre les diverses parties du noyau caudé, soit entre le noyau caudé et les divers segments du noyau lenticulaire.

2° En revanche, les lésions de la *capsule interne*, alors même qu'elle sont absolument limitées à ce tractus blanc, et qu'elles n'intéressent en rien la substance des noyaux gris, ces lésions, dis-je, produisent l'hémiplégie cérébrale vulgaire, sous une forme, en général, très-accentuée et plus ou moins persistante. Ainsi, même très-circonscrites, principalement lorsqu'elles sont situées très-bas du côté du pédoncule, ces lésions déterminent une paralysie motrice qu'accompagne à peu près nécessairement la *contracture tardive ;* symptôme d'un fâcheux augure dans l'espèce, parce qu'il annonce dans la règle, que la paralysie résistera à tous les moyens thérapeutiques.

3° Il convient, d'ailleurs, d'établir ici une distinction importante. Ainsi que nous l'avons annoncé, en effet, les symptômes varient remarquablement suivant le siége qu'affecte la lésion dans la capsule interne.

Si elle occupe un point quelconque des *deux tiers antérieurs de la capsule*, région où ce tractus blanc sépare l'extrémité antérieure du noyau lenticulaire de la tête du noyau caudé, et qui appartient, comme vous le savez, au domaine de l'artère lenticulo-striée, la *paralysie* portera exclusivement sur le *mouvement ;* aucun trouble durable de la sensibilité ne viendra s'y adjoindre.

Si, au contraire, ayant envahi le domaine des artères lenticulo-optiques, la lésion porte sur le tiers postérieur de la capsule, dans la région où celle-ci passe entre l'extrémité postérieure du noyau lenticulaire et la couche optique, la présence de l'*hémianesthésie cérébrale* sera, pour ainsi dire, chose fatale. Le plus souvent, la lésion siégeant en

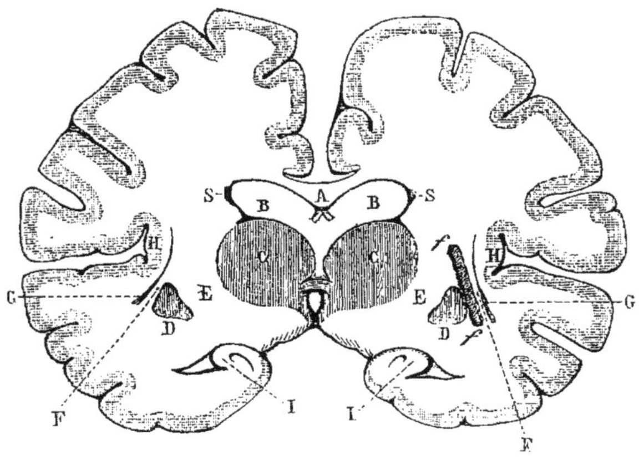

Fig. 23. — *Foyer d'hémorrhagie extra-lenticulaire au niveau de la partie postérieure de la couche optique; — hémianesthésie cérébrale.* — A, corps calleux et piliers postérieurs de la voûte. — BB, cavité des ventricules latéraux. — CC, couches optiques. — DD, noyaux lenticulaires. — EE, *région postérieure ou lenticulo-optique de la capsule interne.* — F, capsule externe. — GG, avant-mur. — HH, insula. — I,I, corne d'Ammon et corne sphénoïdale du ventricule latéral. — *ff,* foyer hémorrhagique extra-lenticulaire intéressant par en haut la capsule interne. — SS, extrémité postérieure du noyau caudé.

quelque sorte sur un terrain mixte, la paralysie du sentiment s'accompagnera d'une hémiplégie motrice plus ou moins accentuée. Mais il peut arriver que l'hémianesthésie cérébrale se présente isolée, du moins à titre de phénomène permanent, dans le cas par exemple où les parties les plus reculées, les plus postérieures de la capsule interne seraient seules altérées d'une façon définitive (*Fig. 25*).

J'ai à dessein, dans l'exposé qui précède, fait allusion exclusivement aux lésions de la capsule interne véritablement *destructives*, à celles en d'autres termes qui, soit par dilacération, soit par nécrose, produisent dans ce tractus une perte de substance irréparable. Il importe de distinguer ce cas de celui où la capsule interne serait intéressée non pas directement mais seulement à distance en quelque sorte, par le fait d'un phénomène de voisinage, en conséquence d'une lésion limitée aux noyaux gris qui l'environnent de tous côtés. Ainsi, la distension d'un de ces noyaux dans un cas d'hémorrhagie interstitielle pourrait avoir pour effet de déterminer la compression des faisceaux nerveux qui composent la capsule interne, et consécutivement de suspendre le fonctionnement de ces faisceaux. Mais comme, en pareille circonstance, les fibres nerveuses de la capsule sont seulement comprimées et non pas détruites, les phénomènes paralytiques, résultant de cette compression — en dehors toutefois du cas d'une tumeur — pourront n'être que tout-à-fait passagers.

La combinaison que je viens de signaler à votre attention se rencontre fréquemment dans la clinique de l'hémorrhagie intra-cérébrale; elle crée, vous le voyez, une situation assez complexe, et par laquelle l'interprétation des symptômes pourra être rendue difficile. C'est ainsi que, si l'on n'est pas prévenu de ces difficultés, on sera tenté — et la faute a été bien des fois commise — de rapporter à la destruction de l'un quelconque des noyaux gris, couches optiques ou corps striés, des symptômes qui sont uniquement la conséquence d'une action de voisinage, d'une compression s'exerçant sur la capsule interne.

Permettez-moi — le sujet en vaut la peine — d'entrer à ce propos dans quelques développements.

Supposons qu'il s'agisse de la formation toute récente d'un foyer d'hémorrhagie dans le *lieu d'élection*. Le sang se sera donc épanché, en dehors du noyau lenticulaire, dans l'espace virtuel dont il a été question plusieurs fois déjà ; en outre, le troisième segment du noyau lenticulaire, autrement dit le *putamen*, sera le plus souvent, en partie dilacéré. Je vous ai dit comment, en pareille occurrence, la paroi externe du foyer, composée des circonvolutions de l'insula, de l'avant-mur et de la capsule externe, résiste à l'effort du sang extravasé, tandis que les noyaux gris sont le plus souvent refoulés dans leur ensemble vers les cavités ventriculaires. Il est clair que les éléments de la capsule

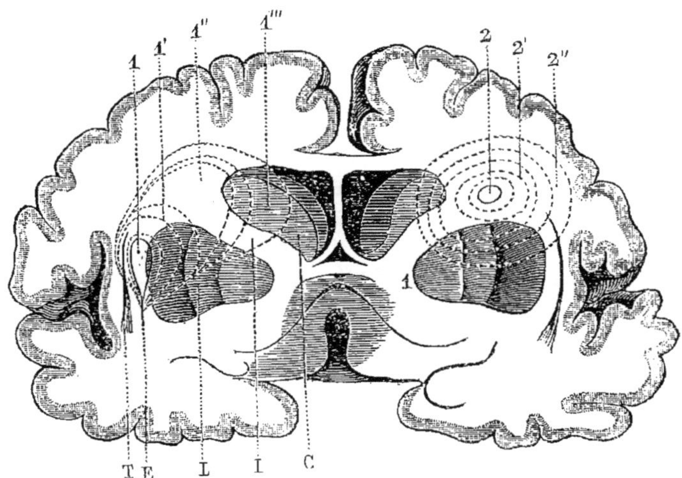

Fig. 24. — Cette figure montre le siège, le mode de formation et d'extension des hémorrhagies répondant à la partie antérieure de la capsule interne. (Hémiplégies). — Rupture de l'artère lenticulo-striée. — C, noyau caudé du corps strié. — I, capsule interne. — E, capsule externe. — T, avant-mur. — 1, Foyer primitif (au lieu d'élection), dans la partie antérieure de la capsule *externe* (hémiplégie). — 1' 1" 1''', extension progressive du foyer primitif (compression ou destruction de la capsule *interne*). — 2, foyer primitif dans la capsule interne (hémiplégie). — 2' 2" 2''', extension successive de ce foyer. (Destruction de la capsule externe, refoulement ou destruction du noyau caudé).

interne seront nécessairement plus ou moins fortement comprimés en conséquence d'une semblable altération. (*Fig. 24*). Au point de vue des symptômes produits, deux conditions peuvent se présenter.

Tantôt le foyer sanguin reste circonscrit aux parties du noyau lenticulaire qui correspondent à la moitié ou aux deux tiers antérieurs de ce corps, c'est-à-dire au domaine de l'artère lenticulo-striée. En conséquence, la *partie antérieure de la capsule interne* sera seule intéressée, médiatement, par compression. L'effet produit sera une hémiplégie, exclusivement motrice, du côté opposé du corps (*Fig. 22*). Tantôt, s'étendant de proche en proche, d'avant en arrière, le foyer se sera répandu jusque sur les parties les plus postérieures du noyau lenticulaire ; la compression

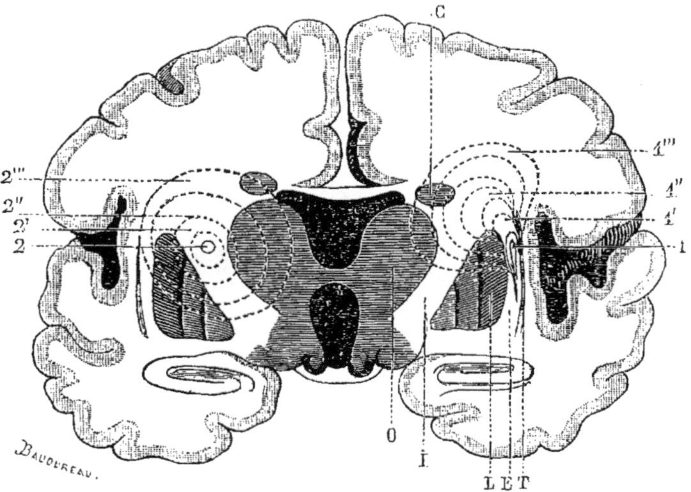

Fig. 25. — *Cette figure montre le siége, le mode de formation et d'extension des hémorrhagies répondant à la partie postérieure de la capsule interne. (Hémianesthésies).* — Rupture de l'artère lenticulo-optique. — O, couche optique. — I, capsule interne. — L, noyau lenticulaire. — E, capsule externe. — T, avant-mur. — C, noyau caudé. — 1, foyer primitif (au lieu d'élection), dans la partie postérieure de la capsule *externe* (hémianesthésie). — 1' 1'' 1''', extension progressive du foyer primitif (compression ou destruction de la capsule *interne*). — 2, Foyer primitif dans la capsule interne (hémianesthésie). — 2', 2'', 2''', extension successive de ce foyer (destruction de la capsule externe, refoulement ou destruction de la couche optique).

portant alors aussi *sur la partie postérieure de la capsule interne*, les symptômes d'hémianesthésie cérébrale viendront se surajouter à ceux de l'hémiplégie motrice. Les deux figures *24* et *25* vous permettront facilement de reconnaître le siége précis, et le mode de formation et d'extension des divers foyers des hémorrhagies centrales (Voyez aussi *Fig. 25*).

Tels sont les faits. Un mot maintenant concernant leur

interprétation : après avoir reconnu pendant la vie les symptômes susdits, à savoir : L'hémiplégie motrice avec hémianesthésie et *post mortem* l'existence d'un foyer intéressant le noyau lenticulaire, irez-vous conclure du rapprochement de ces deux ordres de faits, que le noyau lenticulaire tient sous sa dépendance, à la fois le sentiment et le mouvement volontaire du côté opposé du corps? Cette conclusion serait peu légitime, car si le malade eût survécu, l'épanchement s'étant résorbé et n'étant plus représenté que par une cicatrice linéaire ochreuse, l'hémianesthésie et même la paralysie motrice, malgré la destruction d'une partie du noyau lenticulaire, auraient sans doute disparu dans les conditions indiquées, sans laisser de traces.

Ce qui vient d'être dit, Messieurs, au sujet de l'hémorrhagie du noyau lenticulaire, s'applique également aux hémorrhagies qui se font dans l'épaisseur de la partie postérieure de la couche optique. Ces hémorrhagies se développent en conséquence de la rupture de l'artère optique externe antérieure ou lenticulo-optique. Elles se traduisent en général cliniquement par une hémiplégie plus ou moins accentuée, mais aussi, en outre, à peu près toujours, par une hémianesthésie plus ou moins complète, pourvu que le foyer atteigne des dimensions suffisantes. Faut-il en conclure directement que, — comme tant d'auteurs l'ont dit et le répètent encore aujourd'hui — la couche optique est le siége du *sensorium commune*? Non, incontestablement ; il serait facile, d'ailleurs, de citer nombre de faits où une lésion des tractus de la partie postérieure de la couche optique, déterminée par un épanchement sanguin, après avoir, dans les premières phases de la maladie, c'est-à-dire lorsqu'existent les conditions de la compression, produit des troubles sensitifs et sensoriels, cesse d'être accompagnée de ces symptômes dans les phases ultérieures, c'est-à-dire au moment où par suite de la résorption de l'épanchement, la compression de la région postérieure ou lenticulo-optique de la capsule interne n'existe plus.

Il serait superflu, je pense, d'insister plus longuement ; je crois avoir suffisamment mis en relief que, dans le diag-nostic régional relatif aux diverses parties des masses centrales du cerveau, c'est la participation ou la non-participation des deux régions de la capsule interne qui do-mine la situation.

IV.

Les propositions que je viens d'énoncer offrent, Messieurs, un intérêt pratique qui n'échappera à aucun de vous. Mais elles ne vous ont été présentées jusqu'ici, en quelque sorte, que sous forme de *postulat*. Il convient ac-tuellement de les établir sur une démonstration régulière, ou, en d'autres termes, de placer sous vos yeux les docu-ments qui leur servent de fondement dans le domaine de la pathologie de l'homme.

Nous devons nous efforcer aussi de donner la théorie des faits dont il s'agit, c'est-à-dire d'en pénétrer, dans la me-sure du possible, la raison anatomique et physiologique. Pour réaliser ce projet, nous sommes obligés de revenir de nouveau à l'anatomie normale du cerveau afin de compléter à certains égards les notions déjà acquises. Ce sera une de nos dernières incursions dans ce domaine.

Dans l'exposé qui précède, le rôle prédominant qui, dans la pathologie des masses centrales, appartient aux lésions des deux grands départements de la capsule interne, s'est montré à vous dans toute son évidence. Par là se trouvent justifiés déjà les quelques développements dans lesquels nous sommes entrés à propos de la constitution anatomi-que de ce grand tractus. A présent, il faudra aller plus loin

et rechercher ce que présente de particulier, anatomiquement, la région antérieure ou lenticulo-striée de la capsule,
par opposition à la
région postérieure
ou lenticulo-opti-
que dont la lésion
détermine, seule,
l'apparition du syn-
drôme *hémianes-
thésie cérébrale*.
Nous commence-
rons par ce dernier
point.

A. Des recherches
anatomiques récen-
tes, dues à M. Mey-
nert, nous ont fourni
à cet égard des don-
nées importantes.
Elles ont été expo-
sées avec détails
dans le livre d'un
de ses auditeurs,
M. Huguenin, pro-
fesseur, à Zurich (1).

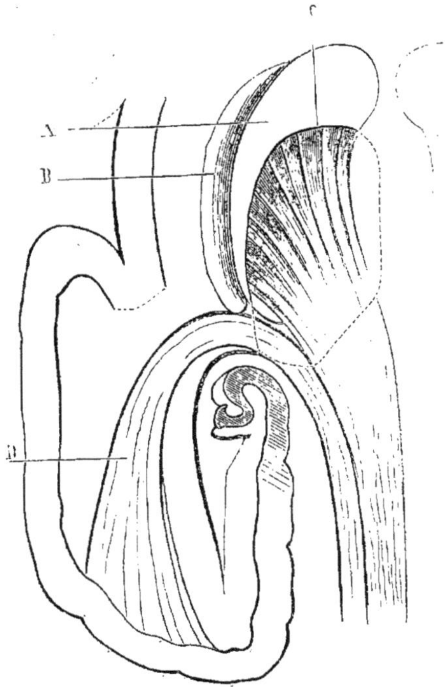

Fig. 26.—*A*, corpus striatum.— *B*, noyau lenticulaire.—
C, fibres pédonculaires se rendant au corps strié. —*D*,
faisceau de fibres pédonculaires directes se rendant à la
substance corticale du lobe occipital. Ce schéma est emprunté à l'ouvrage de M. Huguenin. (*Loc. cit.*, fig. 82,
p. 119.)

Elles se composent
de dissections et,
pour une part aussi,
de la comparaison de coupes minces, durcies, examinées
par transparence.

Le cerveau étant placé sur sa base, on ouvre les ventricules latéraux, de manière à mettre à découvert la face

---

(1) *Allgem. Path. der Krankh.*, etc., p. 119, fig. 82. Zurich, 1873.

supérieure des masses centrales, celles-ci attenant encore aux diverses parties de l'isthme ; après quoi, à l'aide d'une dissection minutieuse, on enlève successivement : 1º le *tegmentum*, ou étage supérieur du pédoncule ; 2º les tubercules quadrijumeaux ; 3º la couche optique tout entière.

Cela étant fait, on a sous les yeux l'étage inférieur du pédoncule (*pes*, *crusta*), et, plus haut, dans la région de la capsule interne, le faisceau des fibres pédonculaires se rendant au noyau caudé. Les fibres appartenant également à la capsule interne, qui se rendent au noyau lenticulaire, occupent un plan situé au-dessous et en dehors du faisceau précédent.

En observant avec attention la partie la plus interne et la plus postérieure de l'éventail formé par le système des fibres nerveuses, mises à nu par la préparation, on distingue un faisceau en quelque sorte détaché de l'ensemble, et qui, sans pénétrer dans l'épaisseur des noyaux gris, se recourbe en arrière, au moment où il atteint le bord inférieur du noyau lenticulaire. (*Fig. 26.*)

C'est là, vous le voyez, un faisceau direct, puisque les fibres qui le composent pénètrent dans la couronne rayonnante sans s'être arrêtées dans la substance grise des masses centrales ; c'est, de plus, ainsi que cela ressort de la description, un faisceau séparé.

Quelle est la destination de ces fibres nerveuses ? Chez l'homme, il est à peu près impossible de s'en rendre compte, mais chez certains singes, d'après M. Meynert, on pourrait aisément en suivre le parcours dans l'épaisseur de la substance blanche du lobe occipital, immédiatement en dehors de la corne postérieure du ventricule latéral. Elles se termineraient finalement dans l'épaisseur de la substance grise corticale de ce lobe.

B. Existe-t-il quelque raison d'ordre anatomique susceptible de faire penser que le faisceau dont il s'agit est réellement composé de fibres centripètes, ayant pour fonction de transporter à la surface des régions postérieures du cerveau les impressions sensitives ? M. Meynert pense qu'il en est ainsi, et il se fonde sur ce que, suivant lui, ces fibres pourraient, par la comparaison de couches minces, être suivies par en bas jusqu'à la protubérance, le long du pédoncule cérébral (pied, étage inférieur), dont elles occuperaient la partie la plus externe. Parvenues à la protubérance, elles se placeraient à la partie postérieure du faisceau pyramidal, et conserveraient à peu près ce siége dans la pyramide antérieure elle-même, jusqu'au niveau de l'entrecroisement. Parvenues à ce point, —contrairement à ce qui a lieu pour les faisceaux les plus internes de la pyramide, lesquels passent dans les cordons latéraux de la moelle, — elles iraient, après s'être entrecroisées, se mettre en rapport avec les faisceaux spinaux postérieurs. Je ne saurais garantir la parfaite authenticité de cette dernière partie du trajet assigné par M. Meynert aux fibres qui composent la partie la plus postérieure de la capsule interne.

Tel est, à l'heure qu'il est, le contingent de l'anatomie normale, s'efforçant, de son côté, d'une façon indépendante, d'éclairer la question qui nous occupe. Tout intéressantes qu'elles soient, ces données, sans le concours de celles fournies par l'anatomie pathologique et l'expérimentation, seraient tout-à-fait insuffisantes pour la solution du problème, et c'est le cas de répéter, une fois de plus, que la physiologie et la pathologie ne sauraient se déduire de la seule contemplation des faits de l'anatomie pure.

C. Le moment est donc venu de faire intervenir les preuves cliniques et anatomo-pathologiques. Aujourd'hui, les arguments abondent de ce côté. Il me suffira de signaler les observations de Ludwig Türck, l'initiateur dans la voie que nous parcourons (1), celles de son compatriote M. Rosenthal (2), celles que j'ai recueillies à l'hospice de la Salpétrière, celles enfin que M. Veyssière et M. Rendu ont rassemblées, le premier dans sa thèse inaugurale (3) , le second dans sa thèse pour l'agrégation (4).

Du concours, en effet, et de la comparaison de ces observations, il résulte unanimement : 1° que les lésions portant sur la région postérieure lenticulo-optique de la capsule interne ont pour conséquence obligatoire la forme d'hémianesthésie, que j'appelle cérébrale, et dans laquelle les sens auxquels président les nerfs cérébraux proprement dits, nerfs optiques et nerfs olfactifs, sont intéressés de manière à reproduire fidèlement les caractères de l'hémianesthésie des hystériques ; 2° que, au contraire, dans tous les cas où, respectant cette région, les lésions intéressent seulement la partie de la capsule comprise entre le noyau lenticulaire et la tête du noyau caudé, l'anesthésie fait défaut.

Ces données, fournies par l'anatomie pathologique et la clinique, offrent incontestablement par elles-mêmes et en dehors de tout secours étranger, une importance capitale, mais combinées aux données de l'anatomie pure, elles sont en quelque sorte mises « en valeur. »

Ce n'est pas tout, l'expérimentation a, de son côté, apporté son contingent de faits et ceux-ci plaident absolument dans le même sens.

On peut dire que sous l'inspiration des données patho-

---

(1) L. Türck, voir Charcot. — *Leçons sur les maladies du système nerveux*. T. I. 2ᵉ édit., p. 315.

(2) Rosenthal. — *Klinik der Nervenkrankheiten*, 2° Aufl. Stuttgart, 1875.

(3) R. Veyssière. — *Recherches cliniques et expérimentales sur l'hémianesthésie de cause cérébrale*. Thèse de Paris, 1874.

(4) H. Rendu. — *Des anesthésies spontanées*. Thèse d'agrégation. Paris 1875, p. 27 et 95.

logiques, l'expérimentation s'est, ici, corrigée elle-même. Elle avait en effet, autrefois, cru reconnaître que le centre des impressions sensitives n'est ni dans le cerveau proprement dit, ni dans les couches optiques, mais plus bas, dans la protubérance, ou peut-être dans les pédoncules cérébraux.

Contre cette assertion, la pathologie protestait en montrant qu'une lésion située plus haut que ce point, dans certaines régions du cerveau lui-même, détermine constamment une hémianesthésie totale. Les nouvelles recherches ex-

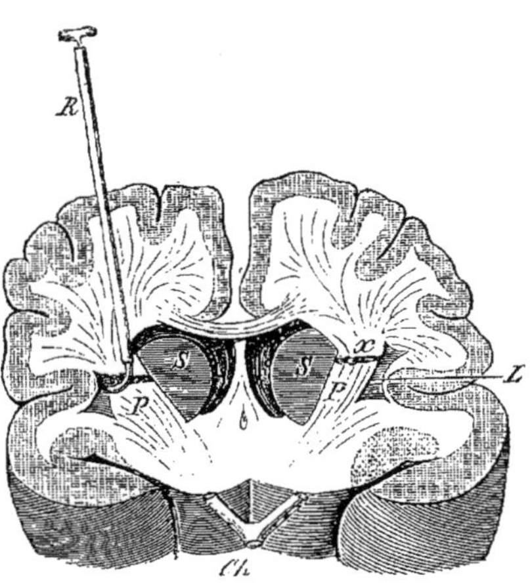

Fig. 27. — *Coupe transversale d'un cerveau de chien, cinq millimètres en avant du chiasma des nerfs optiques.* — S, S, les deux noyaux caudés du corps strié. — L, noyau lenticulaire. — P, P, expansion pédonculaire (capsule interne). — Ch, chiasma des nerfs optiques. — x, section de la capsule interne (région antérieure ou lenticulo-striée), produisant l'hémiplégie du côté opposé du corps sans anesthésie. — R, stylet à ressort de Veyssière, opérant la section de la capsule interne.

périmentales faites en France dans le laboratoire de M. Vulpian, par MM. Duret et Veyssière, ont donné des résultats conformes aux enseignements de la pathologie.

Un instrument ingénieux, consistant en un trocart d'où s'échappe en temps voulu un ressort, est introduit à travers la paroi crânienne, dans les masses centrales à une profondeur et dans une direction calculées à l'avance, d'après des expériences préalables. On parvient ainsi, avec un peu d'habitude, à léser isolément les deux parties de la capsule interne.

Si, dans les expériences ainsi instituées, la lésion atteint la région postérieure de la capsule, l'hémianesthésie du côté opposé du corps s'ensuit fatalement ; le plus souvent, il s'y associe un certain degré de paralysie motrice ; celle-ci, au contraire, se montre seule, sans accompagnement d'anesthésie, toutes les fois que la lésion a respecté le tiers postérieur de la capsule et porte seulement sur un point quelconque de ses deux tiers antérieurs. (*Fig. 27* et *Fig. 28.*)

Tels sont, en somme, les résultats fondamentaux de ces expériences.

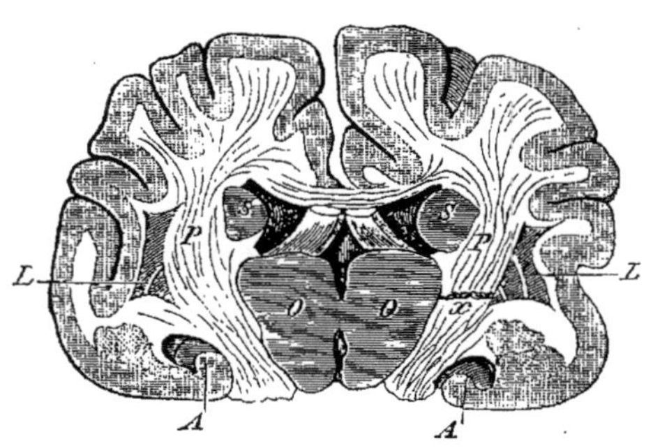

Fig. 28. — *Coupe transversale du cerveau du chien au niveau des tubercules mamillaires.*—O, O, couches optiques. — S, S, noyaux caudés. — L, L, noyaux lenticulaires. — P, P, capsule interne, région postérieure ou lenticulo-optique. — A, A, cornes d'Ammon, — x, section de la partie postérieure ou lenticulo-optique de la capsule, déterminant l'hémianesthésie. (Cette figure est empruntée, ainsi que la précédente, au mémoire de MM. Carville et Duret, inséré dans les *Archives de physiologie normale et pathologique*, 1875, p. 468 et 471).

Tout concourt, vous le voyez d'après ce qui précède à, faire reconnaître, dans la partie postérieure de la capsule interne, l'existence de faisceaux de fibres nerveuses centripètes, ayant pour rôle de conduire vers le centre les impressions sensitives venues du côté opposé du corps.

Emanés du pied du pédoncule central, ces faisceaux, au sortir de la capsule, vont concourir directement, sans être entrés en communication avec les noyaux gris des masses centrales à la formation de la couronne rayonnante. Près de leur origine, c'est-à-dire à la partie inférieure de la capsule, ces faisceaux, resserrés pour ainsi dire dans un espace étroit, pourront être affectés d'un seul coup en grand nombre, par une lésion même très-minime et il s'en suivra une anesthésie très-accentuée. On comprend qu'au contraire plus haut, au niveau du pied de la couronne rayonnante, une lésion de même étendue, en raison de la divergence des fibres, devra produire des effets beaucoup moins prononcés. C'est ce qui a lieu, en réalité. Il existe toutefois plusieurs exemples d'hémianesthésie bien accusée, en rapport avec des lésions peu profondes du pied de la couronne rayonnante.

Il importerait maintenant de décider si les lésions étendues des lobes occipitaux et en particulier de leur écorce grise déterminent, elles aussi, l'hémianesthésie croisée. Malheureusement les observations qu'on pourrait invoquer à cet égard ne sont pas suffisamment explicites et la question, jusqu'à plus ample informé, doit rester en suspens (1). Quoi qu'il en soit, il y a lieu de reconnaître, dès à présent, que les faisceaux qui composent la partie postérieure de la capsule interne et leurs émanations directes, ne sauraient être considérés comme un centre des impressions sensitives et sensorielles. Ces faisceaux ne peuvent représenter qu'un lieu de passage, un carrefour où les fibres centripètes dont il s'agit se trouvent toutes représentées avant de diverger vers les parties superficielles du cerveau.

---

(1) Dans les observations de ramollissement superficiel du lobe occipital que j'ai recueillies, il s'agit aussi souvent d'hyperesthésies, de sensations pénibles de tout genre dans les membres du côté opposé, d'hallucinations de la vue, etc., que d'hémianesthésie ou d'amblyopie.

DIXIÈME LEÇON.

De l'hémianesthésie cérébrale (*suite*). — De l'amblyopie croisée. — De l'hémiopie latérale.

Sommaire. — Résumé des caractères de l'hémianesthésie cérébrale. — Ses ressemblances avec l'hémianesthésie des hystériques. — L'anesthésie intéresse la sensibilité générale dans ses divers modes et les sens spéciaux.

De l'amblyopie hystérique. — Examen ophthalmoscopique. — Exploration fonctionnelle : Diminution de l'acuité visuelle ; — Rétrécissement concentrique et général du champ visuel, etc.

De l'amblyopie croisée avec hémianesthésie de cause cérébrale : Mêmes symptômes.

Les lésions des hémisphères cérébraux qui produisent l'hémianesthésie déterminent également l'amblyopie croisée et non l'hémiopie latérale.

De l'hémiopie. — Hypothèse de la semi-décussation. — Hémiopie homologue unilatérale. — Variétés de l'hémiopie.

Messieurs,

Dans la dernière séance, j'ai essayé d'établir qu'une forme particulière de l'hémianesthésie est une conséquence nécessaire des lésions qui portent, sur la région postérieure de la capsule interne ou son émanation, dans la couronne rayonnante, leur action soit destructive, soit compressive ; je dirai encore : soit suspensive, me réservant de faire connaître bientôt la valeur du terme.

J'ai fondé cette proposition non-seulement sur des faits d'anatomie pathologique et de clinique, mais encore sur des faits d'expérimentation. J'ai exposé aussi quelques données d'anatomie pure, qui, à la vérité, demandent à certains égards une confirmation, mais qui, tels qu'ils sont, nous permettent d'entrevoir déjà, le mécanisme de la production de l'hémianesthésie en question.

Il est cependant un certain nombre de traits relatifs à ce composé symptomatique et à son interprétation anatomique et physiologique, que, à dessein, j'ai laissé dans l'ombre, afin de ne point surcharger le tableau. Je me propose d'y revenir aujourd'hui.

I.

Permettez-moi tout d'abord de résumer en quelques mots les caractères cliniques de cette espèce d'hémianesthésie que je vous ai proposé de qualifier du nom d'*hémianesthésie cérébrale*, pour la distinguer de toutes les autres formes d'obnubilation ou de suppression dimidiée de la sensibilité ne reconnaissant pas pour origine une lésion du cerveau proprement dit.

C'est seulement dans ces derniers temps que l'hémianesthésie cérébrale, par lésion organique grossière — *Coarse disease*, comme dit M. H. Jackson, avec une liberté toute anglaise — a été l'objet d'études attentives. Le tableau qu'elle présente reproduit, vous le savez, exactement les traits de l'hémianesthésie des hystériques ; celle-ci, quant à présent mieux connue, peut nous servir de prototype.

Il s'agit, vous le savez, dans l'hystérie, d'une anesthésie *unilatérale*. L'anesthésie totale ne se montre là que dans des cas relativement exceptionnels. Un plan antéro-postérieur, passant par la ligne médiane du corps, établit la limite de l'insensibilité qui, sur le tronc, déborde cependant un peu en avant le sternum et en arrière la crête des apophyses épineuses. C'est là, du reste, un détail d'importance secondaire.

La tête, les membres, le tronc, d'un côté du corps sont donc affectés en même temps. Il peut naturellement y avoir des degrés dans la lésion fonctionnelle, mais elle porte fréquemment sur tous les modes de la sensibilité commune ; ainsi la sensibilité au tact, à la douleur, à la température sont souvent et simultanément obnubilées ou supprimées.

L'insensibilité s'étend aux parties profondes ; elle affecte les muscles qui peuvent être excités par l'électrisation sans que le malade en ait conscience. Les membranes muqueuses ne sont pas davantage épargnées. Ajoutons enfin, — et c'est là le point que je veux aujourd'hui faire ressortir surtout — que l'hémianesthésie n'atteint pas uniquement la sensibilité commune ; elle frappe aussi les *appareils sensoriels* sur le côté du corps où siége l'anesthésie cutanée, et cette *hémianesthésie sensorielle* n'intéresse pas seulement le domaine des nerfs qui prennent naissance dans le bulbe, tels que les nerfs du goût et de l'ouïe, elle porte aussi sur les nerfs de l'odorat et de la vision, dont l'origine est dans le cerveau proprement dit.

Tel est, Messieurs, le tableau très-vulgaire de l'hémianesthésie des hystériques. Si, à celle-ci, nous comparons actuellement l'hémianesthésie cérébrale organique, nous reconnaîtrons qu'une parfaite ressemblance peut être constatée, jusque dans les moindres détails.

Cette ressemblance a été relevée déjà soigneusement par nous-même relativement à la sensibilité commune (1) et par M. Magnan, en ce qui concerne les troubles de l'ouïe, de l'odorat et du goût (2). Je ne vois rien à ajouter à ce qui a été dit sur ce sujet. Dans ces derniers temps, nous nous

---

(1) Charcot. — *Leçons sur les maladies du système nerveux*, 1re éd., 1872.
(2) Magnan. — *De l'hémianesthésie de la sensibilité générale et des sens dans l'alcoolisme chronique.* (*Gaz. hebdom.*, 1873, p. 729 et 746.)

sommes plus particulièrement occupés des phénomènes qui ont trait à la vision. Et, dans mon service à la Salpétrière, M. le Dr Landolt s'est livré à ce propos à quelques recherches dont les résultats méritent d'être exposés sommairement.

Il ne me paraît pas sans intérêt d'entrer dans quelques développements pour vous montrer que, même sous le rapport des troubles visuels, — et c'est là, vous le reconnaîtrez bientôt, une proposition grosse de conséquences, — les choses se passent chez les sujets atteints de lésions cérébrales en foyer, absolument comme chez les hystériques. On peut dire qu'en réalité, abstraction faite de sa mobilité proverbiale, l'amblyopie unilatérale des hystériques ne diffère par aucun caractère essentiel de l'amblyopie cérébrale croisée reconnaissant un point de départ organique.

Envisageons d'abord le cas de l'amblyopie hystérique.

II.

1° Ici la diminution plus ou moins prononcée, voire même — ceci est beaucoup plus rare, — la perte absolue de la faculté visuelle de l'œil du côté correspondant à l'hémianesthésie, est un premier fait aisément saisissable.

2° Une étude plus minutieuse permet de constater les particularités suivantes : il n'existe, dans le fond de l'œil, aucune altération visible à l'ophthalmoscope. La papille et la rétine sont dans des conditions tout-à-fait normales. L'examen comparatif du fond de l'œil des deux côtés ne dénote aucune différence appréciable dans la vascularisation des parties.

Si l'ophthalmoscope ne décèle pas d'altération appréciable dans *l'amblyopie* des hystériques, il n'en est plus de même de l'exploration fonctionnelle, de l'interrogatoire portant sur les phénomènes subjectifs. Voici ce qu'apprend ce mode d'exploration.

3° L'acuité visuelle, étudiée d'après les règles ordinaires, se montre fréquemment réduite de moitié ou même davantage.

4° Il existe un *rétrécissement concentrique et général du champ visuel*.

5° Enfin une analyse délicate a permis de reconnaître certaines particularités qui méritent de nous arrêter un instant : Il s'agit du *rétrécissement concentrique et général du champ visuel pour les couleurs*.

Déjà plusieurs auteurs, M. Galezowski entre autres, avaient fait remarquer l'existence fréquente de l'achromatopsie et de la dyschromatopsie chez les hystériques. C'est sur ce point que portent particulièrement les observations faites par M. Landolt dans mon service.

Je vous rappellerai que, à l'état normal, toutes les régions du champ visuel ne sont pas, tant s'en faut, également aptes à percevoir les couleurs. Il est des couleurs pour lesquelles le champ visuel est physiologiquement plus étendu que pour d'autres et ces différences dans l'étendue du champ visuel se reproduisent toujours, chez tous les sujets, suivant la même loi pour chaque couleur. Ainsi, c'est pour le bleu que le champ visuel est le plus vaste ; viennent ensuite le jaune, puis l'orangé, le rouge, le vert ; enfin, le violet n'est perçu que par les parties les plus centrales de la rétine. Or, Messieurs, dans l'état pathologique qui nous occupe, ces caractères de l'état normal se montrent en quelque sorte exagérés à des degrés variés. En effet, les divers cercles qui correspondent, dans l'exploration, aux limites de la vision pour chaque couleur, se rétrécissent concentriquement d'une façon plus ou moins accentuée suivant la loi reconnue pour l'état normal.

D'après cela, vous prévoyez sans peine les nombreuses combinaisons qui pourront se produire dans les cas d'hystérie où ce genre d'amblyopie est parvenu à un haut degré. Le cercle du violet pourra se rétrécir jusqu'à devenir nul ; puis, la maladie progressant, ce sera le tour du vert, puis du rouge, puis de l'orangé. Le jaune et le bleu persisteront jusqu'à la dernière limite : ce sont, en effet, l'observation le démontre, les deux couleurs dont la sensation, chez les hystériques, se conserve le plus longtemps. Enfin, au degré le plus élevé, il pourra se faire que toutes les couleurs cessent d'être perçues et alors les objets colorés n'apparaîtront plus, en quelque sorte, aux yeux du malade que sous l'aspect où ils se présentent dans une aquarelle « à la sépia ».

Telle est, Messieurs, la série des phénomènes que nous avons maintes et maintes fois constatés dans l'amblyopie des hystériques. Eh bien, ils se sont tous retrouvés constamment, avec leurs nuances variées, dans plusieurs cas d'amblyopie croisée accompagnés d'hémianesthésie et relevant d'une lésion en foyer du cerveau que nous avons récemment étudiés à ce point de vue : même diminution de l'acuité visuelle ; même rétrécissement concentrique et général du champ visuel pour les couleurs, même absence de lésions pathognomoniques du fond de l'œil, appréciables à l'ophthalmoscope, etc. (1).

---

(1) De nouvelles recherches faites par M. Landolt dans mon service ont appris que le rétrécissement du champ visuel pour les couleurs, dans l'hystérie ovarienne avec hémianesthésie, se fait constamment sentir dans les deux yeux à la fois ; seulement, il est incomparablement plus prononcé dans l'œil correspondant au côté frappé d'anesthésie. Cette même particularité s'est rencontrée dans tous les cas d'*hémianesthésie cérébrale* reconnaissant pour point de départ une lésion organique, qui ont été examinés à ce point

J'insiste particulièrement sur ce dernier caractère, parce qu'il permet de séparer nettement le trouble fonctionnel dont il s'agit, d'autres troubles visuels qui reconnaissent également pour cause une lésion organique intra-crânienne. Je fais allusion ici à ces altérations du fond de l'œil, facilement reconnaissables à l'ophthalmoscope, que l'on désigne vulgairement sous le nom de *papille étranglée*, de *neuro-rétinite* et qui se montrent si fréquemment en conséquence de tumeurs encéphaliques *quels qu'en soient la nature et le siége* (1), à la suite de lésions variées agissant plus ou moins directement sur les bandelettes optiques.

En vous faisant reconnaître, Messieurs, que l'amblyopie croisée est une conséquence des lésions en foyer du cerveau qui déterminent l'hémianesthésie, j'ai relevé un fait d'une importance majeure pour la théorie des localisations cérébrales. Mais il ne saurait vous échapper que ce fait est en contradiction formelle avec les données généralement répandues. En effet, si l'on en croit la théorie mise en avant dès 1860 par Alb. de Graefe (2), et qui paraît régner encore aujourd'hui sans partage, ainsi qu'en témoigne un intéressant travail publié récemment par M. le Dr Schoen (3), ce n'est pas l'amblyopie croisée que déterminent les lésions absolument unilatérales du cerveau ; c'est un trouble visuel qui en diffère, à savoir : *l'hémiopie latérale*

---

de vue. En conséquence, le terme : *amblyopie croisée*, employé dans ces leçons, ne saurait être pris, absolument, au pied de la lettre, puisque l'obnubilation de la vue porte, à la vérité inégalement, sur les deux yeux.

(1) Voir sur ce sujet l'intéressant travail du Dr Annuske : *Die neuritis optica bei tumor cerebri*, in *Archiv für ophthalmologie*, 19, Bd. abth. III, 1873. p. 165.

(2) A. de Graefe. — *Gazette hebdomadaire*, 1860, p. 708. — Voir aussi : (*Vortraege aus der V. Graefe'schen Klinik Monatsbl. f. Augenhlkde*, 1865, mai.

(3) Schoen. — *Archiv der Heilkunde*, 1875, 1er heft.

homologue ; en d'autres termes, une lésion cérébrale en foyer, du côté gauche, devrait, dans la théorie en question, entraîner la suppression ou l'obscurcissement de la moitié droite du champ visuel, et inversement pour le cas d'une lésion de l'hémisphère droit.

Je crois devoir protester contre ce que cette théorie offre, pour le moins, de trop absolu et lui opposer la proposition suivante : *Les lésions des hémisphères cérébraux qui produisent l'hémianesthésie déterminent également l'amblyopie croisée et non l'hémiopie latérale.*

Je ne suis pas en mesure, remarquez-le bien, de décider que l'hémiopie latérale ne saurait être jamais la conséquence d'une lésion en foyer du cerveau ; mais je suis disposé à croire que dans les cas de ce genre — si réellement il en existe — il s'agit surtout d'un phénomène de voisinage, par exemple d'une participation plus ou moins directe des bandelettes optiques. Je ne crois pas qu'il existe quant à présent une seule observation montrant clairement, en dehors de ces circonstances, l'hémiopie latérale développée en conséquence d'une lésion de la partie postérieure de la capsule interne ou du pied de la couronne rayonnante, tandis que les faits existent en certain nombre où une telle lésion a déterminé l'amblyopie croisée, se présentant avec tous les caractères que nous lui avons tout à l'heure assignés.

III.

Quelques détails, relativement au symptôme *hémiopie* et à la cause anatomique présumée de son développement, doivent ici trouver leur place.

Vous savez comment l'existence, tant de fois constatée dans la clinique, de ce singulier phénomène, a depuis longtemps suggéré une hypothèse anatomique, d'après laquelle, chez l'homme, les nerfs optiques subiraient dans le chiasma non pas un entrecroisement complet, mais bien ce qu'on appelle la *semi-décussation*. Cette hypothèse date de loin. On l'attribue généralement à Wollaston, mais la réalité est que Newton l'avait déjà émise, dès 1704, dans son *Traité d'optique* et qu'en 1723, Vater l'avait à son tour invoquée pour expliquer trois cas d'hémiopie qu'il avait observés (1). Je vous rappellerai en quoi elle consiste.

Parmi les tubes nerveux qui composent les bandelettes et les nerfs optiques, il y avait, comme il a été dit, à distinguer ceux qui s'entrecroisent dans le chiasma et ceux qui n'y subissent pas l'entrecroisement. Ces derniers (voyez *Fig. 29, a',b*) c'est-à-dire les tubes nerveux non entrecroisés occuperaient le côté externe dans la bandelette, dans le chiasma, puis enfin dans le nerf optique et dans la rétine ; tandis que, dans tous ces points, les faisceaux qui s'entrecroisent (*b', a*) occuperaient le côté interne. Il résulte de cette disposition que les faisceaux non-entrecroisés de la bandelette gauche seraient affectés, par exemple, à la moitié gauche de la rétine de l'œil gauche, tandis que les faisceaux entrecroisés de la même bandelette fourniraient à la moitié gauche de l'œil droit ; la distribution des faisceaux de la bandelette optique droite s'opérant, bien entendu, d'après le même principe, mais en sens inverse.

En d'autres termes les faisceaux qui composent la bandelette optique du côté gauche seraient destinés à la moitié gauche (G G) de chaque rétine, et l'inverse aurait lieu (D D) pour les faisceaux nerveux provenant de la bandelette optique du côté droit.

Il ne faut pas oublier que cet arrangement des fibres nerveuses optiques est, anatomiquement parlant, tout hypothétique. Si, en effet, plusieurs auteurs, entre autres Hanno-

---

(1) Knapp. — *Archiv. of scientific medecine*, New-York, 1872.

ver (1), Longet, Cruveilhier, Henle (2) et tout récemment
encore M. Gudden (3) ont cru pouvoir lui prêter l'appui de
preuves anatomiques, il en est d'autres, tels que MM.
Biesiadecki (4), E. Mandelstamm (5) et Michel (6) qui, con-
tradictoirement, et faisant appel à des arguments du même
ordre, ont essayé de démontrer que les fibres nerveuses
des nerfs optiques subissent dans le chiasma, même chez
l'homme, un entrecroisement complet. On peut dire qu'en
somme, à l'heure qu'il est, la question est loin d'être
résolue.

On ne saurait donc voir, je le répète, dans la *semi-décussation*, qu'une hypothèse ; mais c'est une hypothèse
qui, incontestablement, bien mieux que toutes celles qu'on
a essayé de lui substituer, rend compte des faits observés
dans la clinique. En jetant les yeux sur le schéma que je
vous présente, vous reconnaîtrez comment elle peut aisément servir à l'interprétation des divers modes de l'hémiopie (*Fig. 29.*)

Occupons-nous d'abord de l'*hémiopie homologue unilatérale*, la seule qui, d'après les auteurs, pourrait se produire
comme conséquence directe d'une lésion en foyer intra-
cérébrale. Il est clair que, d'après la théorie, une lésion siégeant au point K, de manière à interrompre dans leur trajet les faisceaux de la bandelette optique gauche (*b b'*),

(1) Hannover. — « *Das Auge* » *Beiträge zur Anatomie, Physiologie und
Pathologie dieses Organs*, Leipzig. 1872.

(2) Henle. —*Nervenlehre. Ueber die Kreutzung im Chiasma nervorum opticorum.*

(3) Gudden. *Archiv. für ophthalmologie.* 1874, t. 20. 2e abth.

(4) Biesiadecki. — « *Ueber das chiasma nervorum opticorum des menschen
und der Thiere.* » Wiener Setzber. d. math. naturwiss. Classe. B. d 42.
Jahrg. 1861, p. 86.

(5) E. Mandelstamm.— *•Ueber schnervenkreuzung und Hemiopie.•* (*Archiv.
für ophthalmologie*, t. 16, 1873, p. 39).

(6) Michel. — *Ueber den Bau des chiasma nervorum opticorum.* —
Même recueil, p. 59. Taf. I, fig. IV.

Voir aussi Bastian. — *The Lancet*, 1874, July 25, p. 112.

ceux qui s'entrecroisent dans le chiasma (*b'*) et ceux qui ne s'y entrecroisent pas (*b*) aura pour effet d'affecter la moitié gauche de chaque rétine (G G), ou en d'autres termes soit d'obnubiler, soit de supprimer complétement toute l'étendue du champ visuel du côté droit (hémiopie latérale droite). L'*hémiopie latérale gauche* surviendrait au contraire, à la suite d'une lésion affectant de la même façon la bandelette optique du côté droit.

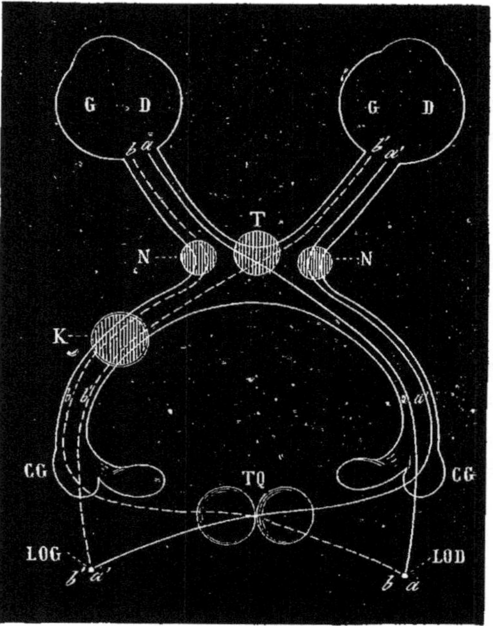

Fig. 29. Schéma destiné à faire comprendre les phénomènes de l'hémiopie latérale et de l'amblyopie croisée. — T, Semi-décussation dans le chiasma. — T Q. Décussation en arrière des corps genouillés.— C G, Corps genouillés. — a', b, Fibres non entre-croisées dans le chiasma. — b', a, Fibres entrecroisées dans le chiasma.— b',a', Fibres provenant de l'œil droit rapprochées en un point de l'hémisphère gauche LOG. — LOD, Hémisphère droit. — K, Lésion de la bandelette optique gauche produisant l'hémiopie latérale droite. — LOG, Une lésion en ce point produirait l'amblyopie croisée droite. — T, Lésion produisant l'hémiopie temporale. — N, N, Lésion produisant l'hémiopie nasale.

Ainsi parle la théorie, et de fait, nombreux sont les exemples qui démontrent qu'en réalité l'hémiopie latérale est la conséquence d'une lésion portant son action sur l'une des bandelettes optiques (1). L'effet restera le même, quel que soit le siége occupé par la lésion sur la bandelette, depuis l'origine de celle-ci dans les corps genouillés, jusqu'à sa terminaison dans le chiasma. L'hémiopie latérale devra se produire d'ailleurs non-seulement par le fait d'une lésion propre à la bandelette elle-même, mais aussi, à titre de phénomène de voisinage, en conséquence de lésions — hémorrhagies ou tumeurs — développées dans les parties qui sont en rapport plus ou moins immédiat avec ce tractus, telles que, par exemple, l'étage inférieur du pédoncule cérébral (*pes*) ou encore pulvinar.

Les autres modes de l'hémiopie ne sont pas d'une interprétation plus difficile. Une lésion, une tumeur par exemple, située en T, c'est-à-dire sur la partie médiane du chiasma, de façon à intéresser seulement les fibres optiques entrecroisées (a, b'), devra paralyser la moitié gauche (G), de la rétine de l'œil droit ainsi que la moitié droite (D) de la rétine de l'œil gauche et déterminer, par conséquent, ce qu'on appelle l'hémiopie temporale. M. Saemisch a pu dans un cas de ce genre annoncer, pendant la vie du malade, que tel était, en effet, le siége de la lésion et l'autopsie est venue justifier pleinement ses prévisions (2).

Au contraire, l'hémiopie dite *nasale*, caractérisée par la suppression de la partie médiane du champ visuel se produirait si le cours des fibres directes a', b, était seul interrompu, au niveau du chiasma, par exemple, en conséquence de lésions occupant symétriquement de chaque côté, les points N,N. C'est là, on le conçoit, une combinaison qui doit se présenter très-rarement. Il en existe cependant quelques exemples ; un, entre autres, décrit avec soin par

---

(1) Voir entre autres le cas de E. Muller dans *Archiv. für ophthalmolog.* VIII. Bd. 1, S 160.
(2) Voir aussi E. Muller in *Meissner's Jahresbericht.* 1861. S. 458.

M. Knapp (1). Il s'agissait, dans ce cas, d'une compression produite sur les points indiqués par les artères cérébrale antérieure et communicante postérieure, augmentées de volume et indurées par le fait de l'altération athéromateuse.

Je n'insiste pas plus longuement sur ces formes de l'hémiopie, qui, quant à présent, ne nous intéressent pas directement, et j'en reviens à l'hémiopie latérale. Ce genre de trouble visuel, c'est là un fait qui paraît bien établi, est le résultat obligatoire de la lésion d'une des bandelettes optiques ; est-il également, comme on l'affirme généralement, la conséquence nécessaire d'une lésion qui rencontrerait les fibres nerveuses optiques, au-delà des corps genouillés ; (G, G,) dans leur trajet profond, intra-cérébral (en L O G, L O D) ? A mon sens, la clinique et l'anatomie pathologique contredisent cette assertion, présentée tout au moins d'une façon trop absolue et je ne puis que répéter ici, ce que je disais tout à l'heure, à ce propos : Je ne crois pas qu'il existe, quant à présent, une seule observation montrant inévitablement l'hémiopie latérale développée en conséquence d'une lésion intra-cérébrale, *en dehors de toute participation des bandelettes optiques*, tandis que les faits existent où une lésion de la partie postérieure de la capsule interne ou du pied de la couronne rayonnante a, en même temps que l'hémianesthésie, déterminé l'amblyopie croisée, trouble visuel bien différent de l'hémiopie.

Cela étant, comment comprendre dans une vue schématique cet effet d'une lésion cérébrale, tout en reconnaissant le fait incontestable de l'hémiopie, conséquence d'une lésion des bandelettes optiques ?

Pour en arriver là, il suffirait d'apporter au schéma vulgaire de la semi-décussation une modification légère. On admet communément que les fibres nerveuses provenant

---

(1) *Archiv. of scientific and practical medicine*, 1873, p. 293.

de l'œil droit et de l'œil gauche qui composent chacune des bandelettes optiques, continuent leur trajet au-delà des corps genouillés, sans nouveau remaniement jusque dans la profondeur de l'hémisphère du côté correspondant, et cette vue s'accorde avec l'idée régnante qu'une lésion des fibres nerveuses optiques, dans leur parcours intra-cérébral, équivaut à une lésion de la bandelette optique et produit conséquemment l'hémiopie.

Je propose d'admettre, au contraire, que seuls les faisceaux de la bandelette qui se sont entrecroisés dans le chiasma, (a, b) effectuent leur trajet profond, tels quels, sans entrecroisement nouveau ; tandis que les faisceaux directs subiraient, eux, au-delà des corps genouillés, avant de pénétrer dans la profondeur de l'hémisphère, (L O G, L O D), sur un point indéterminé de la ligne médiane, peut-être dans les tubercules quadrijumeaux (T Q), un entrecroisement complet. Il résulte de cet arrangement que les faisceaux b', a' réunis, par exemple, en un point de l'hémisphère gauche L O G, représentent la totalité des fibres provenant de la rétine de l'œil droit, et que les faisceaux b, a, représentent la totalité des fibres provenant de l'œil gauche. Le parcours des fibres optiques, d'après cela, en ce qui concerne leur trajet profond, se trouve en quelque sorte ramené au type de l'entrecroisement complet et l'on comprend que dans un appareil ainsi constitué, tandis qu'une lésion de la bandelette optique produit l'hémiopie latérale, au contraire, une lésion située profondément dans l'épaisseur de l'hémisphère produira l'amblyopie croisée.

Je vous apporte cette hypothèse pour ce qu'elle vaut ; elle ne repose, quant à présent, sur aucune donnée anatomique. Elle fournit, quoi qu'il en soit, si je ne me trompe, un moyen facile de se représenter sous une forme très-simple les faits assez complexes révélés par l'observation clinique.

ONZIÈME LEÇON.

Origine des parties cérébrales des nerfs optiques.

Sommaire. — Rapports entre l'amblyopie croisée et l'hémianesthésie sensi‑
tive résultant d'une lésion de la capsule interne.
Origine cérébrale des nerfs optiques.
Couronne rayonnante de Reil. — Faisceaux rayonnants cortico-optiques : Fibres antérieures (racine antérieure de la couche optique) ; — Fibres
moyennes (expansions latérales) ; — Fibres postérieures (expansions cérébrales des nerfs optiques). — Rapports anatomiques entre les expansions
cérébrales des nerfs optiques et les fibres centripètes de la couronne
rayonnante (hémianesthésie sensitive).
Baudelettes optiques. — Origine de la racine externe (couche optique,
corps genouillés externes, tubercules quadrijumeaux antérieurs).—Origines
de la racine interne (corps genouillés internes, tubercules quadrijumeaux
postérieurs).
Connexion entre les amas de substance grise et l'écorce grise de l'encéphale : faisceaux rayonnants cortico-optiques.
Effets des lésions des tubercules quadrijumeaux antérieurs.
Faits d'hémiopie latérale supposés d'origine intra-cérébrale.

Messieurs,

J'espère être parvenu à mettre en relief l'existence de
l'*amblyopie croisée*, comme symptôme de lésions occupant
la partie postérieure de la capsule interne ou les irradia-
tions correspondantes du pied de la couronne rayonnante.
Du même coup, j'ai essayé d'établir que la proposition
de de Graefe, à savoir que l'hémiopie homologue serait
— à l'exclusion de l'amblyopie croisée — le seul trouble
fonctionnel de la vision pouvant résulter d'une lésion d'un
des hémisphères cérébraux; j'ai essayé, dis-je, de montrer

que cette proposition est pour le moins beaucoup trop absolue et que les arguments sur lesquels elle repose devront subir une révision complète.

Aujourd'hui, je voudrais rechercher avec vous si l'anatomie normale peut faire comprendre pourquoi le trouble sensoriel dont il s'agit, c'est-à-dire l'amblyopie croisée, est un accompagnement fréquent, pour ainsi dire habituel, de l'hémianesthésie sensitive résultant d'une lésion de la capsule interne.

Cette hémianesthésie de la sensibilité commune, vous ne l'avez pas oublié, a pu trouver sa raison d'être dans l'existence d'un faisceau de fibres centripètes *directes*, c'est-à-dire ne s'arrêtant pas dans les noyaux gris des masses centrales et qui, à l'issue de la capsule interne, formerait la partie la plus postérieure du pied de la couronne rayonnante.

Existe-t-il quelque connexité, quelque rapport plus ou moins immédiat entre ce faisceau sensitif et les faisceaux sensoriels destinés à mettre en communication l'appareil de la vision avec l'écorce grise du cerveau ? Pour aborder cette question il nous faut, au préalable, étudier l'origine des parties profondes ou cérébrales des nerfs optiques. Nous allons toucher là un sujet difficile, obscur encore sur plus d'un point. Je ne puis cependant me dispenser de vous en indiquer les principaux côtés, ne serait-ce que pour signaler la voie dans laquelle devront, à l'avenir, être dirigées les recherches, et où l'anatomie pathologique est appelée, très-vraisemblablement à jouer un rôle prépondérant.

D'après le plan général, les nerfs encéphaliques doivent rencontrer, avant de pénétrer dans le cerveau lui-même, un ou plusieurs amas de substance grise, qu'on est convenu d'appeler les *noyaux d'origine*, et ce sont des expansions, nées dans ces noyaux, qui, d'une façon indirecte, mettraient ces nerfs en rapport avec l'écorce grise des hémisphères cérébraux.

A priori, rien ne porte à croire que les nerfs optiques

échappent à cette loi. De fait, ils n'y échappent point, mais les dispositions sont ici très-compliquées et mal connues, d'ailleurs dans certains détails.

I.

Je m'arrêterai tout d'abord un instant sur quelques dispositions relatives à la constitution d'une partie de la couronne rayonnante de Reil (1).

---

(1) Les divers faisceaux pédonculaires ou autres qui forment la couronne rayonnante [*fibres convergentes* (Luys), *Système de projection de* 1ᵉʳ *ordre*, (Meynert)] composent pour une bonne part la masse centrale blanche appelée centre ovale, que l'écorce grise des hémisphères enveloppe et renferme, sui-

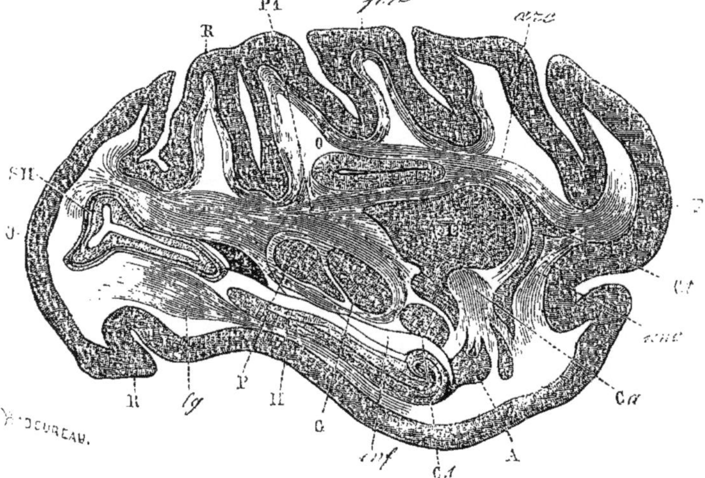

Fig. 30.—Empruntée à M. Meynert (*Stricker's Handbuch*, T, II, p. 703.—Fig. 233.) Coupe antéro-postérieure du cerveau du *cercocebus cinomolgus*.

F, Extrémité frontale. O, extrémité occipitale. H, la corne d'Ammon. RR, la substance grise corticale. SH, Sulcus hippocampi. LL, 3ᵉ segment du noyau lenticulaire. GT, l'avant-mur. — C s, la queue du corps strié. — P, le pulvinar. — G, le corps genouillé externe.

p v, Fibres propres unissant deux circonvolutions. — *arc*, fasciculus arcuatus. — *unc*, fasciculus uncinatus.— *lg*, fasciculus longitudinalis inferior.—C a, commissure anté-rieure. — *inf*, corne postérieure des ventricules latéraux.

vant la comparaison de Foville, à la manière d'une bourse. Ils ne représen-

Dans le schéma que je vous présente et que j'emprunte à M. Huguenin (*loc. cit.*, pl. 69, page 93), l'ablation des parties supérieures des hémisphères, y compris le corps calleux, a mis à nu les cavités ventriculaires. Vous remarquerez particulièrement l'étage inférieur ou corne postérieure du ventricule (*f*) qui joue ici, dans la topographie, un rôle important (*Fig. 52*).

On a détaché le noyau caudé dont les contours se trouvent représentés par une ligne pointillée ; on a enlevé également son appareil rayonnant, c'est-à-dire le plan des fibres rayonnantes cortico-striées. (*Fig. 51*, FK). De la sorte se trouve à découvert le plan des faisceaux rayonnants cortico-optiques. (FT, *Fig. 51* ; *hh, ii, kk, Fig. 52*). Il est possible de distinguer alors dans ces derniers faisceaux, trois groupes de fibres : 1° Les unes antérieures (*hh, Fig. 52*), sont dites racine antérieure de la couche optique (Vordere Stiel) ; elles se dirigent vers les régions frontales ; 2° d'autres sont moyennes ou latérales (*ii, Fig. 52.* Expansions latérales) ; 3° d'autres enfin, postérieures, sont désignées d'après Gratiolet qui, le pre-

---

tent pas la totalité de cette masse. Celle-ci contient, en outre, des faisceaux tout-à-fait étrangers aux précédents, mais qui s'entremêlent avec ceux-ci. Les derniers faisceaux constituent ce que M. Meynert appelle le *système d'association*. On peut ramener, d'une façon très-générale, à deux ordres les faisceaux qui composent ce système. — Les uns consistent en commissures qui unissent l'une à l'autre des parties homologues des hémisphères cérébraux. Tels sont, par exemple, les corps calleux, la commissure antérieure. Les autres sont composés de fibres à direction générale antéro-postérieure qui mettent en relation les points divers d'un même hémisphère.

La figure ci-contre (*Fig. 50*), empruntée à M. Meynert (*loc. cit.*, fig. 233) et représentant la coupe antérieure du cerveau d'un singe (*cercocebus cinomolgus*) montre bien la direction des principaux faisceaux de ce système d'association antéro-postérieure. On voit : en *pv*, les faisceaux de fibres propres, *fibræ propriæ*, bien décrites par Gratiolet, qui mettent en rapport les circonvolutions voisines ; en *arc*, le *fasciculus arcuatus* dont les fibres au-dessus du corps calleux s'étendent du lobe occipital au lobe frontal ; — en *lg*, le faisceau longitudinal inférieur qui unit le lobe occipital à l'extrémité du lobe sphénoïdal, enfin, en *unc*, le *fasciculus uncinatus* dont la direction est presque verticale et qui établit une relation entre le lobe frontal et le sphénoïdal.

mier (1), les a bien étudiées, sous le nom d'expansions céré-

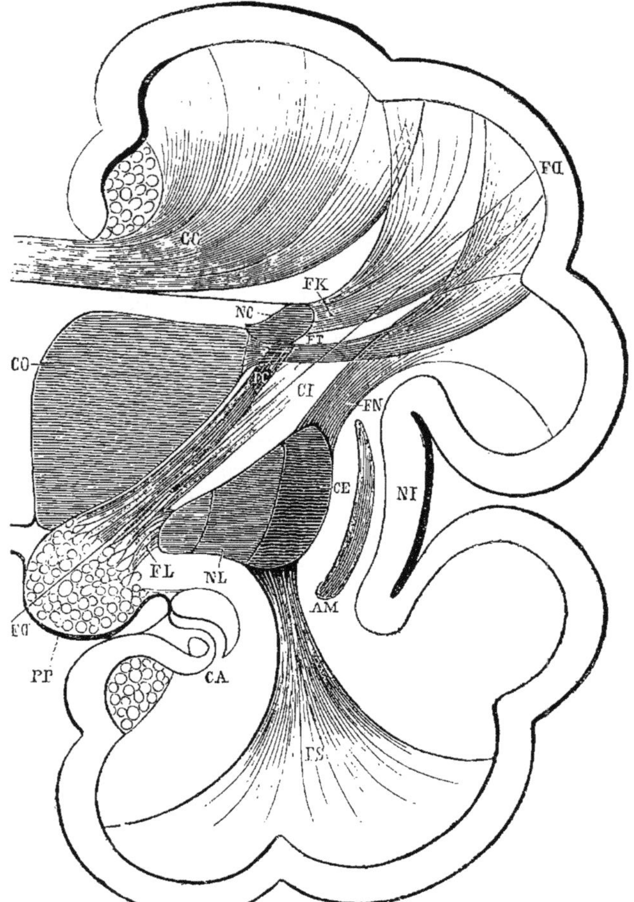

Fig. 31. — N C, noyau caudé. — C O, couche optique. — N L, noyau lenticulaire
avec ses trois segments. — A M, avant mur. — C E, capsule externe. — C I, capsule
interne. — P P, pied du pédoncule. — C A, corne d'Ammon. — I N, insula de Reil. —
F L, fibres du pédoncule destinées au noyau lenticulaire. — F C, fibres pédonculaires destinées au noyau caudé. — F S, fibres du noyau lenticulaire qui se jettent
dans le lobe sphénoïdal. — F N, fibres du noyau lenticulaire qui vont à la périphérie.
— F K, fibres du noyau caudé qui vont à la périphérie. — F T, fibres de la couche optique qui vont à la périphérie. — F D, fibres directes. (Schéma d'après M. Huguenin.)

(1) Voir Gratiolet. — *Anat. comparée.* T. II, p. 181 et suiv. — Luys, *loc.
cit.*, p. 173.

brales optiques ou des nerfs optiques (*k, k, Fig.* 52). (Sehs-
trahlungen). Les faisceaux du dernier groupe, qui sont
l'objet particulier de notre étude, ne sont séparés de la cavité

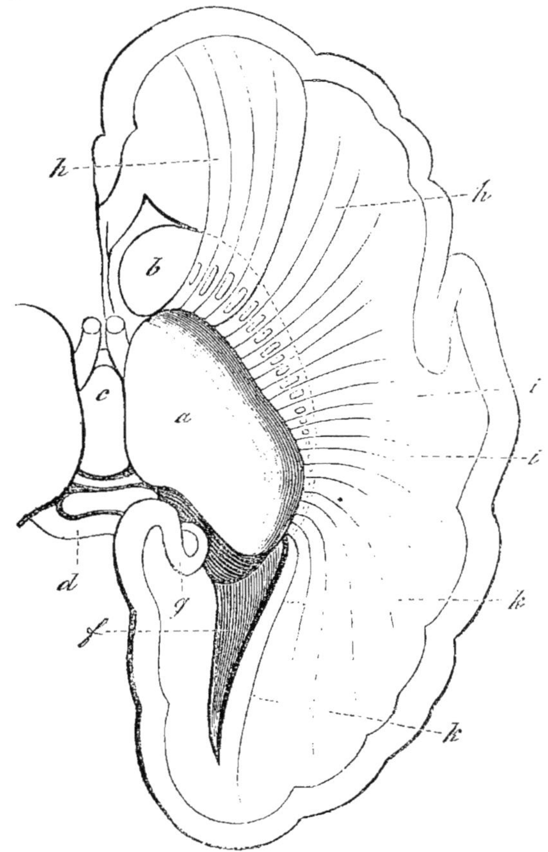

Fig. 32. — *Radiations de la couche optique.* — (Schéma emprunté à l'ouvrage de M.
Huguenin, p. 93, fig. 69.)
   a, couche optique. — *b*, corps strié. — *c*, voûte à 3 piliers. — *d*, tubercules quadrijumeaux. — *f*, corne postérieure du ventricule latéral. — *g*, corne d'Ammon. — *h,h*, racine antérieure du thalamus. — *i,i*, radiations latérales. — *k,k*, radiations optiques de Gratiolet.

de la corne postérieure que par l'épendyme et le tapis
(*tapetum*), expansion particulière du *splenium* du corps
calleux.

C'est dans cette région même, mais sur un plan plus profond, que se répandent les expansions cérébrales du faisceau de fibres centripètes dont la lésion détermine l'hémianesthésie sensitive de cause cérébrale. Il existe donc une relation de voisinage, de contiguïté entre ces faisceaux et les expansions optiques et cette relation serait bien propre à expliquer anatomiquement la coexistence fréquente de l'hémianesthésie et de l'amblyopie croisée s'il était bien établi que les faisceaux qui portent ce nom d'expansions optiques sont réellement un prolongement plus ou moins direct des nerfs optiques.

II.

Pour examiner ce dernier point, il convient de prendre un détour et d'étudier ce qu'on sait relativement à ces noyaux de substance grise, où les nerfs optiques prennent leur première origine à la base de l'encéphale, en quelque sorte en dehors du cerveau proprement dit.

Quelques renseignements préliminaires, concernant l'architecture extérieure des parties que nous devons considérer, me paraissent devoir trouver place ici.

Si, après avoir détaché de l'encéphale l'isthme tout entier, y laissant attenantes les couches optiques, on examine la préparation ainsi obtenue par sa face postérieure, on y remarque ce qui suit : 1º En avant, se voient de chaque côté les couches optiques que sépare le troisième ventricule ; 2º en arrière, les tubercules quadrijumeaux tant antérieurs que postérieurs; 3º en dehors, les bras conjonctifs antérieurs en relation par leur extrémité interne avec les tubercules quadrijumeaux antérieurs, et les bras conjonctifs postérieurs en relation avec les tubercules postérieurs. On voit encore dans la même région, lorsqu'on soulève l'extrémité postérieure des couches optiques ou *pulvinar*, en dedans le corps genouillé interne, en dehors une masse grise un peu plus volumineuse qui est le corps genouillé externe.

En arrière et au-dessus de ces parties se voient la ganse de Reil, les *processus cerebelli ad testes*, les pédoncules cérébraux, les corps restiformes, les pédoncules cérébelleux moyens.

Les corps genouillés internes et externes sont notoirement les deux premiers noyaux de substance grise avec lesquels les nerfs optiques entrent en rapport dans leur trajet vers l'encéphale. On sait comment ces nerfs, en arrière du chiasma, prennent le nom de *tractus optiques* ou *bandelettes optiques* et comment celles-ci, dans la partie qui correspond aux deux tiers postérieurs, sont divisées en deux tractus qu'on peut considérer comme des racines dont l'une est interne et l'autre externe.

L'*externe* est, à la fois, la plus volumineuse et la plus importante. Elle fournit elle-même plusieurs faisceaux qui se mettent en rapport avec divers noyaux gris. 1º On peut distinguer d'abord un faisceau qui s'arrête dans les corps genouillés externes. Ces derniers consistent en des amas assez volumineux de substance grise, renfermant des cellules ganglionnaires étoilées ou fusiformes, d'assez grande dimension, qui se trouvent bien représentées dans l'ouvrage de Henle (fig. 177, p. 249). 2º Un second faisceau, situé en dedans du précédent, pénètre dans l'étage inférieur du *thalamus*, environ 12 millimètres en avant de l'extrémité du *pulvinar*. Sur une coupe transversale telle que celle qui est figurée dans le travail de Meynert (fig. 249, II R), le faisceau en question est situé entre le corps genouillé externe et le pied du pédoncule. L'existence de ce faisceau, affirmée par Gratiolet, est aussi très-explicitement reconnue par Meynert, Henle et Huguenin. 3º Un troisième faisceau qui, d'après Gratiolet, serait le plus apparent et le mieux connu des racines du nerf optique, contourne le corps genouillé externe et pénètre dans celui des tubercules quadrijumeaux antérieurs qui occupe le côté correspondant (1). La description que donne à cet égard Gratiolet, confirmée par MM. Vulpian et Huguenin (2), est parfaitement exacte en ce qui concerne la plupart des mammifères (3). Elle ne l'est plus au même degré pour le singe et pour l'homme où l'existence du faisceau, parfaitement réelle d'ailleurs, ne peut être anatomiquement démontrée que par un examen très-attentif (4).

Vous voyez par ce qui précède que la *racine externe* des nerfs optiques prend son origine dans trois noyaux de substance grise, à savoir : 1° la couche optique ; 2° le corps genouillé externe ; 3° les tubercules quadrijumeaux antérieurs (*nates*). Ce sont là certainement les principales sources des nerfs optiques chez l'homme ; ce sont vraisemblablement les seules chez un grand nombre d'animaux. C'est ce que semblent établir, tout au moins, les intéressantes expériences de M. Gudden (5), consistant en l'extirpation des globes oculaires, pratiquée chez de très-jeunes lapins. Lorsque, au bout de quelques mois, les animaux ainsi opérés sont sacrifiés, on reconnaît que l'atrophie consécutive porte, en ce qui concerne les parties centrales, sur les tubercules quadrijumeaux antérieurs, les couches opti-

---

(1) Gratiolet, *loc. cit.*, p. 180.
(2) Huguenin, *Westphall's Archiv.* V. Bd., 1er heft., 2 heft. 1875.
(3) Voir pour les cerveaux du lapin et du chien les planches du travail de M. Gudden. (*Arch. f. ophthal.* XX. 1875) ; pour le cerveau du chat les planches de Forel. (*Beitrage zur Keuntness der Thalamus opticus.* Sitz. Bericht der K. *Akad.*, LXVI Bd. 1872. T. II. fig. 10.)
(4) Un quatrième faisceau, situé en dehors de celui qui s'arrête dans le corps genouillé externe, se répandrait sur le thalamus et prendrait part à la formation du *Stratum zonale.* Déjà indiqué par Arnold et Gratiolet, ce faisceau est décrit et représenté par Meynert, p. 436.
(5) Gudden. — *Arch. für ophthalmol.*, XX.

ques et enfin les corps genouillés externes ; au contraire, les tubercules quadrijumeaux postérieurs et les corps genouillés internes ne prennent aucune part à l'atrophie.

Moins importante que l'externe, la *racine interne* des nerfs optiques ne doit pas être cependant négligée, surtout lorsqu'il s'agit de l'homme. On sait qu'elle entre manifestement en connexion avec le *corps genouillé interne*. Ce dernier ne contient que des cellules nerveuses rudimentaires (Henle) et ne peut être, par conséquent, considéré comme un centre au même titre que le corps genouillé externe. Soit après avoir traversé le corps genouillé, soit par un trajet direct, les faisceaux nerveux de la racine interne vont en définitive aboutir aux tubercules quadrijumeaux antérieurs.

Tout récemment M. Huguenin (*Arch. für psychiatric*, 1875, V Bd., fasc. 2, p. 344) a soutenu que la racine interne des nerfs optiques chez l'homme tout au moins, est anatomiquement en rapport avec les tubercules quadrijumeaux postérieurs soit directement, soit par l'intermédiaire du corps genouillé interne. D'après cela, les tubercules quadrijumeaux postérieurs ne seraient pas, chez l'homme, exclus de l'appareil des nerfs optiques, comme ils paraissent l'être chez les animaux. Cela n'est pas en contradiction avec ce qu'enseignent certains faits d'induration grise tabétique des nerfs optiques. Tout récemment encore, chez une femme ataxique, aveugle depuis une quinzaine d'années, l'induration grise des nerfs optiques pouvait être suivie au-delà du chiasma, sur les bandelettes optiques, jusqu'aux corps genouillés. Les tubercules quadrijumeaux, tant antérieurs (*nates*) que postérieurs (*testes*), avaient à peu près conservé la coloration blanche de l'état normal, mais ils avaient subi, les uns et les autres, une réduction de volume des plus manifestes [cas de la nommée

Magdaliat (1)]. J'ai observé plusieurs faits en tout semblables à celui qui précède.

Il nous faut rechercher actuellement comment ces divers amas de substance grise qui viennent d'être énumérés sont mis en relation avec l'écorce grise de l'encéphale. La connexité s'établit, ainsi que je l'ai fait pressentir, par un système de fibres qui constitue la partie la plus postérieure des radiations de la couche optique (faisceaux rayonnants cortico-optiques) et qu'on désigne quelquefois sous le nom de *radiations optiques de Gratiolet*. Vous pourrez suivre les détails anatomiques assez complexes, relatifs à ce point, sur la figure suivante que j'emprunte au travail de M. Meynert et qui concerne le singe (*Cercocebus cinomolgus.*) (*Fig. 55*).

On voit sur cette planche comment des faisceaux de fibres ou radiations, partant des corps genouillés externes, G*e* et internes G*i*, du *pulvinar* Th', des tubercules quadrijumeaux antérieurs Q*u*,—ces derniers par l'intermédiaire des bras conjonctifs antérieurs, B*s*—vont après un trajet récurrent s'associer au faisceau O*m*, qui n'est autre que l'ensemble des fibres centripètes *pédonculaires directes* dont nous avons déjà donné la description (LEÇONS VIII et IX, *Fig. 26*), et qui tiendraient sous leur dépendance la sensibilité commune de tout un côté opposé du corps.

A cet ensemble de faisceaux se trouvent mêlées sans doute des fibres provenant du tractus olfactif, par l'intermédiaire de la commissure antérieure dont les extrémités, comme on sait, suivant la description de Burdach et de Gratiolet, se dirigent en arrière, dans l'épaisseur des lobes

----

(1) Les bras conjonctifs antérieurs et postérieurs, eux aussi, étaient dans ce cas remarquablement atrophiés ; ils avaient une coloration d'un blanc mat, un peu teintée de jaune.

occipitaux et sphénoïdaux. Les faits cliniques conduisent à supposer qu'il s'y mêle aussi des fibres nerveuses entre-croisées, en rapport avec les nerfs auditifs et gustatifs. Si cette disposition, à l'heure qu'il est tout hypothétique, venait à être vérifiée anatomiquement, on comprendrait comment l'obnubilation croisée de l'odorat, du goût et de l'ouïe, font, au même titre que l'amblyopie, habituelle-ment partie intégrante du syndrôme *hémianesthésie cé-rébrale* (1).

La région de l'encéphale que je signale à votre attention et qui répond à la partie la plus postérieure du pied de la couronne rayonnante, pourrait donc être considérée, d'après ce qui précède, comme un carrefour où, dans la profondeur de l'encéphale, se rencontrent dans un espace très-circons-crit toutes les voies sensitives et sensorielles. C'est un car-refour, ce n'est pas un centre. Le centre cérébral propre-ment dit, doit être cherché sur le prolongement des fibres médullaires, dans l'écorce grise des lobes occipitaux et sphénoïdaux.

Nous aurons à revenir sur ce point, à propos des localisa-tions dans le système cortical.

III.

Vous avez pu remarquer, dans l'exposé anatomique qui vous a été présenté, que les tubercules quadrijumeaux

---

(1) D'après la théorie, les hémianesthésies cérébrales devront se distin-guer de celles qui résulteraient d'une lésion de la protubérance ou d'un pé-doncule cérébral par la non-participation, dans ces derniers cas, de la vision et de l'odorat.

sont le seul point où les faisceaux des nerfs optiques, après

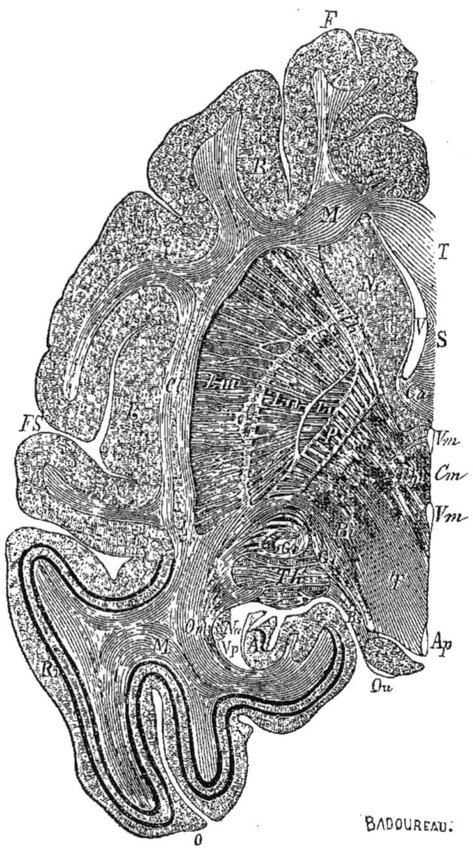

Fig. 33.—Cette figure est empruntée à l'ouvrage de M. Meynert (*Stricker's Handbuch,*
t. II. p. 721. fig. 243). Elle représente une coupe longitudinale et horizontale de la
moitié gauche du cerveau du *Cercocebus cinomolgus.*
F, extrémité frontale;—O, région occipitale.— FS, entrée de la scissure de Sylvius.—I,
insula.—Cl, avant-mur.—T, corps calleux.— S, septum.—Ca, commissure antérieure.
A, corne d'Ammon.—V, corne antérieure du ventricule latéral.—Vp, corne postérieure.
— Vm, Vm, ventricule moyen. — Cm, commissure moyenne. —Aq, aqueduc.
Li, Lii, Liii, les segments du noyau lenticulaire. — Na, tête et Nc, queue du noyau
caudé.
Th, partie de la couche optique située en avant des corps genouillés. — Th', Couche
optique; Pulvinar.
Qu, tubercules quadrijumeaux. — Gi, corps genouillé interne. — Ge, corps ge-
nouillé externe. P, pied du pédoncule cérébral.
Om, faisceaux médullaires qui, du lobe occipital, vont au pulvinar aux BS, bras des tubercules quadrijumeaux antérieurs, aux BI, bras des tubercules quadrijumeaux postérieurs, aux deux corps genouillés, au pied du pédoncule cérébral.

leur entrecroisement dans le chiasma, se rapprochent de nouveau les uns des autres, vers la ligne médiane. Est-ce sur ce point que se fait l'entrecroisement supplémentaire, qui, d'après l'hypothèse que j'ai proposée, ramènerait les nerfs optiques à la condition des autres nerfs ? C'est là une question qui, actuellement, paraît fort difficile à résoudre par les seuls moyens de l'anatomie. Sans doute, il existe sur la ligne médiane, entre les tubercules quadrijumeaux, de nombreux entrecroisements de faisceaux, constatés anatomiquement. Mais on ne saurait décider si ces fibres entrecroisées sont réellement en connexité avec les nerfs optiques et surtout si elles sont le prolongement des fibres optiques non entrecroisées dans le chiasma. L'expérimentation et surtout l'anatomie pathologique auront vraisemblablement le premier pas dans la solution de la question en litige. Déjà les expériences de Flourens ont montré chez des mammifères et des oiseaux que l'ablation des tubercules optiques ont pour effet l'amblyopie ou l'amaurose croisée. Mais il s'est agi là d'animaux dont les axes oculaires sont dirigés en dehors et chez lesquels, sans doute, l'entrecroisement dans le chiasma est complet.

Chez l'homme les éléments pour la solution du problème font encore défaut. Chez lui, les lésions des tubercules quadrijumeaux ne sont pas rares, mais elles sont ordinairement bilatérales et, en conséquence, amenant la cécité bilatérale, elles ne peuvent rien décider. De fait, on est encore à se demander, si la lésion des tubercules quadrijumeaux antérieurs produira, à l'exemple d'une lésion de la bandelette optique, l'hémiopie latérale, ou si, au contraire, elle produira l'amblyopie croisée, comme cela devrait être dans mon hypothèse. En faveur de celle-ci, je ne pourrais citer encore qu'une observation rapportée par M. le Dr Bastian, et dans laquelle une lésion unilatérale des tubercules quadrijumeaux antérieurs aurait produit l'amblyopie croisée.

Mais ce fait à l'heure qu'il est reste isolé et il est relaté d'ailleurs avec trop peu de détails pour qu'on puisse le considérer comme décisif (1).

IV.

Il me resterait à rechercher si l'amblyopie croisée est le seul genre de trouble fonctionnel de la vision qui se puisse produire par le fait d'une lésion du cerveau proprement dit, ou si, au contraire, l'hémiopie ne peut pas, elle aussi, comme l'assurent les auteurs, survenir en conséquence de certaines localisations pathologiques dans l'hémisphère. C'est là un point qu'on n'est pas en mesure, je pense, de décider quant à présent. J'incline toutefois, en l'absence d'autopsies contradictoires, à croire que, dans la majorité des faits d'hémiopie qui ont été rapportés à une lésion du cerveau, celle-ci, ou n'occupait pas les régions profondes de l'hémisphère, ou bien s'étendait jusqu'aux parties basilaires de façon à intéresser plus ou moins directement l'une ou l'autre des bandelettes optiques.

Pour montrer que les lésions de la profondeur du cerveau produisent l'hémiopie, — c'est toujours de l'hémiopie latérale qu'il s'agit en pareille circonstance, — on invoque surtout le cas où le trouble visuel se développe brusquement, à la suite d'un *ictus* apoplectique, en même temps que les membres d'un côté du corps sont frappés d'hémiplégie motrice et, quelquefois, aussi, d'anesthésie. Rien de mieux établi, en clinique, que l'existence des faits de ce genre, dont M. Schoen, tout récemment, dans un intéressant travail, citait plusieurs exemples (2). Mais le contrôle de l'autopsie a, jusqu'ici, toujours fait défaut, et l'on peut se demander si la lésion incriminée, dans ces faits, occupait

---

(1) H. C. Bastian. — *The Lancet*, 1874, 25 juillet.
(2) *Arch. der Heilkunde*, p. 19. 1875.

réellement la profondeur, ou, au contraire, la base de l'encéphale. Il paraît établi, vous ne l'avez pas oublié, que la destruction ou la compression d'une des bandelettes optiques a pour conséquence l'hémiopie latérale, et, d'un autre côté, la relation anatomique qui existe entre les bandelettes et certaines parties de l'isthme, telles, entre autres, que les pédoncules cérébraux est chose notoire. Cela étant, il ne saurait échapper qu'une lésion convenablement localisée, par exemple dans un des pédoncules cérébraux, pourra avoir pour résultat de déterminer, en même temps que l'hémiopie latérale, une hémiplégie motrice, et peut-être, en outre, l'hémianesthésie. Une lésion, telle qu'un foyer hémorrhagique brusquement développé dans l'épaisseur de la partie postérieure des couches optiques, pourrait, elle aussi, on le comprend, être suivie des mêmes effets. On ne peut, évidemment, voir, dans ces diverses combinaisons, que des phénomènes de voisinage.

Quoi qu'il en soit, il importe de reconnaître que, parmi les faits d'hémiopie latérale supposés d'origine intra-cérébrale, qui ont été rapportés, il en est un certain nombre qui échappent, en partie, à l'interprétation que je viens de proposer. Tels sont ceux, entre autres, où l'hémiopie latérale droite se développe de concert avec l'aphasie, et quelquefois, en outre, diverses modifications de la sensibilité ou du mouvement dans les membres du côté droit du corps (1). Ces faits ne constituent pas un groupe homogène; dans une première catégorie, il s'agit d'une forme particulière de la migraine (2), c'est-à-dire d'accidents

---

(1) Plusieurs faits de ce genre ont été relatés dernièrement par M. Bernhardt. (*Berliner Klin. Wochen.*, 32, 1872 et *Centralblatt*, 1872, 39), et par M. Schoen (*loc. cit.*). Voir aussi H. Jackson. — *A case of Hemiopia, with Hemianaesthesia and Hemiplegia.* In *The Lancet*, Aug. 29, 1874, p. 306.

(2) Voir sur cette forme de la migraine les travaux de Tissot, de Labarraque, de Piorry, de Latham (*On nervous sick or headache.* Cambridge, 1873) et surtout l'ouvrage récent de M. Ed. Liveing (*On megrim*, etc. London, 1873.)

essentiellement transitoires, revenant par accès, marqués surtout par la coexistence du scotôme scintillant, d'une hémiopie latérale plus ou moins prononcée, et, quelquefois, en outre, d'un certain degré d'aphasie et d'engourdissement dans la face et les membres du côté droit du corps. La céphalalgie, les nausées et les vomissements terminent habituellement la scène. Il est clair qu'on ne saurait invoquer ici l'intervention d'une altération matérielle grossière, durable. Il n'en est pas de même dans les cas de la seconde catégorie, où le concours de l'aphasie, de l'hémiplégie et de l'hémiopie existe à titre de phénomène permanent (1).

Dans l'état actuel des choses, je ne vois pas comment ces cas divers, révélés par la clinique, peuvent être anatomiquement expliqués dans l'hypothèse d'une lésion unique. Mais je ne puis que signaler ces difficultés, dont la solution est réservée à l'avenir.

---

(1) Une tumeur volumineuse, toutefois, pourrait, on le comprend, déterminer tous les accidents signalés à propos des faits de la deuxième catégorie. Cela s'est produit dans un cas publié récemment par M. Hirschberg, dans les Archives de M. Virchow (*Virchow's Archiv*, t. 65, 1 heft., p. 116.) Le malade qui fait l'objet de cette observation avait présenté, en outre d'une hémiopie latérale droite, très-caractérisée, de l'aphasie et une hémiplégie des membres du côté droit. A l'autopsie, on trouva dans l'épaisseur du lobe frontal gauche une tumeur du volume d'une pomme, caractérisée sous le nom de gliome vasculaire. Le tractus optique du *côté gauche était très-aplati*. Je ferai remarquer que les vues exposées dans la présente leçon trouvent dans ce fait leur confirmation, puisque l'hémiopie qui y est relatée pouvait être rattachée à la compression subie par le tractus optique.

DOUZIÈME LEÇON.

Des dégénérations secondaires.

Sommaire. — Région antérieure ou lenticulo-striée des masses centrales (capsule interne dans ses deux tiers antérieurs, noyau caudé et noyau lenticulaire). — Influence des lésions de ces régions sur la production de l'hémiplégie motrice. — Faits expérimentaux. — Concordance entre eux et les faits de la pathologie humaine. — Différence entre les lésions du noyau caudé et celles de la partie antérieure de la capsule interne.

Des dégénérations secondaires ou scléroses descendantes. — Lésions qui les produisent ; — importance du siége et de l'étendue de ces lésions.

Caractères des scléroses descendantes : étendue; — aspects de la lésion sur le pédoncule cérébral, la protubérance, la pyramide antérieure et le faisceau latéral de la moelle.

Analogies et différences entre les scléroses latérales consécutives de cause cérébrale et les scléroses fasciculées primitives des faisceaux latéraux. — Symptômes liés aux scléroses secondaires : impuissance motrice, contracture permanente. — Atrophie musculaire produite par l'extension de la sclérose latérale aux cornes de substance grise.

Sclérose descendante consécutive à une lésion du système cortical. — Démonstration des fibres pédonculaires directes : faits anatomo-pathologiques. — Le siége des lésions corticales qui produisent des dégénérations secondaires répond au siége des centres dits psycho-moteurs.

Messieurs,

Nous devons actuellement porter de nouveau notre attention, sur la *région antérieure des masses centrales*, afin d'étudier de plus près, au point de vue de l'anatomie et de la physiologie pathologiques, les effets des lésions qui s'y produisent.

Cette région qu'on pourrait désigner sous le nom de *lenticulo-striée*, par opposition à la région postérieure ou *lenticulo-optique*, comprend, vous ne l'avez pas oublié : 1°

les deux tiers antérieurs de ce tractus blanc qu'on appelle la capsule interne ; 2º en dedans de celle-ci, la grosse extrémité ou tête du noyau caudé; 3º en dehors, du côté de l'insula, les deux tiers antérieurs environ du noyau lenticulaire.

L'observation — et il s'agit ici d'une observation bien des fois répétée — démontre, ainsi que je l'ai fait remarquer déjà dans le cours de ces leçons (LEÇONS VIII et IX, p. 89-90), que l'hémiplégie motrice vulgaire, sans accom-

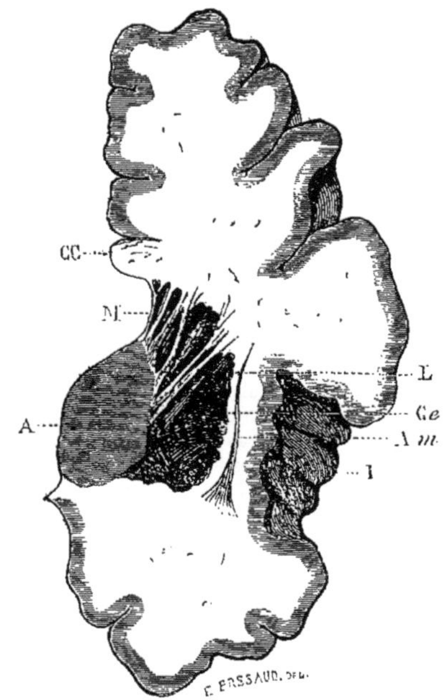

Fig. 34. — A, couche optique. — Am, avant-mur. — CC, corps calleux. — Ce, capsule externe. — I, insula. — L, foyer de ramollissement ancien de la partie moyenne du noyau caudé et de la capsule interne. Le foyer, qui consiste en une sorte de large caverne, n'est séparé du ventricule latéral que par la membrane épendymaire, M, qui a résisté.

pagnement de troubles de la sensibilité est la conséquence, en quelque sorte fatale, de toutes les lésions, même minimes, qui s'établissent dans les diverses parties que je viens d'énumérer, à la condition toutefois que les lésions en

question produisent la destruction ou la brusque compression des éléments nerveux de la circonscription affectée et
non pas seulement un simple déplacement lentement effec-
tué, comme cela se voit si souvent dans les cas de tumeurs.

J'ai fait remarquer, en outre, qu'à cet égard, il y a lieu
d'établir une importante distinction. C'est ainsi, que les lésions, même étendues et profondes, qui restent limitées
dans la sphère des noyaux gris, (noyau caudé ou noyau lenticulaire), ne déterminent, en règle générale, que des symptômes relativement peu accentués et peu durables, tandis
que les lésions relativement légères qui intéressent le tractus blanc (capsule interne) donnent lieu à une hémiplégie
motrice non-seulement très-prononcée, mais encore de
longue durée, souvent même incurable. (*Fig. 54.*)

Je voudrais rechercher avec vous la raison de ces différences. Je m'occuperai d'abord de l'intensité relative des
symptômes paralytiques dans le cas des lésions de la capsule interne, comparée à leur faible degré dans le cas de
lésions limitées aux noyaux gris, après quoi j'envisagerai le
caractère transitoire de l'hémiplégie dans les cas du dernier genre, par opposition à la permanence qu'offre ce
symptôme, à peu près nécessairement, lorsqu'il s'agit d'une
lésion de la capsule interne.

I.

Pour ce qui a trait au premier point, je vous remettrai
en mémoire, une fois de plus, quelques-unes des particularités de la constitution anatomique de la capsule interne.
Ce tractus contient, vous ne l'avez pas oublié : 1° des
fibres *pédonculaires directes*, c'est-à-dire nées sous l'écorce

grise et qui pénètrent dans l'étage inférieur du pédoncule cérébral sans s'être mises en rapport avec les noyaux gris lenticulaire ou caudé ; 2° des *fibres pédonculaires indirectes* lesquelles, au contraire, prennent leur origine dans le noyau lenticulaire ou le noyau caudé et n'ont aucune relation avec l'écorce grise. Nous faisons abstraction, en ce moment, des faisceaux de fibres qui s'étendent de la substance corticale aux noyaux gris des masses centrales.

Nous supposerons que les diverses fibres pédonculaires, les directes comme les indirectes, sont des fibres à direction centrifuge et qu'elles transmettent à la périphérie l'influence motrice développée soit dans l'écorce grise du cerveau, soit dans les noyaux gris lenticulaire et caudé.

Dans cette hypothèse, il est facile de comprendre qu'une lésion un peu accentuée portant sur la capsule interne, principalement sur la partie la plus inférieure, au voisinage du *pied* du pédoncule cérébral, là où toutes les fibres sont rassemblées dans un espace étroit, aura pour effet de supprimer du même coup l'influence de l'écorce grise et celle des deux noyaux gris, tandis qu'au contraire une lésion, limitée au noyau lenticulaire, laissera subsister l'action du noyau caudé et celle de l'écorce grise. On imagine aisément les effets des diverses combinaisons qui pourront se produire dans ce genre : lésion du noyau caudé, de certaines régions de l'écorce grise, des deux noyaux gris à la fois, avec ou sans participation des fibres pédonculaires de la capsule interne.

Je n'attache pas à cette vue théorique plus d'importance qu'elle n'en comporte. Je ferai remarquer, toutefois, qu'elle s'adapte assez bien aux faits relevés par l'observation clinique chez l'homme ; j'ajouterai qu'elle n'est en rien contredite — vous allez en juger — par les expériences faites chez les animaux.

On sait depuis longtemps (1) que les troubles moteurs produits chez la plupart des animaux par la destruction méthodique des diverses parties de l'encéphale, du cerveau en particulier, s'éloignent, d'une façon générale, considérablement de ceux qui se manifestent chez l'homme, en conséquence des lésions que la maladie détermine dans les parties correspondantes.

Dans l'interprétation de ces faits expérimentaux, et dans leur application à la pathologie humaine, il convient de tenir compte, entre autres circonstances, de l'espèce plus ou moins inférieure de l'animal, de son âge plus ou moins avancé. Ainsi, l'ablation de tout un hémisphère cérébral, chez un pigeon, et, à plus forte raison chez un reptile, ne produit pas de trouble moteur qu'on puisse comparer à une hémiplégie. Les choses se passent à peu près de la même façon chez le lapin. Une faiblesse à peine accentuée dans les membres d'un côté du corps, chez cet animal, est la seule conséquence d'une pareille lésion ; la station et le saut sont encore possibles, alors que le cerveau tout entier a été détruit, pourvu, toutefois, que la protubérance demeure intacte (2). Chez le chien, les résultats sont déjà très-notablement différents. Si je m'en rapporte même aux dernières expériences faites, dans le laboratoire de M. Vulpian, par MM. Carville et Duret, les accidents qui, chez cet animal, succèdent à l'ablation méthodique des diverses parties du cerveau, se rapprocheraient beaucoup de ceux qu'on observe chez l'homme, dans les cas de lésions en foyer des hémisphères cérébraux.

Il est au moins très-vraisemblable que ce rapprochement serait plus complet et plus manifeste encore si l'expérimentation portait sur le singe.

---

(1) Voir à ce sujet Longet. — *Traité de physiologie*, t. III, p. 431, et Vulpian. — *Leçons sur la physiologie générale*, etc., p. 676.
(2) Vulpian, Longet.

Voici, d'ailleurs, l'exposé sommaire des principaux résultats obtenus dans leurs expériences par MM. Carville et Duret : 1° L'ablation, chez le chien, de la substance grise dans les régions dites motrices de l'écorce cérébrale détermine une parésie temporaire dans les membres du côté opposé du corps; 2° L'extirpation du noyau caudé détermine une parésie analogue, mais plus accentuée. Il ne saurait être question, quant à présent, du noyau lenticulaire dont l'ablation isolée, en raison

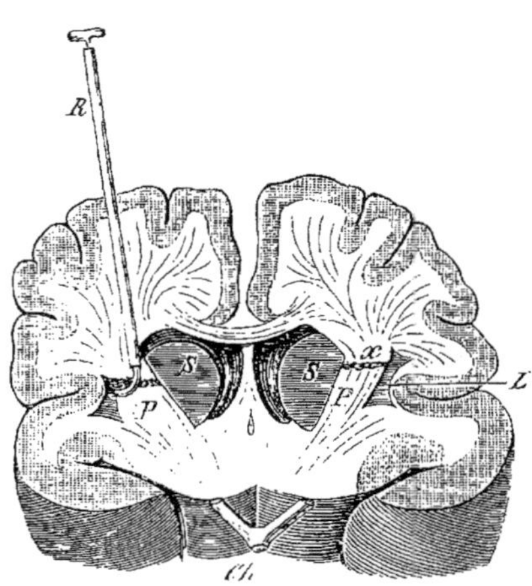

Fig. 35. — *Coupe transversale d'un cerveau de chien, cinq millimètres en avant du chiasma des nerfs optiques.* — S, S, les deux noyaux caudés du corps strié. — L, noyau lenticulaire. — P, P, expansion pédonculaire (capsule interne). — *Ch*, chiasma des nerfs optiques. — *x*, section de la capsule interne (région antérieure ou lenticulo-striée), produisant l'hémiplégie du côté opposé du corps sans anesthésie. — R, stylet à ressort de Veyssière, opérant la section de la capsule interne.

de sa position topographique, n'a pu être effectuée (1) ; 3° Si la lésion porte, au contraire, sur la partie inférieure de la capsule interne, il se produit du côté opposé du corps, dans le membre antérieur et dans le postérieur, non plus une simple parésie, mais bien une paralysie motrice bien dessinée et qui rappelle l'hémiplégie qu'on observe chez l'homme en conséquence de la lésion de ces mêmes parties. (*Fig. 55*). Tenu suspendu par la peau du dos, l'animal ainsi opéré peut encore reposer sur ses membres sains,

---

(1) Il est difficile d'utiliser à cet égard les expériences de M. Nothnagel faites à l'aide d'injections caustiques. Ces injections ont à peu près nécessairement pour effet de déterminer des phénomènes d'excitation qui compliquent assurément la situation.

mais les membres affectés pendent flasques, inertes et ne sont plus susceptibles que de mouvements purement réflexes.

En somme, vous le voyez, Messieurs, d'après ces intéressantes recherches qui méritent d'être reprises et multipliées, la contradiction depuis longtemps signalée entre les animaux et l'homme, relativement à l'influence des diverses parties d'un hémisphère du cerveau sur le mouvement des membres du côté opposé du corps, cette contradiction, dis-je, semble ne plus exister

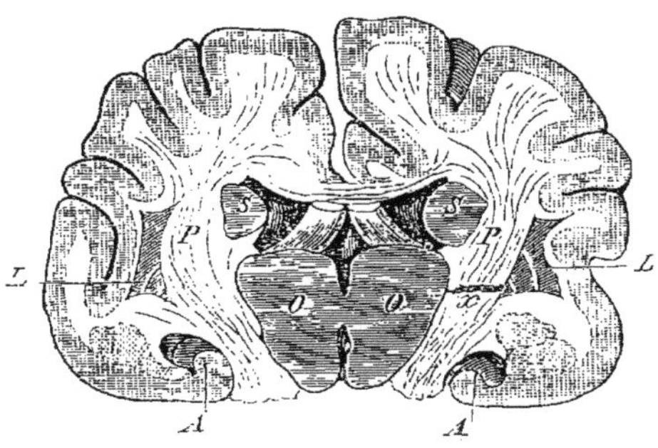

Fig. 36. — Coupe transversale du cerveau du chien au niveau des tubercules mamillaires. — O, O, couches optiques. — S, S, noyaux caudés. — L, L, noyaux lenticulaires. — P, P, capsule interne, région postérieure ou lenticulo-optique. — A, A, cornes d'Ammon, — x, section de la partie postérieure ou lenticulo-optique de la capsule, déterminant l'hémianesthésie. (Cette figure est empruntée, ainsi que la précédente, au mémoire de MM. Carville et Duret, inséré dans les Archives de physiologie normale et pathologique, 1875, p. 468 et 471.)

lorsque, pour terme de comparaison on fait appel à des espèces relativement haut placées dans l'échelle animale. (*Fig. 56*).

C'est peut-être ici le lieu de rappeler que chez le chien encore — ainsi que cela résulte de ces mêmes expériences de MM. Carville et Duret et de celles de M. Veyssière, — les lésions de la partie postérieure de la capsule interne produisent, ainsi que cela s'observe chez l'homme, l'hémianesthésie croisée.

II.

Les considérations qui viennent d'être exposées peuvent être utilisées, si je ne me trompe, pour faire comprendre pourquoi les hémiplégies résultant des lésions destructives, limitées à la substance des noyaux gris, en règle générale, sont passagères, tandis que celles qui résultent de lésions intéressant la substance de la capsule interne sont, au contraire, de longue durée, et souvent même absolument incurables.

On conçoit aisément, dans l'hypothèse proposée, comment le noyau lenticulaire, le noyau caudé et les régions dites motrices de l'écorce grise des hémisphères, pourront se suppléer mutuellement dans leurs fonctions tant que les faisceaux conducteurs qui forment la capsule auront conservé leur intégrité et continueront à entretenir la relation entre l'un quelconque des centres gris en question, et les parties périphériques, tandis que cela ne saurait plus avoir lieu, dès que la continuité de ces faisceaux aura été décidément interrompue.

J'ajouterai que, suivant toute vraisemblance, la suppléance peut s'établir, non-seulement entre les divers noyaux gris, mais encore entre les diverses parties d'un même noyau gris. Il est démontré, tout au moins en ce qui concerne le noyau caudé du corps strié, que les lésions destructives partielles portant sur les régions les plus diverses de ce noyau, se traduisent uniformément par une hémiplégie plus ou moins accentuée et transitoire, mais totale, c'est-à-dire intéressant à la fois la face et les membres. Il n'y a, à cet égard, aucune différence à relever entre la tête, la queue et la partie moyenne du noyau caudé. Il semble, d'après cela, ainsi que l'a fait remarquer avec raison M. H. Jackson, que chaque parcelle du corps strié représente, en petit, le corps strié tout entier. L'expérimenta-

tion, d'ailleurs, donne des résultats conformes à ceux fournis par l'observation clinique, en montrant que les excitations partielles du noyau caudé, produisent toujours,
quoiqu'on fasse, des mouvements d'ensemble dans le côté
opposé du corps et jamais des mouvements dissociés, localisés
par exemple dans un membre ou une partie d'un membre (1).

Dans le cas d'une lésion destructive de la capsule interne,
une lente régénération des éléments nerveux pourrait
seule, au contraire, permettre le rétablissement graduel des
fonctions. Or, ce travail de restitution, s'il s'accomplit en
réalité quelquefois, ne se produit en tout cas, très-certaine-
ment, que dans des circonstances exceptionnelles. Il est mis
hors de doute, en effet, par des observations aujourd'hui très-
nombreuses que les foyers qui détruisent, dans une certaine
étendue, les fibres motrices de la capsule interne ont pour
conséquence à peu près obligatoire la production d'une
lésion fasciculée qui, commençant immédiatement au-
dessous du foyer, peut être suivie, du côté correspondant,
dans le pied du pédoncule, la protubérance, la pyramide
antérieure, jusqu'au niveau de l'entrecroisement bulbaire,
et, au-dessous de ce dernier, dans la moelle épinière du
côté opposé au foyer, tout le long du faisceau latéral
jusque dans le renflement lombaire.

III.

Je crois opportun d'entrer actuellement dans quelques
développements à propos de l'anatomie et de la physiologie
pathologiques de ces *dégénérations secondaires* ou *scléroses descendantes*, comme on peut les appeler encore.
C'est, qu'en effet, elles sont incontestablement une des

______

(1) Expérience de Ferrier, Carville et Duret.

causes principales de la persistance de l'impuissance motrice, dans les cas qui nous occupent. Il faut également, à mon avis, leur rapporter, pour la majeure partie, la *contracture permanente*, dite *tardive* (1), qui, dans ces mêmes cas, s'empare tôt ou tard des membres paralysés, et joue, d'une façon générale, un rôle prédominant dans le pronostic des hémorrhagies de cause cérébrale.

1° Arrêtons-nous tout d'abord devant un fait qui domine réellement la question : les lésions cérébrales en foyer, considérées relativement au siége qu'elles occupent, ne sont pas toutes également propres à déterminer la production des scléroses consécutives.

Ainsi, parmi ces lésions, il en est qui ne sont jamais suivies de scléroses descendantes, tandis que d'autres les provoquent, pour ainsi dire, à coup sûr. Au second groupe appartiennent les lésions destructives, même circonscrites, qui, suivant l'importante remarque de L. Türck, intéressent les faisceaux de la capsule interne, dans leur trajet entre le noyau lenticulaire et le noyau caudé, c'est-à-dire dans les deux tiers antérieurs de la capsule. Par contre, les lésions qui demeurent limitées à la substance des noyaux gris des masses cérébrales, à savoir : le noyau lenticulaire, le noyau caudé, et enfin la couche optique, ne produisent pas la sclérose consécutive.

Ce fait remarquable a été parfaitement mis en lumière par L. Türck (2), dès 1851. Nous en avons reconnu la par-

---

(1) On doit, comme on le sait, au Dr Todd, d'avoir établi une distinction entre la *contracture précoce* et la *contracture tardive* des membres chez les apoplectiques. La première se montre dès le début et est toujours à peu près constamment transitoire ; l'autre n'apparaît guère que du quinzième au trentième jour après l'attaque, siége toujours dans les membres du côté opposé à la lésion, et s'y établit le plus souvent d'une façon permanente.

(2) L. Türck. — *Ueber Secundäre Erkrankung eingelner Rückenmarkstrange und ihrer forsetzungen zum Gehirne.* — Sitzungber. der math-natur. Class. d. K. AK. 1851. — Idem XI. Bd. 1853.

faite exactitude, M. Vulpian et moi, dans les recherches que nous avons faites en commun, sur ce sujet, à la Salpétrière, de 1861 à 1866 (1). Les importants travaux de M. Bouchard l'ont également confirmé (2). Nous avons constaté aussi, après L. Türck, un certain nombre d'autres faits, non moins intéressants, dont voici l'énoncé :

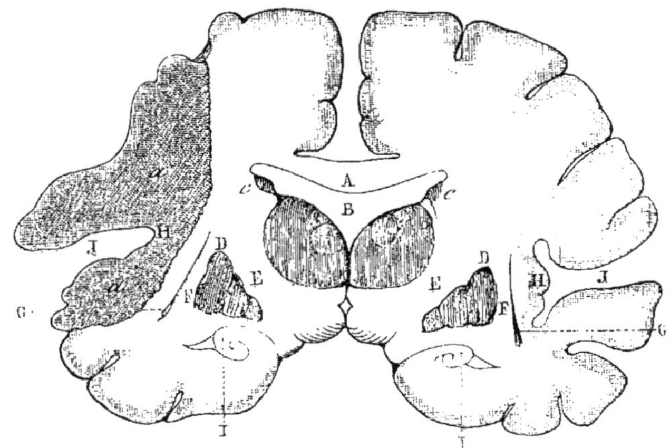

Fig. 37. — Ramollissement ischémique du système cortical, sans participation des masses centrales. — H, le foyer de ramollissement. — J, la scissure de Sylvius. — E, capsule interne. — D, noyau lenticulaire. — F, capsule externe. — G, avant-mur. Il existait dans ce cas une lésion descendante très-accentuée.

2° Les foyers situés en dehors des masses centrales, dans le centre ovale de Vieussens, pour peu qu'ils atteignent certaines dimensions produisent encore la sclérose descendante, à condition qu'ils ne soient pas trop éloignés du pied de la couronne rayonnante.

3° Les lésions de la substance grise corticale des hémisphères, lorsqu'elles sont très-superficielles, telles, par exemple, que le sont habituellement celles qui accompagnent les méningites, ne produisent pas la sclérose descendante.

(1) A Vulpian. — *Physiologie du système nerveux*, Paris, 1866.
(2) Ch. Bouchard. — *Des dégénérations secondaires de la moelle épinière.* In *Arch. gén. de médecine*, 1866.

4° Au contraire, les lésions corticales, à la fois étendues en surface et en profondeur, c'est-à-dire intéressant en même temps la substance grise et la substance médullaire sous-jacente, ainsi qu'on le voit dans les cas de ramollissement ischémique, résultant par exemple de l'oblitération d'une branche volumineuse de l'artère sylvienne (voir la *Fig.* 57), ces lésions-là, dis-je, *alors même qu'il n'existe aucune participation des masses centrales,* déterminent, *dans de certaines conditions,* des scléroses consécutives aussi prononcées que celles qui dépendent d'une lésion des régions antérieures de la capsule interne.

Parmi ces conditions, il en est une capitale, relative au siége du foyer cortical et qui mérite d'être relevée tout particulièrement. Il résulte, comme on le verra, de mes observations que les ramollissements superficiels (plaques jaunes) étendus, lorsqu'ils occupent soit le lobe occipital,

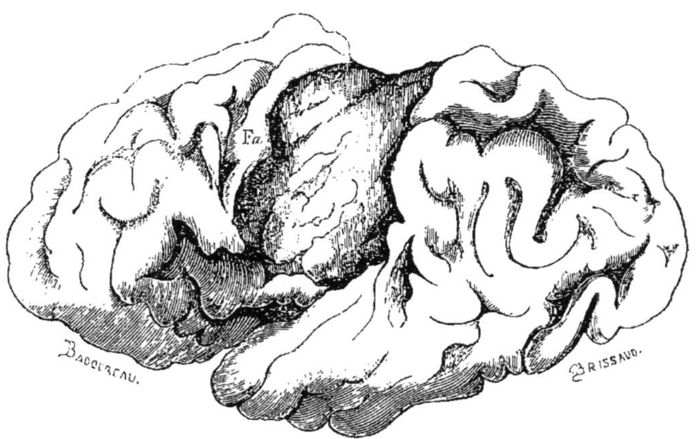

Fig. 38. — Vaste foyer de ramollissement cortical ayant détruit la circonvolution pariétale ascendante, une bonne partie de la circonvolution frontale ascendante, et la plus grande partie de la circonvolution de l'insula. Les masses centrales étaient indemnes.

soit les parties postérieures du lobe temporal ou encore le lobe sphénoïdal, soit enfin les régions antérieures du lobe

frontal ne sont pas suivis de scléroses fasciculées consécutives, tandis qu'il est de règle que celles-ci surviennent,
au contraire, lorsque le foyer intéresse les deux circonvolutions ascendantes (pariétale ascendante, frontale ascendante) et les parties attenantes du lobe pariétal et du lobe
frontal. (*Fig. 58*). Je reviendrai plus loin d'une façon
toute spéciale sur ce point important que je ne fais qu'indiquer pour le moment.

5° En somme, le siége et l'étendue de la lésion paraissent
être, dans l'espèce, les deux conditions fondamentales ; la
nature de l'altération n'a pas d'influence marquée. Le siége
et l'étendue voulus étant donnés, pourvu qu'il s'agisse
d'une lésion destructive, c'est-à-dire capable d'interrompre
le cours des fibres médullaires, la sclérose descendante
devra s'en suivre. Les foyers d'hémorrhagie et de ramollissement, les encéphalites simples ou syphilitiques occupent à cet égard à peu près le même rang. Il n'en est pas de
même de certaines tumeurs qui, pendant une longue période de leur évolution, ne font que refouler et écarter les
éléments médullaires sans en interrompre la continuité.
C'est pourquoi elles peuvent se rencontrer, même dans les
régions de l'écorce signalées plus haut comme des lieux
d'élection, sans accompagnement de scléroses fasciculées
consécutives.

IV.

Relativement à l'anatomie des scléroses fasciculées,
je renvoie pour les détails à l'important mémoire publié par
M. Bouchard. Je me bornerai ici à vous remémorer quelques
faits auxquels nos études actuelles prêtent un intérêt particulier.

1° Je vous rappellerai d'abord que les scléroses consécutives à une lésion en foyer d'un hémisphère cérébral occupent toujours une moitié du système des faisceaux latéraux. Elles sont plus ou moins accentuées, plus ou moins étendues suivant la largeur du faisceau ; mais toujours elles l'envahissent dans la totalité de sa longueur, jusqu'à l'extrémité inférieure du renflement lombaire ; jamais elles ne s'arrêtent en chemin. Elles sont toujours *descendantes*, en ce sens que, prenant origine au niveau du point lésé, elles se propagent seulement au-dessous de ce point. On ne peut pas les suivre au-dessus, du côté de l'écorce grise. Il ne faut pas considérer comme le fait d'une sclérose consécutive, les atrophies d'une ou plusieurs circonvolutions ou même de l'hémisphère tout entier qui s'observent lorsqu'une lésion centrale en foyer s'est développée chez de très-jeunes sujets. Il s'agit là d'un arrêt de développement comparable à l'atrophie que, dans les mêmes circonstances, présentent les membres du côté du corps frappé d'hémiplégie (hémiplégie spasmodique infantile).

2° Le seul examen macroscopique, dans les cas un peu anciens et un peu accentués, permet déjà de reconnaître quelques-uns des caractères les plus saillants de l'altération. Supposons qu'il s'agisse d'un foyer ochreux interrompant dans l'hémisphère gauche le cours des fibres de la capsule interne dans son tiers moyen. En pareil cas, le pied du pédoncule cérébral du côté gauche paraîtra plus aplati et plus étroit que celui du côté opposé. De plus, on y remarquera une bande grisâtre siégeant sur la partie moyenne du pédoncule(1) et qui, sur une coupe antéro-postérieure, ne s'étendra pas au-delà de la couche grise de Sœmmering.— La coloration grise disparaît au niveau de la protubérance ; on la retrouve au-dessous de celle-ci, dans le bulbe, où elle

---

(1) Le siége qu'occupe cette bande varie suivant le siége de la lésion centrale ; elle se rapproche d'autant plus du bord interne du pied du pédoncule, que la lésion de la capsule est située plus en avant.

occupe la pyramide antérieure dans toute son étendue du côté correspondant à la lésion cérébrale ; la pyramide lésée est d'ailleurs étroite et aplatie ; par en bas, les dentelures de l'entrecroisement bulbaire y apparaissent plus nettement que dans les conditions normales par suite du contraste qui existe entre le côté sain et le côté malade. — Au-dessous de l'entrecroisement, c'est dans la moitié de la moelle, opposée à l'hémisphère lésé et plus explicitement dans le faisceau latéral que l'altération scléreuse doit être cherchée ; la région lésée apparaît sous la forme d'un espace triangulaire, de coloration grise, situé immédiatement en dehors et en avant de la corne grise postérieure correspondante et dont l'étendue s'amoindrit progressivement à mesure que les sections portent sur des régions de la moelle, de plus en plus inférieures.

3° L'étude, faite à l'aide du microscope sur des coupes convenablement durcies et préparées, concourt puissamment à compléter ces données. Elle fournit, en premier lieu, le moyen de déterminer avec plus d'exactitude la topographie de la lésion, et de faire reconnaître par exemple, dans la moelle, la limitation précise, systématique, à l'aire des faisceaux latéraux. Les autres faisceaux blancs, et les cornes grises, restent parfaitement indemnes. On constate en même temps que les racines nerveuses, tant antérieures que postérieures, que les méninges ne présentent aucune trace d'altération. Enfin, l'examen microscopique fait reconnaître encore la nature du processus morbide et met en évidence les caractères d'une induration grise, d'une sclérose qui ne diffère en rien d'essentiel de celle qui s'observe dans le cas de sclérose fasciculée primitive (1).

---

(1) L'extension, dans certains cas, de la lésion au-delà de ses limites habituelles, l'envahissement, par exemple, des cornes grises antérieures dont il sera question plus loin, est incontestablement un des arguments les plus décisifs qu'on puisse invoquer pour établir la nature irritative du processus morbide.

4° C'est ici le lieu de faire remarquer les analogies qui, au point de vue anatomo-pathologique, existent entre les scléroses fasciculées consécutives de cause cérébrale, et ces scléroses fasciculées primitives et symétriques des faisceaux latéraux que je décrivais l'an passé à propos des amyotrophies spinales.

Ces analogies sont considérables, puisqu'une même altération, l'induration grise, se montre localisée, dans les deux cas, dans le même système. Mais il y a aussi des différences qui méritent d'être signalées : ainsi, dans les scléroses primitives, la lésion fasciculée est nécessairement double, c'est-à-dire qu'elle occupe le système des faisceaux latéraux des deux côtés à la fois, et non pas d'un seul côté, comme cela a lieu toujours dans la sclérose consécutive, lorsque le foyer qui en a été le point de départ est unilatéral. J'ajouterai qu'elle est toujours beaucoup plus étendue dans le sens transversal, et qu'il y a lieu de

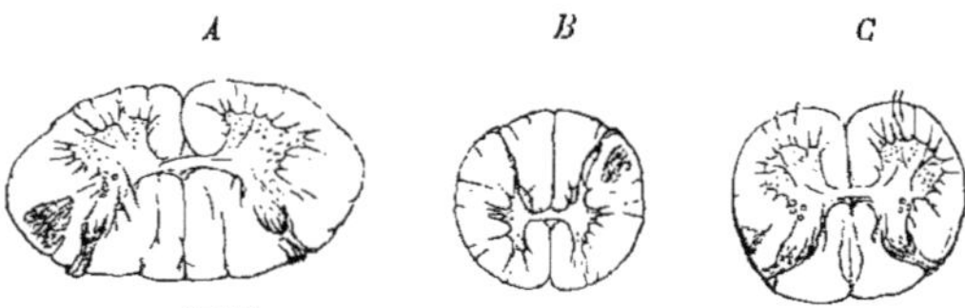

Fig. 39, 40, 41. — Coupes transversales de la moelle épinière, chez une malade atteinte de dégénération secondaire (sclérose fasciculée latérale consécutive de cause cérébrale) à la suite d'un ramollissement cérébral ayant intéressé les lobes opto-striés et la capsule interne dans l'hémisphère droit.
A, région cervicale. — B, région dorsale. — C, région lombaire. On voit la sclérose descendante occuper dans le renflement cervical la partie cervicale du faisceau latéral et devenir superficielle à la région lombaire.

croire, d'après cela, qu'en outre des fibres cérébro-spinales ou pyramidales seules affectées dans la sclérose consécutive, elle envahit le système des fibres spinales propres au faisceau latéral. (Comparer les *Fig. 39, 40* et *41*, et les *Fig. 42, 43* et *44*.)

Enfin, la sclérose primitive a une grande tendance à envahir dans les régions spinales voisines, soit les faisceaux blancs,

soit surtout les cornes antérieures de substance grise, ce
que ne fait pas, dans la règle, la sclérose consécutive (1).

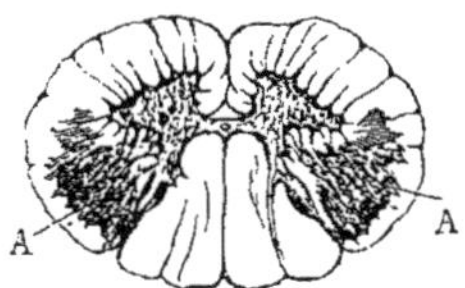

Fig. 42.

Fig. 42. — Coupe transversale de la moelle épinière passant par la partie moyenne du
renflement cervical.

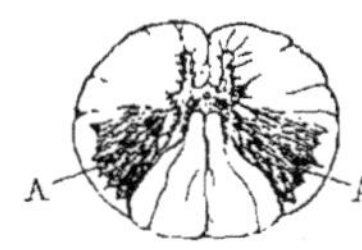

Fig. 43.

Fig. 43. — Coupe
transversale passant
par le milieu de la
région dorsale.

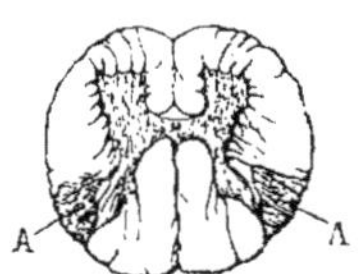

Fig. 44.

Fig. 44. — Coupe trans-
versale passant par le milieu du renflement lombaire.

Il y a cependant, sous ce rapport, le chapitre des exceptions

---

(1) Voici quelques détails plus précis relativement aux différences qui
existent, anatomiquement, entre la sclérose latérale consécutive, et la sclérose latérale primitive, amyotrophique. Il s'agit d'observations faites sur
des coupes transversales durcies, alors même que, dans le bulbe, la sclérose,
secondaire a intéressé à peu près toutes les fibres de la pyramide antérieure
la lésion n'occupe dans le faisceau latéral de la moelle qu'une région relativement étroite. Celle-ci se présente, sur une coupe transverse faite au
renflement cervical, sous l'apparence d'un triangle, à bords bien nettement délimités, dont le sommet est dirigé en dedans vers l'angle qui sépare
les cornes grises antérieures des postérieures et dont la base, un peu arron-
die, n'atteint jamais la zone corticale de la moelle et, de plus, n'intéresse pas
davantage le bord antéro-externe de la corne postérieure. (*Fig. 59.*) Dans
la région dorsale, la partie sclérosée diminue progressivement de diamètre et
tend à revêtir la forme ovalaire. (*Fig. 40.*) Enfin, dans le renflement lombaire (*Fig. 41*), c'est de nouveau, comme dans la région cervicale, un espace
triangulaire, mais dont la base devenue tout-à-fait superficielle confine à
la pie-mère.

Dans la sclérose latérale primitive, la zone scléreuse occupe d'une façon
générale, la même région que dans le cas précédent, mais ses limites sont
beaucoup plus étendues. Ainsi, en avant, la lésion tend à envahir le domaine
des zones radiculaires antérieures, et, en dedans, elle s'avance jusqu'au contact de ce faisceau de fibres nerveuses, peut-être sensitives, qui constituent la
partie profonde des faisceaux latéraux. (Voir *Fig. 42, 43, 44*). Il faut
ajouter que les bords de la tache scléreuse sont ici diffus, mal délimités. Dans quelques cas, on les trouve, en dedans, pour ainsi dire confondus
avec la substance grise. On sait que celle-ci est régulièrement envahie par
l'altération scléreuse dans le cas de sclérose latérale amyotrophique, tandis
que cela n'a lieu que d'une façon tout-à-fait exceptionnelle dans la sclérose
consécutive de cause cérébrale.

Il y a lieu de penser, en considérant ce qui précède, que la sclérose consécutive n'affecte qu'une partie des fibres nerveuses qui forment les faisceaux
latéraux, à savoir les fibres cérébro-spinales; tandis que, dans la sclérose
primitive, il y a envahissement du système latéral tout entier comprenant

qui sont, comme on le verra dans un instant, pour le point de vue que nous envisageons en ce moment, particulièrement intéressantes.

IV.

Les faits, rassemblés chemin faisant dans l'exposé qui précède, nous mettent à même de justifier la proposition qui inaugure le présent chapitre. Nous venons d'établir qu'au point de vue anatomique, il existe une analogie considérable entre les formes primitives et la forme consécutive de la sclérose fasciculée latérale. Cette assimilation peut être poursuivie sur le terrain de la clinique. On sait, en effet, que l'impuissance motrice, une contracture passagère d'abord, puis permanente des membres, avec trépidation spontanée ou provoquée, etc., forment l'ensemble symptomatique qui révèle, pendant la vie, l'existence des scléroses spinales fasciculées, primitives, c'est-à-dire indépendantes de toute lésion cérébrale. Or, tous ces symptômes se reproduisent avec leurs caractères essentiels, dans les cas de sclérose consécutive à une lésion du cerveau, et constituent, en définitive, le tableau clinique de l'hémiplégie permanente, vulgaire. On peut donc dire aujourd'hui qu'entre la lésion « sclérose latérale » et le phénomène « contracture permanente, » il existe une relation dont à la vérité la raison physiologique nous échappe complétement, quant à présent, mais dont la réalité néanmoins est établie sur un grand nombre d'observations (1).

non-seulement les fibres cérébro-spinales et pyramidales, mais encore des fibres propres, qui commencent dans la moelle et s'y terminent, des fibres à proprement parler spinales.

(1) La contracture permanente des membres, comme le montre entre autres l'histoire de l'hystérie, peut se montrer sans accompagnement de sclérose spinale latérale ; mais, lorsque cette lésion existe, la contracture permanente est un de ses symptômes habituels.

Ce n'est pas, dans mon opinion, la rétraction de la cicatrice cérébrale, comme le veut le docteur Todd, non plus que l'encéphalite survenue au voisinage du foyer, comme le soutiennent actuellement encore beaucoup d'auteurs, qui pourront rendre compte de l'apparition des contractures dites tardives, chez les hémiplégiques ; c'est au contraire l'existence d'une myélite chronique, produite dans le faisceau latéral, en conséquence de la lésion du cerveau, qu'il convient de faire intervenir ici. Je m'abstiendrai d'entrer à ce propos dans une discussion en règle, et je vous renverrai une fois encore, au travail déjà cité de M. Bouchard, où nous trouvons rassemblés tous les documents qui peuvent être invoqués en faveur de l'opinion que je soutiens.

Développée à l'occasion d'une lésion cérébrale en foyer, la sclérose consécutive acquiert, vous le voyez, à un moment donné, une existence en quelque sorte indépendante, autonome ; elle se traduit par des symptômes particuliers. Il peut arriver que, en raison même de cette autonomie, la lésion se répande au-delà des limites qui lui sont d'habitude assignées dans les faisceaux latéraux et envahisse dans la moelle des territoires voisins, les cornes de substance grise, par exemple : on comprend qu'en pareil cas d'importantes modifications puissent survenir dans le tableau symptomatique ; c'est ainsi que les muscles des membres paralysés qui, d'ordinaire, dans l'hémiplégie permanente, conservent pendant fort longtemps leur texture normale, et ne s'amaigrissent qu'à la longue, subissent dans certains cas une atrophie dégénérative plus ou moins rapide, en même temps que la rigidité déterminée par la contracture fait place de nouveau à la flaccidité. Dans plusieurs exemples de ce genre, nous avons constaté, M. Pierret et moi, en outre de la sclérose latérale classique, une lésion de la corne grise antérieure du même côté, ayant amené la destruction des grandes cellules nerveuses de la région. L'envahissement des cornes grises postérieures pourrait expliquer de la même façon l'apparition dans l'hémiplégie vulgaire, de certaines anesthésies partielles. Enfin, l'extension du processus irritatif, soit à toute l'étendue du faisceau latéral du côté correspondant, soit même au faisceau latéral du côté opposé, rendra compte sans doute du fait que, contrairement à l'observation commune, la contracture prédomine quelquefois considérablement, à un moment donné, dans le membre inférieur, ou s'étend même parfois au membre inférieur du côté opposé (1).

V.

Je ne me suis guère occupé, jusqu'ici de la sclérose fasciculée d'origine cérébrale, qu'en tant qu'elle dépend d'une lésion des masses centrales ; je voudrais maintenant m'arrêter un instant sur celle qui se produit à la suite d'une lésion du système cortical. En tant qu'affection spinale ou bulbaire, la sclérose latérale, dans ce dernier cas, ne diffère aucunement de ce qu'elle est dans le premier. Les conditions particulières de développement constituent seules une différence et motivent quelques nouveaux détails.

Vous n'avez pas oublié comment nous avons été conduits à admettre, à titre d'hypothèse très-vraisemblable, l'existence de *fibres pédonculaires directes*, c'est-à-dire qui, après leur issue du *pied* du pédoncule, traverseraient la capsule interne sans entrer dans les noyaux gris des masses centrales, et ne s'arrêteraient, par conséquent, que dans la substance grise corticale; en outre des arguments déjà mis en œuvre, quelques faits d'expérimentation peuvent être invoqués encore en faveur de l'existence de telles fibres, même chez des animaux placés assez bas dans

---

(1) Voir à ce propos Bastian. — *Paralysis from Brain Diseases*, etc., p. 141. London 1873.

l'échelle, le lapin, par exemple. Ainsi, dans les expériences déjà citées de M. Gudden (1) et pratiquées, nous le savons, chez de très-jeunes animaux, on voit, huit mois après l'ablation des parties antérieures d'un hémisphère, — les masses centrales, couche optique et corps strié, étant demeurées intactes, — on voit, dis-je, après cette mutilation, la capsule interne du côté correspondant s'atrophier d'une façon remarquable. Il est clair que cette atrophie n'aurait pas lieu, si la capsule interne, comme le veulent quelques anatomistes, était exclusivement composée de *fibres pédonculaires indirectes*, c'est-à-dire se terminant dans l'épaisseur des noyaux gris centraux.

Chez le chien, le hasard a fait rencontrer à MM. Carville et Duret (2), une lésion qui avait détruit la substance blanche de toutes les parties frontales d'un lobe, sans affecter directement les noyaux gris centraux non plus que la capsule interne. Dans ce cas, il y avait une atrophie très-accusée du pied du pédoncule, de la protubérance, et de la pyramide bulbaire du côté correspondant à la lésion cérébrale.

La réalité, chez l'homme, de ces fibres pédonculaires directes, semble être, à son tour, attestée par la production même de ces dégénérations secondaires qui, ainsi que nous l'avons dit, se développent en conséquence des lésions étendues et profondes de la substance grise corticale.

Ces fibres pédonculaires directes, après leur épanouissement dans la couronne rayonnante, se répandent-elles indistinctement dans toutes les régions de l'hémisphère; sont-elles, au contraire, affectées à des départements particuliers de l'écorce grise? Les faits que j'ai réunis dans le but d'étudier cette question plaident en faveur de la seconde hypothèse. Ces observations, recueillies dans mon service à

---

(1) *Archiv. f. psychiatrie*, Bd. II, 1870, pl. VIII.
(2) *Archives de physiologie*. 1875.

l'hospice de la Salpétrière, pendant le cours des 15 dernières années, sont relatives à des cas de ramollissement ischémique anciens (1). La lésion, dans ces cas, se présentait sous la forme de *plaques jaunes*, plus ou moins étendues en largeur, intéressant plus ou moins profondément la substance blanche subjacente, et occupant les régions les plus diverses de la surface des hémisphères. Dans toutes les observations, il est expressément mentionné que le ramollissement avait complétement respecté les masses centrales : couches optiques, noyau caudé, noyau lenticulaire, capsule interne. Mes observations peuvent être ramenées à deux groupes.

Le premier comprend les cas dans lesquels, pendant la vie, il n'avait pas existé d'hémiplégie permanente, et où, à l'autopsie, la dégénération consécutive faisait défaut. Dans tous, les circonvolutions desservies par l'artère sylvienne, et en particulier les circonvolutions frontale et pariétale ascendantes, étaient restées indemnes. Les plaques jaunes occupaient l'une des régions suivantes, savoir : une partie quelconque des lobes sphénoïdaux, le lobe carré, le coin, un lobe occipital ou les deux lobes occipitaux tout entiers, une région quelconque des deux tiers antérieurs des lobes frontaux.

Dans tous les cas du second groupe, il y avait eu, au contraire, hémiplégie permanente, et la sclérose consécutive était parfaitement accentuée. Le trait commun à ces cas, est que, constamment, la lésion intéressait plus ou moins l'une ou l'autre des circonvolutions ascendantes frontale et pariétale, principalement dans leur moitié supérieure, et souvent toutes les deux à la fois. Il y avait, en

---

(1) La plupart de ces observations sont accompagnées de dessins faits d'après nature ; ceux-ci permettent, on le comprend, de préciser le siége et l'étendue des lésions et suppléent, par conséquent, à l'insuffisance malheureusement très-habituelle des descriptions.

outre, le plus souvent, participation des régions les plus
voisines des circonvolutions frontales et pariétales. La
figure que je fais passer sous vos yeux vous montre un bel
exemple de ce genre (*Fig. 45*).

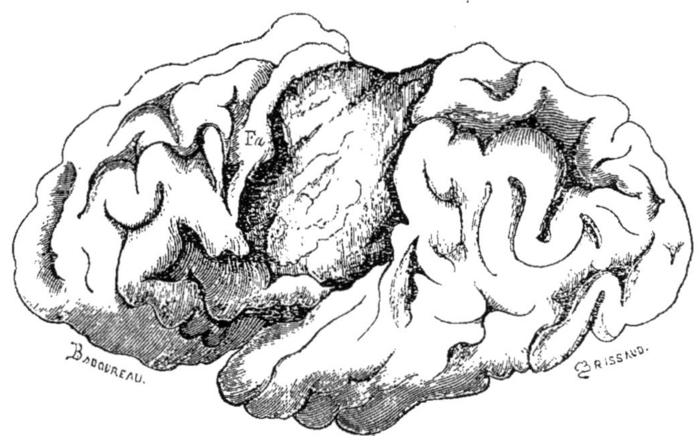

Fig. 45. — *Fa,* Vaste foyer de ramollissement cortical ayant détruit la circonvolution
pariétale ascendante, une bonne partie de la circonvolution frontale ascendante, et
la plus grande partie de la circonvolution de l'insula. Les masses centrales étaient
indemnes.

Vous voyez, d'après ce qui précède, que, comme je vous
l'avais annoncé, la production des scléroses secondaires,
en conséquence des lésions destructives de l'écorce des
hémisphères, paraît être subordonnée au siége qu'occupent
ces dernières lésions. Je vous ferai remarquer, en terminant, que ces départements du système cortical, dont, à
l'exclusion des autres, l'altération détermine le développement des dégénérations secondaires, correspondent à celles
qui, chez le singe, sont désignées par l'expérimentation
comme renfermant les centres dits psycho-moteurs ; ce sont
aussi ceux dans lesquels la substance grise corticale contient les cellules pyramidales les plus volumineuses.

Je viens de mettre en relief, Messieurs, un fait important

qui devra être utilisé pour l'étude des localisations dans le
système cortical des hémisphères cérébraux, étude difficile
que nous entreprendrons dans nos prochaines leçons.

DEUXIÈME PARTIE

Des localisations spinales.

(Anatomie et physiologie du faisceau pyramidal.)

PREMIÈRE LEÇON

Introduction. — Topographie de la moelle épinière.
— Affections systématiques.

SOMMAIRE. — Introduction. — Progrès de l'anatomie pathologique du système nerveux. — Beaucoup de maladies nerveuses sont cependant inaccessibles à l'anatomie pathologique.

Historique rapide de l'ataxie locomotrice et de la sclérose en plaques longtemps considérées comme des névroses. — L'étude des lésions, avec le concours de l'expérimentation, peut fournir les bases d'une interprétation physiologique des phénomènes morbides.

Constitution de la moelle épinière. — Lésions systématiques ; — Faisceau pyramidal (faisceau direct et faisceau croisé). — Faisceaux de Goll et de Burdach. — Cette décomposition des diverses parties de la moelle s'annonce dès la période de développement de l'organe. — Recherches de Pierret, de Flechsig.

Affections élémentaires.—Localisations bulbaires et médullaires.

Messieurs,

Conformément au programme que je me suis tracé, je dois traiter, dans le cours de cette année, de l'anatomie pathologique du système nerveux.

Déjà, à plusieurs reprises, dans cet enseignement, qui date aujourd'hui de sept années, j'ai eu l'occasion d'entrer dans quelques développements sur divers points relatifs à ce grand chapitre. Ainsi, il y a sept ans, à propos des inflammations considérées en général, j'ai présenté une esquisse anatomo-pathologique des *scléroses spinales*. L'année d'après, traitant des dégénérations et des atrophies, je me suis appliqué à montrer le rôle éminent, et alors peu connu, que jouent les altérations de certaines parties des centres nerveux sur le développement de divers troubles trophiques et en particulier des *atrophies musculaires*. Enfin, il y a quatre ans, j'essayais, dans une série de leçons, de faire connaître la méthode anatomo-clinique qui permettra d'établir sur des bases solides la doctrine des *localisations cérébrales* chez l'homme. Mais, en somme, Messieurs, ces divers sujets n'ont été abordés toujours que d'une façon incidente, à titre d'éléments pouvant contribuer à la solution de questions plus générales. D'ailleurs, malgré l'intérêt qui s'y attache, ce ne sont, à tout prendre, que des épisodes dans l'histoire anatomo-pathologique du système nerveux. Il m'a semblé qu'il serait utile d'envisager actuellement en eux-mêmes les faits qui composent cette histoire et de les considérer dans leur ensemble.

Les temps paraissent, du reste, favorables pour entreprendre cette étude. D'innombrables matériaux, relatifs à ces questions, ont été laborieusement recueillis dans le cours des dernières années. Ils étaient restés disséminés dans divers recueils. On a senti, à un moment donné, un peu dans tous les pays, le besoin de les coordonner, afin de les faire entrer dans l'enseignement classique. C'est ainsi qu'ont paru récemment, tant à l'étranger qu'en France, plusieurs grandes monographies et même plusieurs traités dogmatiques concernant spécialement la pathologie du système nerveux. Dans ces ouvrages, les documents nouveaux tiennent toujours à côté des documents de date plus ancienne une place honorable, ou même souvent ils y occupent le premier rang.

Il vous suffira, Messieurs, de parcourir ces livres pour y reconnaître la marque d'un progrès sérieux, et pour constater qu'une grande part dans l'accomplissement de ce progrès appartient à la recherche anatomo-pathologique, rendue plus pénétrante par l'emploi des moyens perfectionnés de l'histologie moderne.

C'est là, Messieurs, le point qui nous touche particulièrement, en raison du caractère spécial de notre enseignement. Je voudrais aujourd'hui m'y arrêter un instant. Il ne s'agira pas, dans l'exposé qui va vous être présenté, d'un historique en règle, mais seulement d'une introduction, d'un sommaire où seront signalés à grands traits quelques-uns des principaux résultats obtenus. Chemin faisant, nous parviendrons peut-être à dégager l'idée dominante qui semble avoir inspiré ces travaux.

I.

En premier lieu, il importe de reconnaître, parce que l'illusion en pareille matière est la pire des choses, que, malgré tous les efforts, il existe encore à l'heure qu'il est un nombre considérable d'états pathologiques ayant évidemment pour siège le système nerveux, qui ne laissent sur le cadavre aucune trace matérielle appréciable, ou ne s'y révèlent tout au plus que par des lésions minimes, sans caractère déterminé, incapables en tous cas de rendre compte des principaux faits du drame morbide. Tels sont, par exemple, le tétanos et la rage. L'antique groupe des névroses, bien qu'il ait été sérieusement entamé sur plusieurs points, est là, toujours présent, à peu près inaccessible à l'anatomo-pathologiste. L'épilepsie vraie, la paralysie agitante, l'hystérie même la plus invétérée, la chorée enfin, s'offrent encore à nous comme autant de sphynx qui défient l'anatomie la plus pénétrante. Aussi sommes-nous forcés de confesser, dès l'origine, que, dans le domaine neuro-pathologique, l'anatomie pathologique n'a d'application directe que dans un certain nombre d'états morbides.

II.

Mais, prenons les choses comme elles sont dans la réalité, et attachons-nous seulement aux formes pathologiques dans lesquelles l'existence constante d'une lésion matérielle a été bien et dûment constatée. Le champ, ainsi limité, sera encore assez vaste.

On dit souvent que les progrès de l'anatomie pathologique et ceux de la pathologie vont de pair. Cela est vrai sans doute en général, mais cela est vrai surtout en ce qui concerne les maladies du système nerveux. Quelques exemples suffiraient pour montrer que la découverte d'une lésion constante, dans les maladies de ce genre, est un résultat d'une portée décisive.

La description qu'a donnée Duchenne (de Boulogne) des symptômes de l'affection qu'il a appelée l'ataxie locomotrice, est incontestablement l'une des plus vivantes, des plus saisissantes qui se puissent voir; c'est un véritable chef-d'œuvre. Cependant, combien d'hésitations ont régné dans l'esprit des praticiens jusqu'au jour où la lésion décrite autrefois par Cruveilhier fut, par les recherches de MM. Bourdon et Luys, rapportée au type clinique. Mais quelques auteurs pensaient encore que l'affection, à son origine, pouvait être une *névrose*. Toute illusion se dissipa lorsqu'on eut reconnu que la lésion spinale est déjà parfaitement constituée et facilement reconnaissable dès les premières phases du mal, alors qu'il ne se révèle encore cliniquement que par quelques symptômes fugaces, à peine appréciables. L'examen ophthalmoscopique qui, dans l'espèce, répond en quelque sorte à une investigation anatomique faite sur le vivant, en faisant reconnaître l'existence de l'induration grise du nerf optique, bien des années souvent, avant le développement des autres symptômes tabétiques dépose absolument dans le même sens. La lésion est donc là, toujours présente à un degré quelconque. Elle ne fait pas défaut dans les formes frustes, anormales, si variées, si différentes du type normal. Sa présence constante a permis de rattacher avec assurance ces formes, dont le nombre semble augmenter chaque jour, au type régulier, seul visé dans la description classique de Duchenne (de Boulogne).

Le développement de nos connaissances, relativement à la maladie connue sous le nom d'*induration multiloculaire* des centres nerveux, de *sclérose en plaques*, prêterait à des considérations du même ordre. La maladie n'a été bien connue dans son type classique que lorsqu'elle a été rattachée à la lésion cérébro-spinale. Le type régulier est rare ; les formes anormales sont fréquentes, au contraire, et nombreuses. Elles n'ont pu être rattachées au type dont elles s'éloignent cliniquement que parce que l'anatomie pathologique a servi de fil conducteur.

Dans les exemples que je viens de faire passer sous vos yeux, l'intervention de l'anatomie pathologique, — et c'est là ce que j'ai voulu faire ressortir, — offre, en quelque sorte, un caractère purement pratique. Il s'agit surtout, vous l'avez remarqué, de fournir à la nosologie, pour la détermination des composés morbides, des caractères plus accentués, plus fixes, plus matériels, si l'on peut ainsi dire, que ne le sont les symptômes eux-mêmes ; aucune idée spéculative n'intervient, et l'on ne s'occupe guère de saisir la nature des rapports qui unissent les lésions aux symptômes extérieurs.

Sans méconnaître, Messieurs, l'importance des résultats obtenus dans cette voie, il est certain qu'aujourd'hui l'étude des lésions peut, sans rien perdre de sa portée pratique, être adaptée à un autre point de vue et prétendre à des visées plus hautes, en quelque sorte plus scientifiques. Elle peut, en d'autres termes, avec le concours des données expérimentales, fournir les bases d'une interprétation rationnelle, ou autrement dit physiologique, des phénomènes morbides.

III.

C'est là ce que je voudrais faire ressortir maintenant devant vous, par quelques exemples significatifs, choisis parmi les résultats nouvellement introduits dans la pathologie des centres nerveux: cerveau, bulbe rachidien, moelle épinière ; je commencerai par ce qui concerne celle-ci en raison de sa constitution comparativement moins complexe.

a) L'anatomie de la moelle épinière, faite à l'aide de simples grossissements, ne fait reconnaître, vous le savez, dans l'état normal, qu'une constitution relativement simple. La coupe transverse de la région cervicale inférieure fait voir un *axe* de substance grise et un manteau médullaire. Dans la substance grise, vous distinguez : 1° les cornes antérieures avec les *cellules* dites *motrices* et l'origine des racines antérieures ; — puis les cornes postérieures où se rendent les racines postérieures. Vous voyez enfin que les cornes sont rattachées l'une à l'autre par une commissure. Pour ce qui est du *manteau médullaire*, formé par l'assemblage de tubes nerveux à direction presque partout longitudinale, on y distingue deux régions : 1° les faisceaux antéro-latéraux, limités par le sillon antérieur et le sillon collatéral postérieur ; 2° les faisceaux postérieurs, limités par la commissure et les cornes postérieures. A peine prend-on en considération l'espace limité par les sillons intermédiaires postérieurs.

b) La méthode expérimentale n'a pas sensiblement modifié ces données de l'anatomie descriptive dans son analyse des fonctions des divers faisceaux blancs et des diverses parties de la substance grise. Elle a distingué les propriétés des faisceaux antéro-latéraux pris en bloc (1), celle des faisceaux postérieurs, celle des deux grandes régions de la substance grise et elle n'est pas allée beaucoup audelà.

c) L'étude méthodique des lésions pathologiques, vous allez le voir, a démontré que la constitution du cordon spinal est réellement plus compliquée.

Un grand fait domine, Messieurs, *l'anatomie de la moelle épinière* : C'est l'existence très répandue dans ce domaine des *lésions dites systématiques*. On entend, dans l'espèce, par cette expression empruntée à l'enseignement de M. le professeur Vulpian, les lésions qui se cantonnent et se circonscrivent dans certaines régions bien déterminées de l'organe sans intéresser les régions voisines.

Je place sous vos yeux une sorte de plan topographique qui montre les diverses régions que peuvent occuper les lésions systématiques jusqu'ici connues (*Fig. 46*).

Les faisceaux postérieurs, considérés en physiologie comme formant un tout, sont, au contraire, divisés nettement par l'anatomie pathologique en deux parties bien distinctes. C'est ainsi que la partie voisine du sillon postérieur, à savoir les cordons de Goll, peuvent être seuls lésés.

---

(1) Voir cependant le travail de Woroschloff, *Sächs. Acaïem.*, etc. Leipzig, 1875.

— D'autres fois, les lésions intéressent la région des cordons postérieurs la plus voisine des cornes postérieures, c'est-à-dire les *faisceaux radiculaires* (Pierret) ou *faisceaux cunéiformes* (Burdach).

Les faisceaux antéro-latéraux peuvent subir une décom-

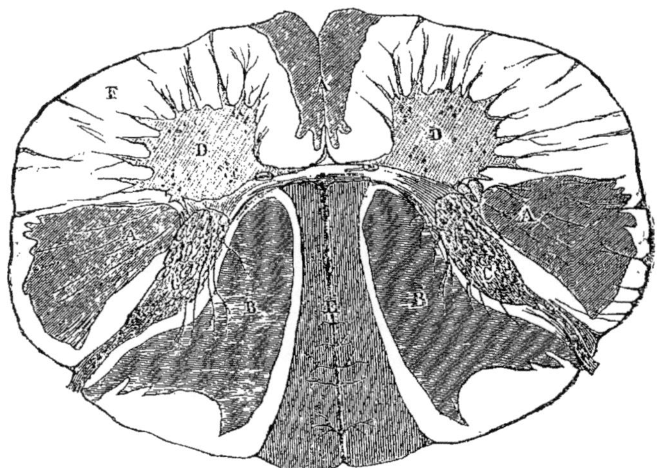

Fig. 46. — A, A, cordons latéraux. — A', faisceaux de Türck. — B, B, zones radiculaires postérieures. — C, C, cornes postérieures. — D, D, cornes antérieures. — F, zone radiculaire antérieure. — E, cordons de Goll.

position du même genre. Ainsi, à la suite de lésions cervicales de siège déterminé, on voit apparaître dans la partie antérieure des faisceaux latéraux, au voisinage du sillon médian, une lésion nettement circonscrite. La lésion occupe un faisceau de fibres (peu ou pas distingué à l'état normal) et qui règne depuis le bulbe jusqu'à la moelle dorsale. C'est le faisceau de Türck ou *faisceau pyramidal direct*. Cette lésion d'un faisceau pyramidal direct est toujours accompagnée d'une lésion du même genre et qui occupe la partie postérieure du faisceau latéral du côté opposé dans une région toujours la même et dont nous aurons à étudier

les limites précises : cet espace répond au *faisceau pyramidal croisé*.

Entre la base du triangle, qui représente la coupe du faisceau pyramidal croisé, et la pie-mère existe, de chaque côté,
un espace en pareil cas respecté (au moins dans la région
cervicale) : cet espace correspond à la surface de section

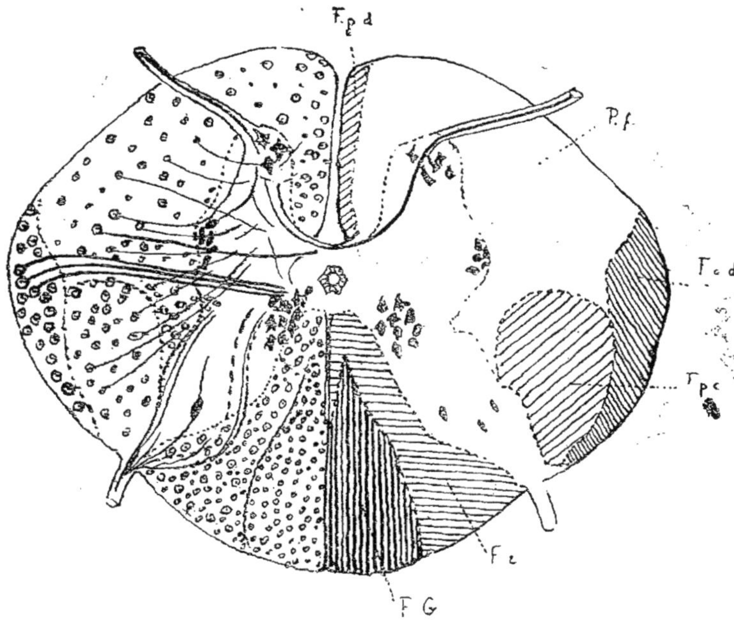

Fig. 47. (D'après Flechsig). — F. p. d., faisceau pyramidal direct. — P. f., partie
fondamentale. — F. c. d., faisceau cérébelleux direct. — F. p. c., faisceau pyramidal croisé. — F. r., faisceau radiculaire. — F. G., faisceau de Goll.

transversale du *faisceau cérébelleux direct* (Flechsig). Ces
faisceaux cérébelleux, eux aussi, peuvent être lésés systématiquement.

On ne connaît pas, jusqu'ici, d'exemples de lésions portant sur la région qui entoure les cornes antérieures et qui
seule persiste à l'état normal, après cette dissection opérée

par la maladie, dans les faisceaux antéro-latéraux. Cette région a reçu les noms de *zone radiculaire antérieure* (Pierret) et de *région fondamentale des faisceaux latéraux* (Flechsig).

Ajoutons que, en ce qui concerne la substance grise, il est toute une série de lésions, tant aiguës que chroniques ou subaiguës qui ont pour caractère de se localiser systématiquement dans les cornes antérieures de substance grise, où elles intéressent nécessairement l'appareil des grandes cellules nerveuses motrices.

Ainsi, voilà, de par l'anatomie pathologique, les anciens cordons postérieurs décomposés en deux faisceaux secondaires et les anciens cordons latéraux divisés en trois faisceaux secondaires.

d) Mais ces faisceaux que la maladie peut affecter isolément, comme par une sorte de sélection, répondent-ils à autant de régions, de systèmes anatomiques distincts, et en même temps, doués d'un mode de fonctionnement particulier? C'est ce que semblent mettre hors de doute, dès à présent, d'un côté, l'anatomie de développement de la moelle et, d'un autre côté, l'étude des symptômes qui révèlent cliniquement ces lésions systématiques.

A. Considérons d'abord le premier point. Il ne s'agit pas du premier développement, de celui qui répond aux phases embryonnaires, mais du développement de la moelle, à l'époque où le fœtus est à terme, ou encore de la moelle épinière du nouveau-né. D'après les études très importantes de M. Flechsig et celles de M. Pierret, que je me borne à indiquer ici, parce qu'elles seront l'objet d'un exposé en règle, toutes les parties de la moelle ne sont pas encore définitivement constituées lorsque l'enfant vient au monde.

Ainsi, sur une planche de Flechsig que je fais passer sous vos yeux et relative à la moelle d'un nouveau-né, vous pouvez constater les particularités suivantes : Toutes les parties teintées en noir sont les parties développées : le cylindre-axe est entouré de sa gaîne de myéline. Les parties non développées, en raison du mode de préparation, restent au contraire tout à fait claires parce que si le cylindre-axe existe la gaîne de myéline fait encore défaut (1).

Or, quelles sont les parties demeurées claires? Par le fait d'une coïncidence qui ne saurait être fortuite, ce sont justement, dans les cordons antéro-latéraux, les mêmes faisceaux pyramidaux croisés et directs que la maladie lèse quelquefois isolément.

Eh bien, selon les recherches de M. Flechsig, comme nous le verrons plus tard, ces faisceaux seraient en relation directe avec les régions motrices de l'écorce du cerveau. Or, ces régions elles-mêmes, chez les animaux qui, de même que l'homme, ne possèdent à l'époque de la naissance que la vie automatique, ne sont pas encore développées. Il s'ensuit que, d'après cela, les faisceaux pyramidaux pourraient être considérés comme une sorte de commissure réunissant les parties du cerveau, présidant aux déterminations motrices volontaires avec les parties de la moelle présidant à la vie automatique.

Voici un plan topographique (*Fig. 47*) qui résume assez exactement les études de M. Flechsig sur cet intéressant sujet du développement successif des faisceaux spinaux. Vous pouvez vous assurer, par vous-mêmes, qu'il coïncide de tous points avec le plan qui nous a servi à indiquer le siège des lésions spinales (*Fig. 46*). C'est ainsi qu'il vous sera facile de voir que les faisceaux spinaux où siègent les lésions systématiques, et doués par conséquent d'*autonomie pathologique*, sont ceux-là même dont l'autonomie est signalée aussi par l'étude du développement.

---

(1) Intervention de l'acide osmique.

B. Il est devenu plus que vraisemblable, d'après les considérations qui précèdent, que ces mêmes faisceaux doivent être doués encore d'*autonomie fonctionnelle*. Pour éclairer la question, c'est ici le lieu d'interroger la clinique. L'observation a été recueillie pendant la vie du malade, et, après la mort, l'investigation anatomique est poursuivie conformément aux méthodes prescrites. Veuillez remarquer que nous nous trouvons, dans ce cas, où il s'agit de lésions systématiques, c'est-à-dire nettement délimitées, dans les conditions pour ainsi dire idéales que recherche l'expérimentateur, lorsqu'il s'efforce de reproduire la lésion des parties qu'il suppose avoir les fonctions spéciales dont il entreprend l'analyse. On peut même avancer que, dans le cas particulier de la moelle épinière, l'expérimentateur se heurte à des difficultés presque insurmontables que les lésions systématiques résolvent tout naturellement. Il est impossible à l'expérimentateur le plus habile d'enlever un faisceau spinal dans toute sa longueur, opération à laquelle, d'ailleurs, l'animal ne survivrait pas. Il ne lui est guère possible, non plus, d'atteindre isolément dans la profondeur de la moelle les cornes antérieures pour y détruire les amas de cellules nerveuses microscopiques qui y sont contenues : la maladie détermine quelquefois toutes ces altérations nettement circonscrites.

J'ajouterai que les lésions systématiques spinales évoluent le plus communément suivant le mode chronique, et que leur symptomatologie n'est pas compliquée en général par ces phénomènes de retentissement sur les parties voisines, phénomènes qu'occasionnent à peu près nécessairement les traumatismes expérimentaux et qui rendent si difficile, en pareille circonstance, l'analyse physiologique des phénomènes morbides.

Mais ces phénomènes qu'on essaie de dégager par l'analyse, — et ceci, Messieurs, nous ramène en pleine pathologie, — constituent justement la symptomatologie propre à chacune des lésions à l'étude. J'aurai à vous faire reconnaître, par la suite, que cette symptomatologie diffère en réalité profondément, suivant que la lésion porte sur les faisceaux pyramidaux, sur les faisceaux cunéiformes, sur les cornes antérieures de substance grise, et aussi suivant le mode de la lésion qui occupe les faisceaux.

Pour le moment, je me borne à relever ce fait que j'estime fondamental en pathologie spinale : c'est que les maladies systématiques, que nous venons de citer, doivent être considérées comme autant *d'affections élémentaires*, dont la connaissance approfondie pourra être appliquée à l'élucidation des affections plus complexes, non systématiques, ou, en d'autres termes, anatomiquement distribuées dans le cordon nerveux d'une façon diffuse et inégale.

L'analyse dirigée conformément à ces principes n'a pas encore fourni tout ce qu'elle promet; toutefois, je ne crois pas errer en déclarant qu'elle a contribué, pour une part sérieuse, aux progrès récents accomplis dans la pathologie de la moelle épinière.

Je me vois obligé de remettre, à une époque où je traiterai régulièrement ces sujets, quelques considérations que je désirais vous soumettre, dès aujourd'hui, et qui concernent les *localisations bulbaires* et les *localisations dans les hémisphères du cerveau*. Le temps presse et je vais conclure.

Si j'avais réussi à placer dans leur véritable jour les travaux relatifs à l'anatomie morbide des centres nerveux, vous n'auriez pas manqué de reconnaître la tendance principale qui s'accuse dans tous ces travaux. Tous semblent, en quelque sorte, dominés par ce qu'on pourrait appeler *l'esprit de localisation* lequel n'est en somme qu'une émanation de l'esprit d'analyse.

L'idée de localiser n'est certainement pas chose nouvelle en anatomie pathologique; elle est aussi vieille que cette science elle-même, bien que Bichat l'ait, à la vérité, le pre-

mier formulée avec netteté, en même temps qu'il en faisait
ressortir toute la portée scientifique; mais peut-être n'avait-
elle jamais été poursuivie avec autant de rigueur et de
logique.

Qu'entend-on, en somme, par ce terme : *localiser ? En
anatomic pathologique*, localiser c'est : déterminer dans les
organes, dans les tissus, le siège, l'étendue, la configuration, les altérations matérielles et palpables; *en physiologie pathologique*, c'est, mettant à profit les données de l'observation clinique et s'éclairant des données
expérimentales, établir le rapport entre les troubles fonctionnels constatés durant la vie et les lésions révélées par
l'autopsie.

Ces deux points de vue se présenteront bien souvent
dans le cours de nos études, et ils devront être, de notre
part, l'objet d'une attention égale, car, je le répète, Messieurs, ce n'est pas seulement l'anatomie pathologique con-
templative, étudiant la lésion en elle-même et pour elle-
même que nous devons connaître, c'est encore l'anatomie pathologique mise au service de la nosologie et de la clinique,
appliquée, en un mot, à la solution de tous les problèmes
pathologiques qui sont de son ressort.

DEUXIÈME LEÇON.

Du faisceau pyramidal. — Développement de ce faisceau.

SOMMAIRE. — Affections systématiques de la moelle épinière. — Elles répondent à une topographie anatomique normale, mise en relief par l'anatomie pathologique, la clinique et l'anatomie de développement.
Recherches de Parrot, de Schlossberger, de Weisbach. — Chez l'enfant nouveau-né, le cerveau n'est pas complètement achevé. — Prédominance des actes réflexes. — Observations de Soltmann et Tarchanoff sur les cerveaux des animaux nouveau-nés doués de mouvements volontaires. — Chez l'homme, à la naissance, le cerveau est un organe à peu près indifférent.
Faisceaux pyramidaux croisés. — Faisceaux pyramidaux directs (cordons de Türck). — Leur trajet dans les diverses régions de la moelle épinière. — Leur trajet dans le bulbe. — Entrecroisement des pyramides. — Différents types de décussation. — Importance de la connaissance de ces types au point de vue de l'interprétation des faits pathologiques.

Messieurs,

J'ose espérer qu'un fait principal s'est dégagé de l'exposé que je vous ai présenté dans notre dernière réunion, c'est qu'il existe, dans le domaine de la pathologie spinale, un certain nombre de maladies offrant ce caractère remarquable que la lésion à laquelle elles se rattachent, se fixe et se cantonne, pour ainsi dire, dans de certaines régions bien circonscrites du cordon nerveux ; que ces maladies constituent, en quelque sorte, autant d'affections élémentaires, dont l'étude approfondie devra fournir de précieux documents pour l'élucidation des affections plus complexes, anatomiquement non systématisées.

Ces affections élémentaires ou systématiques, comme vous voudrez les appeler, sont celles, qu'en bonne logique, nous devons considérer tout d'abord.

Mais avant d'en arriver là, Messieurs, je voudrais essayer de vous faire voir que certains documents tirés de l'anatomie normale permettent de reconnaître comme autant de parties distinctes, anatomiquement et physiologiquement, ces mêmes régions que l'anatomie pathologique et la clinique ont déjà mises en relief.

Cette démonstration, je vous l'ai présentée à l'état d'ébauche. Aujourd'hui, je voudrais la reprendre et la pousser assez loin pour qu'il vous soit permis d'en tirer, au point de vue que nous envisageons spécialement, les enseignements nombreux qu'elle comporte.

Ces enseignements, vous savez que nous devons les chercher, non pas dans l'anatomie de l'adulte qui ne nous fournit à cet égard, que des données tout à fait insuffisantes, mais bien dans l'anatomie de développement. Je vous rappellerai également qu'il n'est pas nécessaire pour le but que nous visons, de remonter jusqu'au premier développement, au développement embryonnaire ; mais qu'il suffit de considérer l'état anatomique des diverses parties du névraxe, tel qu'il se présente chez l'enfant qui vient au monde.

I.

A. On a depuis longtemps remarqué, Messieurs, que, chez les enfants nouveau-nés, tandis que la moelle épinière et le bulbe rachidien sont déjà relativement très avancés dans leur développement, il est loin d'en être de même pour ce qui concerne le cerveau proprement dit.

Le cerveau des nouveau-nés, disait Bichat, ne ressemble guère à celui de l'adulte que par sa configuration extérieure ; et l'on sait aujourd'hui que les principaux détails de sa structure y sont à peine esquissés.

A cette époque de la vie, suivant la description qu'en a faite M. le professeur Parrot, description devenue classique, le cerveau est un organe mou, d'une coloration grise, uniforme, où les deux substances, la grise et la blanche, sont confondues. Lorsqu'on prend entre les mains un fragment de cette pulpe nerveuse et qu'on lui imprime quelques oscillations, on croirait tenir une masse gélatineuse, de la colle de pâte.

L'examen histologique et l'analyse chimique ont conduit à des résultats qui rendent compte, en grande partie, de ces apparences macroscopiques. Partout le tissu conjonctif, autrement dit la névroglie, prédomine ; le réticulum est homogène, moins nettement fibrillaire que chez l'adulte. Les éléments cellulaires y sont en grand nombre, et leur masse protoplasmique (comme l'ont montré MM. Parrot et Jastrowitz) renferme physiologiquement une certaine quantité de graisse sous forme de granulations. Par contre, les tubes nerveux sont absents à peu près partout, ou tout au moins à peine ébauchés : çà et là, on les aperçoit disséminés sous la forme de cylindres axiles non encore recouverts de leur gaîne de myéline.

La constitution chimique répond à cet état anatomique. Les analyses de Schlossberger, celles de Weisbach ont appris, par exemple, que dans le centre ovale la proportion d'eau est représentée par 92,59 0/0 ; dans le cervelet et le pont de Varole par 85,77 ; et, dans la moelle allongée par 84,38. Or, la proportion d'eau se trouve ici précisément en raison inverse du développement histologique.

Ainsi, en résumé, chez l'enfant qui vient au monde, la

structure du cerveau en est encore, en quelque sorte, à l'état rudimentaire, tandis que dans le bulbe et la moelle épinière elle se présente déjà avec des caractères qui la rapprochent de l'état adulte.

B. Un coup d'œil jeté sur la physiologie du nouveau-né conduit à des considérations du même genre. Chez l'enfant nouveau-né, a dit Virchow, reproduisant une vue déjà émise par Billard, la vie du système nerveux est en quelque sorte exclusivement concentrée dans le bulbe et la

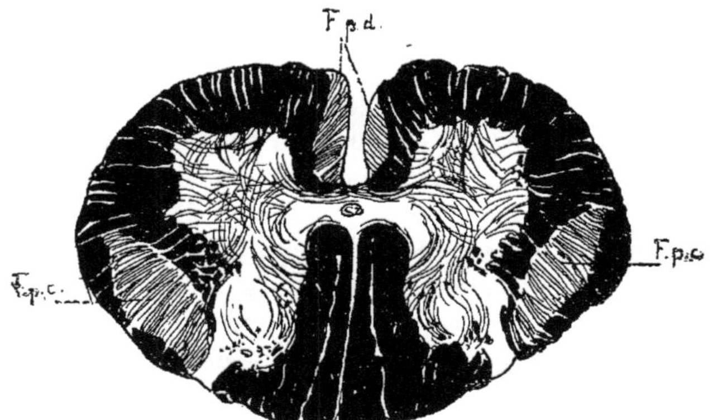

Fig. 48. — *Région cervicale.* — *F. p. d.*, Faisceau pyramidal direct. — *F. p. c.*, Faisceau pyramidal croisé.

moelle épinière. Il est à peu près certain que les déterminations volontaires sont alors absentes et que les actes accomplis, si compliqués qu'ils paraissent, la succion, par exemple, sont purement instinctifs, en un mot, d'ordre *réflexe.*

Les récentes expériences de Soltmann, confirmées par MM. Rouget et Tarchanoff plaident dans le même sens. Chez les animaux adultes, contrairement aux enseignements de la physiologie d'il y a dix ans, l'excitation électrique des régions dites psychomotrices détermine des

mouvements dans les membres ou les autres parties du
côté opposé du corps ; et l'ablation de ces mêmes régions
produit un état parétique plus ou moins prononcé dans ces
mêmes membres, qui tout à l'heure entraient en mouvement sous l'influence des excitations. Eh bien, Messieurs,
il résulte des recherches de M. Soltmann, que les parties
excitables de l'écorce du cerveau n'existent pas encore chez
les petits des animaux qui naissent aveugles et, comme ceux
de l'homme, privés de déterminations volontaires : tels, le
lapin, le chien ; tandis que, par contraste, ces régions exci-

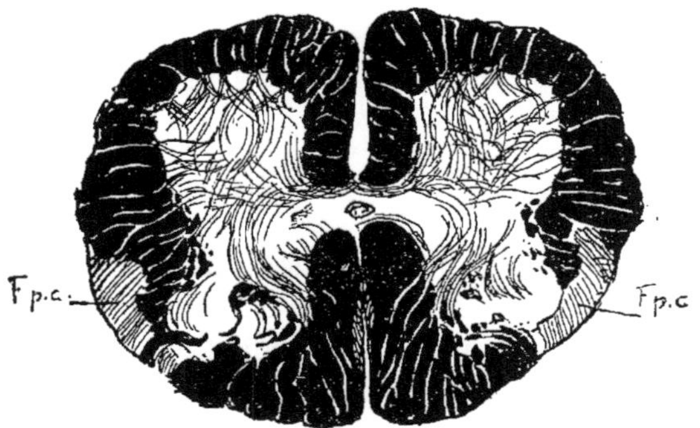

Fig. 49. — *Région lombaire.* — *F. p. c.,* Faisceau pyramidal croisé.

tables ou centres moteurs existent déjà, d'après les observations de Tarchanoff, chez les animaux qui naissent les
yeux ouverts et doués de mouvements volontaires. En
même temps, d'après ces mêmes recherches, le cerveau de
ces animaux présente un développement histologique et
une constitution chimique qui diffèrent peu des conditions
de l'état adulte.

Il n'est peut être pas sans intérêt de faire remarquer, en
passant, que ces faits d'ordre anatomique et physiologique
ont leur pendant dans la pathologie du nouveau-né. Il est
par exemple une chose bien connue de tous les auteurs qui
ont particulièrement étudié la pathologie de cet âge, à sa-

voir que toutes les lésions cérébrales, *même les plus graves*, ne se traduisent par aucun symptôme spécial ; à proprement parler, elles restent latentes et ne peuvent être diagnostiquées. Ainsi s'exprime M. le professeur Parrot à l'occasion des lésions cérébrales qu'il subordonne à l'athrepsie, stéatose en foyer ou diffuse, ramollissement blanc ou rouge du cerveau, hémorrhagie intra-encéphalique ou méningée, etc.

Vous le voyez, Messieurs, à cet âge, le cerveau n'existe pas encore ; au triple point de vue anatomique, fonctionnel et pathologique, c'est un organe indifférent.

II.

Les considérations qui précèdent auront servi, tout au moins, à accuser un contraste. En effet, il est bien entendu que la moelle épinière est, chez l'enfant qui vient de naître, beaucoup plus avancée dans son développement que ne l'est le cerveau proprement dit ; si bien qu'à certains égards elle se rapproche de l'état adulte. On peut en dire autant du bulbe rachidien. Toutefois, — et c'est là le point qu'il s'agit maintenant de faire ressortir, — l'organisation de ces deux parties du névraxe est encore bien imparfaite. Pour vous en convaincre, jetez les yeux sur les figures que je vous ai déjà présentées et rappelez-vous les méthodes mises en usage pour faire ressortir immédiatement les différences qui existent entre les parties développées et celles qui ne le sont pas. L'acide osmique, vous ai-je dit, est fixé, dans les éléments nerveux développés, par la myéline. Or, vous voyez sur cette coupe de moelle épinière que quatre faisceaux bien nettement délimités sont respectés par le réactif, ce qui équivaut à dire que ces faisceaux ne sont pas encore développés. Ce sont : 1º les deux faisceaux dits *py-ramidaux directs ;* 2º les deux faisceaux *pyramidaux croisés.* Et précisément ces faisceaux correspondent aux régions occupées par la lésion, dans une des formes les plus intéressantes des affections systématiques que nous nous proposons d'étudier en détail. C'est assez vous dire l'intérêt qui s'attache pour nous à l'étude anatomique de ces faisceaux.

Ils n'appartiennent pas exclusivement à la moelle épinière, on peut en suivre anatomiquement le parcours et en reconnaître les principales dispositions dans le bulbe rachidien, dans les pédoncules cérébraux et jusque dans la profondeur des hémisphères. Dans cette description, nous serons guidés par les travaux commencés à Paris par M. Pierret et surtout par ceux de M. Flechsig. Enfin nous mettrons à profit une étude de M. Parrot, fondée sur une centaine d'observations et dont les résultats doivent être présentés demain à la Société de Biologie.

1º Voyons donc, Messieurs, quel trajet parcourent ces quatre faisceaux pyramidaux, et commençons, si vous le voulez bien, par les faisceaux croisés (*Fig. 48 et 49*).

Immédiatement au-dessous de l'entrecroisement bulbaire ils occupent une situation qu'ils ne quitteront plus, attendu qu'on peut les suivre dans la partie inférieure de la moelle épinière jusqu'à la deuxième ou troisième paire sacrée. Sur cette grande étendue, ils occupent la moitié postérieure du cordon latéral où ils sont représentés par un faisceau compact de forme triangulaire, touchant en arrière à la substance gélatineuse, tandis que, en dedans, un petit espace sépare le sommet de ce triangle du processus réticulaire. Quant à la base du triangle, dirigée en dehors, elle est séparée de la pie-mère par une zone de substance nerveuse lui formant une sorte de manteau et constituée par les faisceaux cérébelleux directs. Mais cette disposition n'occupe

que la moitié supérieure du cordon médullaire ; au-dessous
de la région dorsale, les faisceaux cérébelleux s'épuisent,
et, dans la région lombaire, où il n'en reste plus trace, les
faisceaux pyramidaux croisés touchent à la pie-mère. Sur
les coupes transversales, le diamètre de ces faisceaux trian-
gulaires diminue régulièrement de haut en bas, comme si
les fibres qui les composent s'épuisaient elles-mêmes che-
min-faisant ; mais c'est surtout au niveau du renflement
cervical et du renflement lombaire que cette diminution de
diamètre est le plus appréciable.

2° Pour les faisceaux pyramidaux antérieurs ou directs
désignés aussi sous le nom de cordons de Türck, ils siègent
à la face interne des cordons antérieurs et présentent là une
forme ellipsoïde, à grand axe antéro-postérieur. En général,
on peut les suivre jusqu'au milieu de la moelle dorsale ;
mais cette disposition souffre de nombreuses exceptions :
tantôt ils ne dépassent pas la région cervicale : tantôt, au
contraire, ils descendent jusqu'à la région lombaire.

Ces quatre faisceaux sont composés de fibres à direction
parallèle, et lorsqu'ils sont développés ils renferment des
tubes nerveux de toutes dimensions. Comment se com-
portent-ils à leurs extrémités ? Puisque leur diamètre diminue à mesure qu'ils descendent plus bas dans la moelle, on
est en droit de conclure que les fibres nerveuses qui les
composent s'arrêtent successivement en chemin. Les cornes
antérieures de substance grise paraissent naturellement
désignées comme étant le point vers lequel ces fibres convergent. Mais, pénètrent-elles dans les racines antérieures ?
Non, car les racines antérieures et les cellules nerveuses,
sont déjà très développées alors que les faisceaux pyramidaux ne le sont pas encore ; elles ne passent pas non plus,
du moins pour la plupart, dans les commissures qui ont
également atteint leur développement ; donc elles s'arrêtent

dans la substance grise antérieure où elles entrent probablement en rapport avec les grandes cellules motrices.

III.

Maintenant, Messieurs, nous devons essayer de poursuivre les faisceaux pyramidaux dans la moelle allongée.

En premier lieu, il est bien facile de voir que les faisceaux
pyramidaux spinaux ne sont autre chose qu'une émanation,
un prolongement des faisceaux pyramidaux bulbaires.

Soit une coupe transversale du bulbe pratiquée à la partie
moyenne des olives. On reconnaît immédiatement le siège
et les rapports des pyramides, et l'on constate que certaines
parties du bulbe sont déjà parvenues à un développement
avancé : tels sont les noyaux de l'hypoglosse avec les filets
intra-bulbaires des nerfs hypoglosses, et tout le champ des
faisceaux antéro-latéraux.

Or, chacune de ces pyramides donne naissance à deux des
faisceaux spinaux, un direct, un croisé. Le faisceau direct
descend dans l'intérieur du cordon antérieur correspondant;
l'autre, ou faisceau croisé, s'entrecroise avec le faisceau
correspondant qui se détache de l'autre pyramide, et va
gagner la partie postérieure du faisceau antéro-latéral où
il occupe les rapports de situation que nous avons indiqués
plus haut.

C'est ainsi que s'opère la semi-décussation désignée généralement sous le nom d'entrecroisement des pyramides,
et dont toutes les particularités sont décrites longuement
dans les traités classiques.

Mais ce que l'on connaît moins dans ce fait de l'entrecroisement des pyramides, c'est qu'il est sujet à de très

nombreuses variétés, à en juger du moins par les observations de M. Flechsig qui portent sur une soixantaine de cas.

Les variétés en question, d'après M. Flechsig, peuvent d'ailleurs être ramenées à 3 types :

1ᵉʳ *type*. C'est le plus vulgaire (75 0/0). Il consiste dans

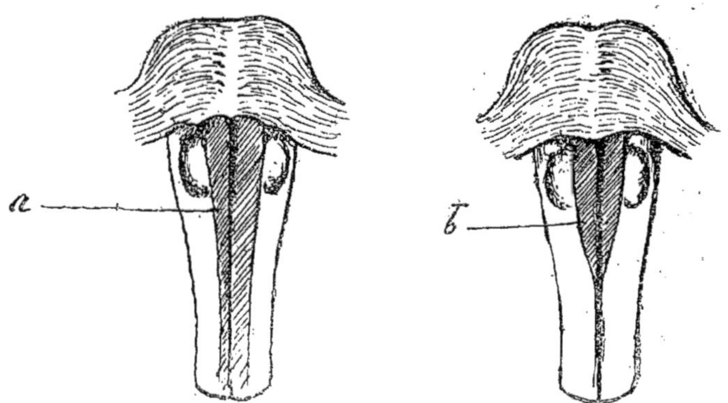

Fig. 50 et 51. d'après Flechsig. — *a*, prédominance du faisceau pyramidal direct. — *b*, type de décussation totale. Le faisceau pyramidal direct fait défaut.

la semi-décussation symétrique, chaque pyramide fournissant un faisceau direct et un faisceau croisé. Dans la grande majorité des cas, le faisceau direct est beaucoup moins important que le faisceau croisé. Il est représenté par 3,9 0/0 des fibres de la pyramide, tandis que le faisceau croisé renferme 97 ou 91 0/0 de ces fibres. Mais, il existe dans ce type une variété très intéressante que M. Flechsig a mentionnée et que M. Pierret avait également observée. Il suffit de renverser les proportions que je viens de vous signaler : le faisceau direct est représenté par 90 0/0 du chiffre total des fibres tandis que le faisceau croisé ne contient seulement que 10 0/0 de ces fibres. Le nombre des fibres entrecroisées est donc en pareil cas si insignifiant qu'il peut n'en être pas tenu compte.

Vous comprenez, Messieurs, tout l'intérêt des cas de ce genre, au point de vue des paralysies cérébrales directes. On entend par là, ainsi que vous le savez, les paralysies qui, contrairement à la règle, se produisent du même côté que la lésion.

L'existence de ces paralysies est incontestable, mais à coup sûr moins fréquente qu'on n'a bien voulu le prétendre dans ces derniers temps. Le nombre de 200 que l'on met en avant pour le besoin de certaines théories pourrait être considérablement réduit par la critique. Néanmoins quelques observations bien recueillies ne laissent prise à aucun doute : telles sont celles de Brown-Séquard, de Callender, de M. Jackson, Reynaud et quelques autres encore.

Généralement, pour expliquer ces faits, on invoque la théorie de Longet qui suppose qu'en pareille circonstance l'entrecroisement fait défaut ; mais ce n'était là de la part de Longet qu'une pure hypothèse. En effet les anatomistes ont toujours considéré l'entrecroisement des pyramides comme une disposition absolument constante. C'est ainsi que M. Serres affirmait avoir examiné 1100 sujets sans rencontrer une seule exception à la règle. Eh bien, Messieurs, cette opinion nous paraît beaucoup trop absolue et les recherches de M. Flechsig le démontrent. Dans bien des cas, si l'entrecroisement ne fait pas absolument défaut, il peut, comme je vous l'ai dit, n'être représenté que par un nombre de fibres si restreint que l'on peut le considérer comme tout à fait négligeable ; et alors le faisceau direct l'emporte de beaucoup sur le faisceau croisé, circonstance suffisante pour expliquer la paralysie directe.

2° *type*. Celui-ci a été observé 11 fois sur 100. C'est la décussation totale ; autrement dit les faisceaux directs manquent complètement.

3° *type*. Plus fréquent que le précédent puisqu'il se présente dans la proportion de 40 0/0, il mériterait la désignation de type asymétrique. En pareil cas, il n'existe que trois faisceaux : une seule des pyramides se divise en deux faisceaux, l'un direct l'autre croisé ; la seconde pyramide, au contraire, s'entrecroise dans sa totalité.

Enfin, Messieurs, il me reste à vous signaler le remarquable rapport de compensation qui existe entre les deux faisceaux issus d'une même pyramide selon les cas auxquels je viens de faire allusion. Plus l'un est volumineux, plus l'autre est grêle, — et inversement.

A cette asymétrie dans la décussation correspondent, cela va de soi, des asymétries dans la moelle, et il importe de les connaître, parce qu'on pourrait au premier abord les rapporter dans certains cas à un état pathologique.

TROISIÈME LEÇON.

Du faisceau pyramidal dans les pédoncules cérébraux, la capsule interne et le centre ovale.

Sommaire. — Trajet du faisceau pyramidal au-dessus de la région bulbaire. — Trajet dans la protubérance. — Trajet pédonculaire. — Etendue du faisceau pyramidal dans l'étage inférieur; opinion de M. Flechsig. — Développement relativement précoce du faisceau pyramidal dans le pédoncule.

Division de la capsule interne en trois régions sur les coupes horizontales. — Segment antérieur, segment postérieur, genou de la capsule. — Localisation du faisceau pyramidal dans le segment postérieur de la capsule interne.

Du faisceau pyramidal dans le centre ovale. — Observations chromologiques de Parrot. — Formation de l'anse rolandique. — De toutes les régions du manteau de l'hémisphère, ce sont les régions dites motrices qui se développent les premières.

Messieurs,

Dans la dernière leçon, me fondant principalement sur les recherches de M. Flechsig, contrôlées par nos propres observations, nous avons pu reconnaître la topographie des faisceaux pyramidaux dans les diverses régions de la moelle épinière et indiquer les rapports qu'ils affectent à l'égard des autres parties constituantes de cet organe complexe entre tous. Puis, remontant au-delà de l'entrecroisement, nous avons retrouvé dans le bulbe ces cordons pyramidaux réunis en deux faisceaux bien distincts que vous avez appris à connaître en anatomie descriptive sous le nom de *pyramides antérieures*. Aujourd'hui, Messieurs, nous devons remonter plus haut encore et déterminer, autant que possible, le trajet des faisceaux pyramidaux dans les autres parties de l'isthme, c'est-à-dire dans la protubérance et les pédoncules cérébraux, et enfin dans le cerveau proprement dit, où, vous allez le voir, ils paraissent prendre leur origine.

1° Dans la protubérance, les éléments nerveux qui, tout

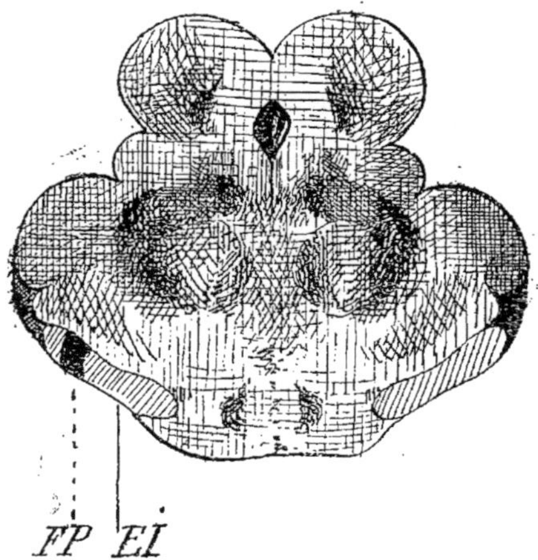

Fig. 52. — Schéma de la coupe des pédoncules chez le nouveau-né (d'après Flechsig). — EI, étage inférieur. — FP, faisceau pyramidal.

à l'heure, composaient les pyramides du bulbe, ne se présentent plus sous l'aspect de faisceaux compactes ; ils se dissocient et s'entremêlent avec les fibres protubérantielles proprement dites, où ils contribuent à former un réseau au milieu duquel il est au moins fort difficile de les distinguer.

Il n'en est plus de même dans les pédoncules cérébraux, où nous allons les voir se reconstituer en quelque sorte à l'état de faisceaux bien limités.

2° Vous connaissez tous, Messieurs, ces deux colonnes qui rattachent la protubérance aux hémisphères cérébraux et qu'on appelle les pédoncules du cerveau. Je suppose qu'une coupe ait été pratiquée perpendiculairement à la direction des fibres qui s'accusent si nettement à la face inférieure de ces colonnes, un peu au-dessus de la protubérance, soit, par exemple, au niveau de l'origine des nerfs moteurs oculaires communs. Reconnaissons d'abord les particularités qu'offre à considérer, chez le nouveau-né, une coupe de ce genre.

Le pédoncule est divisé par les auteurs en deux parties (1) : 1° l'étage inférieur qu'on appelle encore le *pied* (pes, crusta) ; 2° l'étage supérieur ou *tegmentum,* autrement dit la calotte (*Haube* des Allemands). Au-dessus de ces parties, se voit sur la coupe en question la section verticale des tubercules quadrijumeaux antérieurs. Enfin, vers la partie médiane, vous voyez la lumière de l'aqueduc de Sylvius autour duquel se développe un amas de substance grise, représentant les cornes spinales antérieures ; là, sont disposés des groupes cellulaires où prennent racine les nerfs moteurs oculaires communs. En avant de ce point, on distingue les prolongements des faisceaux antérieurs spinaux (partie fondamentale des faisceaux antéro-latéraux) ; ce

---

(1) Dans cette figure et surtout dans la précédente, on peut remarquer que la région du faisceau pyramidal n'occupe que la quatrième partie environ de l'étage inférieur (troisième quart en procédant de dedans en dehors). Telle est du moins l'étendue assignée à ce faisceau par M. Flechsig. Je dois dire qu'un certain nombre d'examens de la région pédonculaire chez le nouveau-né me laissent à supposer que cette région est plus étendue que M. Flechsig ne fait entendre. Pour ce qui est des dégénérations secondaires dans le faisceau pyramidal intra-pédonculaire, je suis en mesure d'affirmer qu'elles correspondent à des dimensions sensiblement plus grandes que ne le font supposer les recherches de Flechsig. Un bon nombre d'observations anatomiques, recueillies dans ces derniers temps dans mon service de la Salpêtrière, ne permettent pas de conserver le moindre doute à cet égard. Il résulte de ces observations que le faisceau pyramidal occupe au moins les *deux quarts moyens* de l'étage inférieur.

sont des fibres qui s'entremêlent avec celles des *processus cerebelli ad testes*. Ces processus se montrent sur la coupe sous la forme de noyaux rouges (Rothe Kerne, V. Stilling). Ces diverses parties, qui constituent à proprement parler le tegmentum, sont déjà développées chez le nouveau-né, et vous savez qu'en remontant vers l'en-

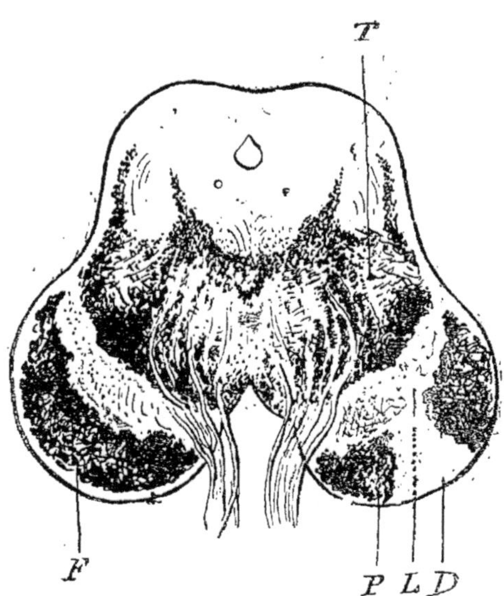

Fig. 53. — Coupe horizontale de la région pédonculaire dans un cas de dégénération secondaire.—T, étage supérieur.— F, étage inférieur du côté sain. — L, locus niger.—P, faisceau interne de l'étage inférieur du côté malade. — D, dégénération secondaire occupant environ les deux quarts moyens de l'étage inférieur. (D'après les cas récents auxquels il est fait allusion.)

céphale, nous les verrions aboutir à la couche optique, où elles se perdent. Elles ne prennent donc aucune part à la formation de l'expansion pédonculaire. Si je me suis arrêté à vous en décrire l'ensemble, c'était afin de mieux déterminer la topographie de la région dans laquelle nous devons nous orienter. Dès maintenant, nous pouvons en faire abstraction.

Il nous importe, au contraire, de considérer attentivement l'étage inférieur des pédoncules, le *pied* des pédoncules. Chez l'adulte, cette partie est nettement séparée du

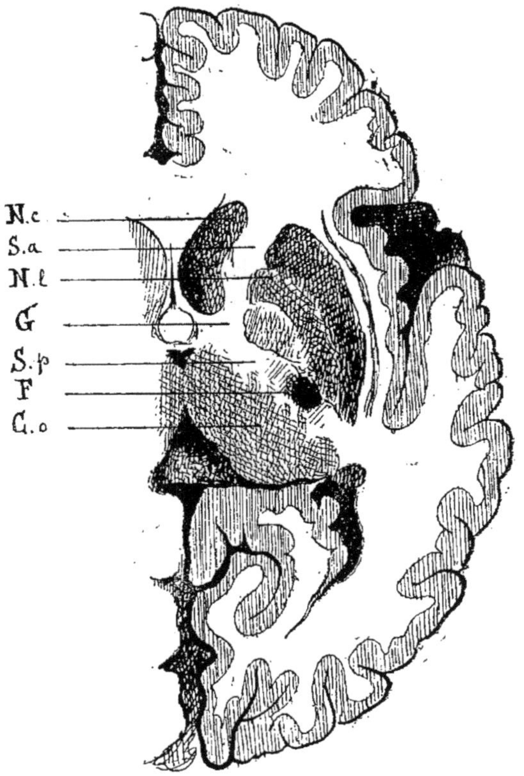

Fig. 54. — Coupe horizontale de l'hémisphère droit, parallèle à la scissure de Sylvius.—Nc, noyau caudé.— Sa, segment antérieur de la capsule interne.—Nl, noyau lenticulaire.—G, genou de la capsule.—Sp, segment postérieur de la capsule interne. — Co, couche optique. — F, Foyer circonscrit dans le segment postérieur de la capsule et occupant une partie du trajet intra-hémisphérique du faisceau pyramidal.

tegmentum par une bande transversale de substance grise qui n'est autre que le *locus niger* de Sœmmering. Les cellules nerveuses de cette région ne sont pas encore pénétrées de matière pigmentaire à l'époque de la vie, que nous considérons. Quoi qu'il en soit, c'est au-dessous de cette bandelette que se trouve la région du *pied* ; et c'est là qu'il nous faut rechercher la trace des faisceaux pyramidaux.

La section de l'étage inférieur pédonculaire peut être divisée en trois segments, de dimensions à peu près égales (segments interne, externe et moyen). Dans les deux premiers, les tubes nerveux ne sont pas encore recouverts de leur enveloppe médullaire et apparaissent sur les coupes comme des espaces clairs. Il n'en est pas de même du segment moyen. Celui-ci se présente sous la forme d'un espace de forme rhomboïde et opaque, parce qu'en ce point les fibres nerveuses ont acquis leur développement complet. Or, c'est précisément cet espace de substance opaque qui, d'après M. Flechsig, représente les prolongements reconstitués des faisceaux pyramidaux. (Voyez là légende relative à la figure précédente).

Ainsi, vous le voyez, tandis que dans la moelle et le bulbe du nouveau-né les faisceaux pyramidaux se distinguaient des parties voisines en raison même de l'état rudimentaire auquel ils devaient leur coloration claire, c'est le contraire qui a lieu dans les pédoncules.

Les fibres nerveuses qui composent les faisceaux pyramidaux de l'étage inférieur sont déjà recouvertes de myéline ; elles portent, par conséquent, la marque d'un développement avancé, et c'est cette circonstance qui les fait contraster avec les parties avoisinantes.

Voilà, Messieurs, un fait incontestablement remarquable, puisqu'il semble indiquer que le développement des faisceaux pyramidaux procède du cerveau proprement dit. M. Flechsig n'a pas manqué de le relever. Il a même été conduit par ses observations à émettre l'hypothèse que c'est dans la substance grise de l'écorce ou, autrement dit, dans les cellules ganglionnaires qui s'y trouvent, que les fibres nerveuses des futures pyramides prennent leur origine ; là, elles commenceraient à apparaître sous forme de bourgeons. Ceux-ci, se développant progressivement, descendraient peu à peu dans les pédoncules, et après avoir traversé la protubérance et le bulbe, arriveraient dans la moelle épinière, dont ils atteindraient en dernier lieu l'extrémité inférieure. Je laisse, bien entendu, à M. Flechsig la responsabilité de son hypothèse, et je vais désormais me borner à exposer les données sur lesquelles elle s'appuie, n'ayant pas encore eu l'occasion de contrôler *de visu* cette dernière partie de ses recherches.

3° Suivant M. Flechsig, vous l'avez prévu, le faisceau pyramidal peut être suivi au-delà du pied dans la profondeur de l'hémisphère. On peut tout d'abord reconnaître sa présence au milieu des masses ganglionnaires opto-striées, dans la région qu'on appelle la *capsule interne* et qui, en somme, pour une assez bonne partie au moins, n'est autre que l'expansion des faisceaux qui forment l'étage inférieur des pédoncules. A l'égard de la capsule interne, quelques indications topographiques ne seront pas superflues.

Si l'on pratique la section horizontale de l'un des hémisphères cérébraux, suivant une ligne parallèle à la *fissure latérale postérieure* (de Henle) et un peu au-dessus de cette fissure, le segment inférieur de l'hémisphère que nous avons sous les yeux nous offre surtout à considérer les particularités suivantes.

En arrière et en dedans, au voisinage de la ligne médiane, est la couche optique ; en avant de la couche optique, la tête du noyau caudé : en dehors, le noyau lenticulaire dont les bords internes forment par leur réunion, comme une sorte de coin qui s'avance dans l'angle formé par le noyau caudé et la couche optique. Mais les masses ganglionnaires internes (couche optique et corps strié), sont séparées de la masse externe (noyau lenticulaire) par un gros tractus blanc coudé qui n'est autre que la capsule interne, c'est-à-dire pour une certaine partie, l'expansion pédonculaire.

Vous reconnaissez, Messieurs, d'après la disposition topographique de ce tractus, que deux parties bien distinctes le composent : 1.º une partie antérieure comprise entre la face interne et antérieure du noyau lenticulaire et la tête du noyau caudé ; 2º une partie postérieure, intermédiaire à la face externe de la couche optique et au bord postéro-interne du noyau lenticulaire. Ces deux parties se réunissent sous la forme d'un angle obtus que l'on pourrait appeler, avec M. Flechsig, le « genou de la capsule interne ».

Eh ! bien, Messieurs, c'est dans la partie postérieure de la capsule qu'il faut, d'après M. Flechsig, chercher l'origine du trajet intra-hémisphérique du faisceau pyramidal.

Dès l'époque à laquelle nous le considérons, ce faisceau pourrait être reconnu là, dans le segment postérieur, sous l'aspect d'un espace elliptique, tranchant par son opacité sur les parties voisines ; composé par conséquent de fibres nerveuses déjà très développées, il n'affecterait aucune relation de continuité avec les masses ganglionnaires adjacentes ; et si, par la pensée, vous partagez cette partie postérieure de la capsule interne en trois régions d'égale étendue, c'est la région moyenne qui occuperait précisément le faisceau pyramidal.

Mais ce n'est pas tout : plus loin encore que la capsule interne, le faisceau pyramidal peut être poursuivi jusque dans l'épaisseur du centre ovale, et même jusqu'à la couche grise corticale.

4º Pour rechercher les fibres pyramidales dans cette dernière partie de leur trajet, il nous faut considérer une coupe frontale. Cette coupe, faite un peu en arrière de la scissure de Rolando et parallèlement à sa direction divise, par le milieu, la circonvolution pariétale ascendante (dans le système topographique de M. Pitres, c'est la coupe pariétale

proprement dite). Elle permet de voir le segment postérieur
de la capsule interne dirigé obliquement en haut et en dehors;
— le noyau lenticulaire accolé à son bord externe, la couche optique coupée en travers par le milieu, la bordant du
côté interne et surmontée par la section de la queue du corps
strié. Voilà bien la région où passe, suivant M. Flechsig, le
faisceau pyramidal. Parvenues dans le centre ovale, les
fibres de ce faisceau commencent à se dissocier, à s'épar-

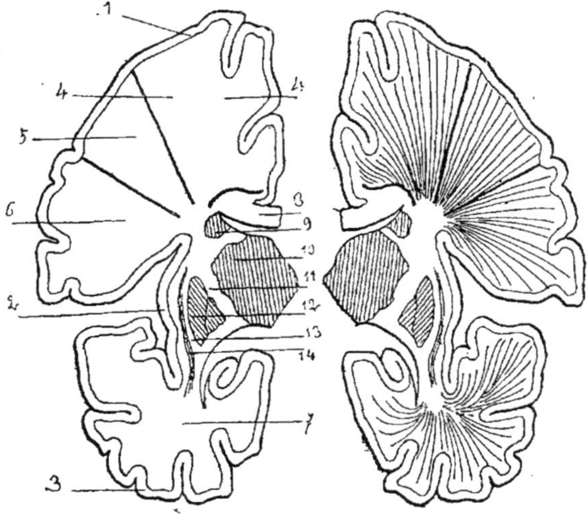

Fig. 55.— Coupe pariétale de l'hémisphère (Pitres).— 8, corps calleux. — 9, queue
du noyau caudé.— 10, couche optique.— 11, capsule interne (segment postérieur).—
12, noyau lenticulaire. — 13, capsule externe. — 14, avant-mur.

piller en tous sens et il devient impossible de les suivre. Cependant, une portion du faisceau reste cohérente, et continue
son chemin vers l'extrémité supérieure des circonvolutions
centrales. Donc, en sortant de la région capsulaire, elles
se portent en dehors de manière à contourner la paroi du
ventricule; puis elles se recourbent légèrement en dedans,
et, à partir de ce moment, poursuivent leur trajet vertical
vers le but que nous venons de signaler.

En somme, Messieurs, cette partie de l'écorce grise dans laquelle vont se perdre les extrémités terminales du faisceau pyramidal appartient, vous le voyez, à la région que l'on désigne sous le nom de zone motrice. (Lobule paracentral, extrémité supérieure des circonvolutions frontale et pariétale ascendantes.)

Tels sont les résultats des recherches de M. Flechsig en ce qui concerne le trajet intra-encéphalique du faisceau pyramidal. Sur plus d'un point, ces résultats semblent avoir besoin de confirmation et l'auteur lui-même ne paraît pas leur accorder une confiance absolue. Mais ce qu'il faut en retenir, c'est l'ensemble du trajet que nous avons successivement étudié dans les diverses régions du névraxe. L'hypothèse à laquelle l'auteur en question paraît avoir été conduit d'après la somme des faits par lui observés, est que les fibres pyramidales prendraient naissance dans la substance corticale de la zone motrice; là, commencerait leur développement, et de là elles descendraient, comme nous l'avons dit tout à l'heure, par bourgeonnement, pour former les faisceaux pyramidaux dans la capsule d'abord, puis dans le pédoncule et la protubérance, puis dans le bulbe, et successivement, suivant les progrès de l'âge, dans les parties plus inférieures du névraxe.

5° Mais c'est ici, Messieurs, qu'il convient de faire intervenir les recherches de M. le professeur Parrot, auxquelles je faisais allusion dans la leçon précédente. Ces recherches, communiquées tout récemment à la Société de biologie, ne visent pas précisément le sujet traité par M. Flechsig, mais elles y touchent cependant et peuvent contribuer à y faire la lumière. Si, d'une façon générale, elles confirment les résultats annoncés par M. Flechsig, elles tendent toutefois à les modifier sur un point important, je veux parler du trajet intra-encéphalique au sujet duquel l'auteur allemand formulait l'hypothèse dont je viens de vous parler.

Les recherches de M. Parrot sont fondées sur 96 autopsies d'enfants nouveau – nés n'ayant pas dépassé un an
d'âge ; le cerveau a été examiné à l'aide de coupes méthodiques sur lesquelles il s'agissait de reconnaître, à l'œil nu, les
différences de couleur qui correspondent aux diverses régions de la masse cérébrale suivant l'âge de ces nouveau-
nés. Il est certain que les faits *chromologiques*, ainsi que
les appelle M. Parrot, peuvent fournir des indications relatives au développement des différentes parties des hémisphères. Les parties grises, transparentes en effet, peuvent
être considérées comme les parties fœtales, embryonnaires,
tandis que les parties blanches sont développées, adultes.
La coloration blanche, en un mot, correspond à la structure
achevée des tubes nerveux (cylindre-axe recouvert de sa
gaîne de myéline). Or, au point de vue que nous envisageons,
voici ce qu'il me paraît intéressant de relever surtout dans
les importantes recherches de M. Parrot.

Cette figure que M. Parrot a mise très obligeamment à
ma disposition, représente une coupe verticale d'un hémisphère ; c'est une coupe antéro-postérieure, parallèle au
plan médian, et pratiquée à un centimètre et demi environ
de la scissure inter-hémisphérique. Il s'agit d'un enfant de
17 jours. Vous voyez qu'à cette époque les régions antérieures et postérieures ont une coloration grise très foncée,
ce qui signifie qu'elles sont encore à l'état fœtal ; ce n'est
qu'au bout d'un mois que la substance du lobe occipital
commencera à blanchir ; et, quatre mois après seulement,
c'est-à-dire vers le cinquième mois, les régions antérieures
commenceront à se développer ; encore ce développement
ne sera-t-il achevé que vers le neuvième mois.

Mais, déjà, vous le voyez, vers le dix-septième jour la
partie médiane ou sous-rolandique du cerveau est marquée
par la présence de fibres nerveuses revêtues de myéline.
En ce point, les faisceaux du centre ovale se présentent sous
la forme de deux tractus blancs qui semblent marcher à la

rencontre l'un de l'autre. L'un, le premier en date (ce dont on peut juger d'après l'étude du cerveau d'enfants moins âgés) repose sur les masses ganglionnaires centrales, où il

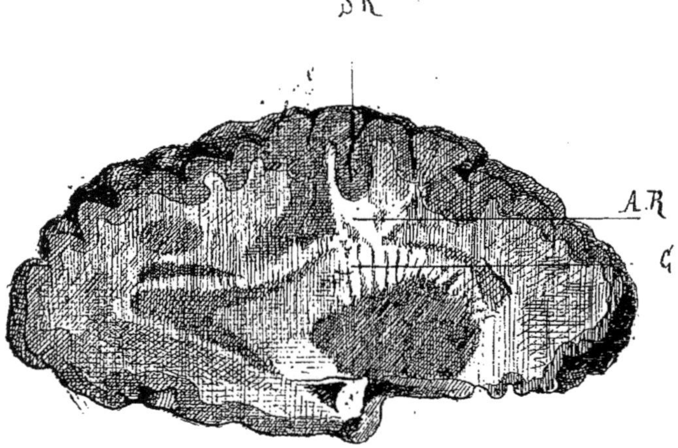

Fig. 56. — Coupe verticale antéro-postérieure, un peu en dehors de la face interne de l'hémisphère. On y reconnaît des parties diversement colorées, les unes blanches, les autres grises. — AR représente l'anse rolandique sous-jacente à la scissure de Rolando SR. — C, capsule interne émergeant de la masse grise centrale.

paraît avoir son centre de formation, et s'avance dans la direction du sillon de Rolando. L'autre forme une espèce d'anse blanche circonscrivant la dépression du sillon de Rolando au-dessous de l'écorce grise (M. Parrot l'appelle *anse rolandique*), et se porte au-devant du faisceau précédent.

Ces tractus blancs, vous le voyez bien, répondent tout à fait par leurs rapports anatomiques à la description que donne Flechsig du trajet intra-hémisphérique des faisceaux pyramidaux; seulement, et c'est ici que l'opinion risquée par M. Flechsig se heurte aux résultats obtenus par M. Parrot, il existerait pour cette partie du faisceau pyramidal, deux centres de formation; l'un siègerait dans un point quelconque des noyaux centraux, il serait le premier par l'âge ; l'autre aurait son point de départ dans la substance grise des circonvolutions rolandiques, autrement dit des zones motrices. Somme toute, je vous le répète, il n'y a guère que ce seul objet de dissidence entre les deux observateurs, et l'on peut, dès à présent, conclure des recherches de M. Flechsig, que de toutes les régions du manteau de l'hémisphère, ce sont les régions dites motrices qui se développent les premières et qui, les premières, se mettent en rapport avec le système bulbo-spinal par l'intermédiaire des faisceaux pyramidaux.

Ici se terminent, Messieurs, les considérations que j'ai voulu vous présenter concernant l'anatomie du système des faisceaux pyramidaux, faite d'après les documents fournis par l'examen du développement des centres nerveux. Cet exposé préliminaire, un peu long peut-être, était indispensable pour entreprendre l'étude des lésions systématiques des faisceaux pyramidaux, connues sous le nom de dégénérations secondaires. Ces lésions ne sont pas intéressantes au seul point de vue de l'anatomie pathologique pure : il s'y rattache un ensemble de faits cliniques qui les rendent dignes de toute l'attention des médecins.

QUATRIÈME LEÇON

Dégénérations secondaires. — Dégénération du faisceau pyramidal dans le pédoncule, la protubérance, le bulbe, la moelle épinière. — Dégénération exceptionnelle du faisceau interne du pédoncule. — Division de l'étage inférieur du pédoncule en trois régions.

SOMMAIRE. — Introduction à l'étude des dégénérations secondaires. — Dégénérations de cause cérébrale ; elles sont descendantes. — Dégénérations de cause spinale ; elles sont tantôt descendantes, tantôt ascendantes. — Dégénérations de cause périphérique.

Conditions de la dégénération descendante de cause cérébrale. — Une question de localisations domine la situation. — La nature de la lésion importe peu, pourvu que cette lésion soit destructive. — Lésion consécutive du pédoncule ; elle divise l'étage inférieur en trois régions. — Dégénération dans la protubérance, dans le bulbe, dans la moelle épinière.

Localisation de la lésion dégénérative dans la région opto-striée. — Etudes de M. Flechsig. — Le faisceau pyramidal proprement dit n'est pas seul capable de dégénération descendante. — Dans la capsule interne il occupe au moins les deux tiers antérieurs du segment postérieur. — Le faisceau postérieur (fibres sensitives de Meynert) ne dégénère jamais.

Messieurs,

Après les préliminaires qui nous ont jusqu'à présent occupés, nous pouvons entrer aujourd'hui dans le domaine de l'anatomie pathologique. Je me propose de traiter devant vous des lésions systématiques de la moelle épinière.

Je commencerai l'étude des formes diverses qui composent cette classe, par les altérations connues généralement sous le nom de *dégénérations secondaires*.

1.

Les lésions dont il s'agit sont dites secondaires parce qu'elles se produisent consécutivement à une autre lésion, lésion en foyer le plus souvent, développée primitivement dans différentes parties du névraxe, cerveau proprement dit, bulbe, moelle épinière, ou même dans les nerfs périphériques. Une fois nées, ces lésions consécutives peuvent acquérir une individualité, une autonomie réelle, et il s'y rattache quelquefois toute une histoire clinique qui se surajoute à l'histoire de la maladie originelle et qui parfois même la domine.

A ce point de vue, les plus intéressantes des lésions secondaires sont celles qui affectent le système des faisceaux pyramidaux. Je relèverai par avance, Messieurs, que toutes les lésions systématiques des faisceaux pyramidaux ne sont pas secondaires ; il est des lésions de ce genre (et c'est là un point sur lequel j'aurai à insister par la suite) qui se développent à titre d'affections primitives, protopathiques, c'est-à-dire en dehors de toute influence d'une lésion primordiale.

Je ne saurais trop insister, Messieurs, sur ce point que l'histoire des dégénérations spinales secondaires est tout à fait digne de fixer l'attention du médecin. Si en effet ces lésions ont pu pendant longtemps être considérées comme un objet de pure curiosité scientifique, comme propres seulement à intéresser le physiologiste ou l'anatomiste, on peut affirmer qu'il n'en est plus de même aujourd'hui. Les travaux récents ont suffisamment mis hors de doute que ces affections-là tiennent à tous égards une place importante dans la pathologie des centres nerveux (1).

II.

Les dégénérations secondaires de la moelle épinière forment un ensemble assez complexe et il importe d'abord d'y établir des divisions.

1° Dans un premier groupe sont réunies les *dégénérations secondaires de cause cérébrale*, c'est-à-dire celles qui procèdent d'une lésion en foyer occupant certaines parties de l'encéphale. Ainsi les lésions de ce groupe peuvent résulter *a*) soit d'une lésion primitive du cerveau proprement dit, *b*) soit de lésions siégeant dans les diverses régions de l'isthme (α les pédoncules, β la protubérance, γ le bulbe rachidien). Les dégénérations qui ont une semblable origine sont communément dites *descendantes*, parce qu'elles semblent, en réalité, descendre de l'encéphale, où elles ont pris naissance, vers les parties périphériques.

2° Dans un second groupe, on doit placer les *dégénérations secondaires de cause spinale*, c'est-à-dire celles qui sont consécutives à la formation d'une lésion en foyer dans un point quelconque de la moelle épinière. Nous verrons

---

(1) Il est inutile de revenir une fois de plus sur l'historique de cette question ; nous rappellerons seulement qu'après les travaux de L. Turck, Charcot et Vulpian, c'est dans le mémoire classique de M. le professeur Bouchard qu'on trouvera les documents les plus intéressants relatifs aux dégénérations secondaires. M. Bouchard a, le premier, mis en usage les procédés de durcissement et de coloration dans l'investigation des lésions médullaires, et le premier aussi a cherché à établir la symptomatologie de la lésion dégénérative. (B.)

pourquoi ces lésions consécutives peuvent être dites descendantes pour une part, et ascendantes pour une autre part.

3° Une troisième catégorie réunit un petit nombre de faits, fort curieux du reste, mais qui n'ont pas encore trouvé place dans la pratique. La dégénération est ici de cause périphérique et siège dans les faisceaux postérieurs de la moelle épinière. Les exemples connus sont au nombre de cinq ou six à peine ; mais toujours ce sont les nerfs de la queue de cheval, et là, plus explicitement, les racines postérieures, qui ont dû être considérées comme le point de départ de la lésion spéciale.

III.

Nous nous occuperons en premier lieu des dégénérations du premier groupe, de celles qui ont une origine encéphalique ; et même, pour restreindre encore notre premier champ d'étude, nous n'envisagerons d'abord que les lésions fasciculées secondaires, engendrées par un foyer siégeant dans le cerveau proprement dit.

Avant d'entrer dans le détail, indiquons les caractères les plus généraux du groupe.

1° La lésion originelle existe dans le cerveau proprement dit, cela est bien entendu. Mais elle n'intéresse pas indistinctement tel ou tel point de l'hémisphère. En d'autres termes, il y a dans les hémisphères des régions très étendues où les lésions en foyer sont impuissantes à provoquer des dégénérations secondaires ; et il en est d'autres, par contre, où ces altérations déterminent à coup sûr des lésions descendantes consécutives. Vous le voyez, Messieurs, une question de *localisations* domine en quelque sorte la situation.

2° Quant à la *nature* de la lésion originelle, rien n'est plus variable. Tumeurs intra ou extra-encéphaliques, foyers d'hémorrhagie ou de ramollissement, toutes les altérations possibles auront le même caractère, pourvu toutefois, — et c'est là une condition *sine quâ non*,—pourvu que la lésion soit *destructive*, c'est-à-dire qu'elle produise, dans le lieu où elle s'établit, une véritable perte de substance aux dépens des éléments nerveux. Aussi les anciens foyers d'hémorrhagie ou de ramollissement figurent-ils beaucoup plus communément parmi les lésions qui causent les dégénérations secondaires que ne font la plupart des tumeurs, celles-ci pouvant déprimer ou refouler les éléments nerveux sans les détruire.

3° En dehors d'un cas particulier qui sera mentionné en temps et lieu, les dégénérations de ce groupe ont pour caractère général d'affecter exclusivement le système des faisceaux pyramidaux et de se limiter, de se cantonner dans ce système.

Si la lésion primordiale n'occupe qu'un des deux hémisphères, la dégénération se propage dans le faisceau pyramidal croisé du côté opposé; si, au contraire, il existe un foyer dans chacun des deux hémisphères, les deux moitiés du système pyramidal peuvent être simultanément envahies.

Et je le répète à dessein, Messieurs, il s'agit là d'une lésion systématique par excellence. Les faisceaux voisins restent toujours indemnes, et (à moins de circonstances particulières que nous aurons à relever) la substance grise et les racines des nerfs périphériques demeurent également intactes.

4° Pour ce qui est de la nature de la dégénération au
point de vue anatomique, c'est là une question que je réserve. Est-elle le résultat d'un processus purement passif,
comme le veulent quelques auteurs, ou, au contraire, irritatif, comme d'autres le prétendent? Ou bien les deux opinions doivent-elles être combinées, en ce sens que, passif

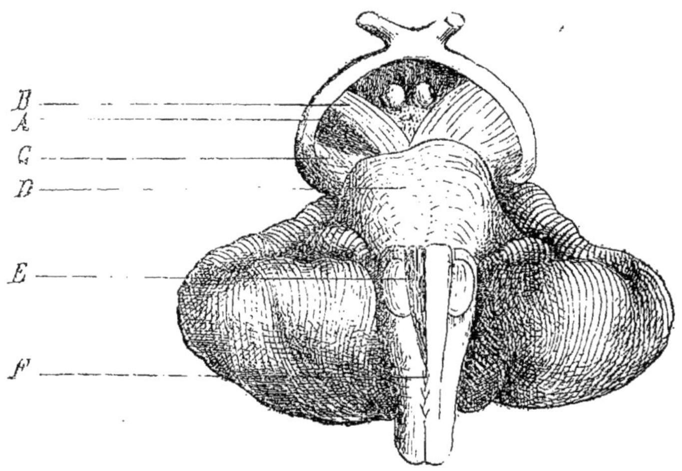

Fig. 57. — A, dégénération dans le pédoncule cérébral (faisceau pyramidal. —
B, faisceau pédonculaire interne, dégénérant quelquefois, mais exceptionnellement.
— C, faisceau externe (centripète ?), ne dégénérant jamais. — D, protubérance ;
elle est asymétrique, déprimée du côté de la lésion. — E, pyramide dégénérée
grisâtre, atrophiée, s'entrecroisant en F avec celle du côté opposé.

dans une première période, le processus deviendrait actif
dans une deuxième? Voilà des questions intéressantes sans
doute, mais, je vous le répète, nous ne les aborderons que
par la suite. Pour le moment, je veux me borner à considérer la topographie des dégénérations secondaires, et vous
allez voir, ainsi que je vous l'annonçais tout à l'heure,
qu'il s'agit bien là de lésions systématisées dans le domaine
des faisceaux pyramidaux.

IV.

Prenons la lésion secondaire au moment où elle émerge, en quelque sorte, de la profondeur de l'encéphale. Elle apparaît d'abord dans le pédoncule; nous la suivons ensuite dans la protubérance, puis dans le bulbe, enfin dans les diverses régions de la moelle épinière.

Remarquez d'abord, Messieurs, que si la lésion est très prononcée et très ancienne, passez-moi l'expression, elle vous sautera aux yeux. Du même côté que la lésion hémisphérique, vous reconnaissez une atrophie réelle de l'étage inférieur du pédoncule, de la protubérance, de la pyramide correspondante, laquelle présente en même temps une teinte grise. (*Fig. 57.*) Du côté opposé à la lésion, au-dessous de l'entrecroisement des pyramides, vous constaterez également une asymétrie de la moelle épinière résultant de l'atrophie du faisceau antéro-latéral. C'est sous cet aspect que la lésion a été connue des anciens auteurs. Mais notez bien ceci, Messieurs, que dans la grande majorité des cas, les choses ne vont pas aussi loin, et que l'intervention du microscope est indispensable.

1° *Dans le pédoncule*, et c'est là un fait intéressant à relever, la partie dégénérée est grisâtre et se présente sous la forme d'un espace triangulaire, occupant la partie médiane de l'étage inférieur. La base de ce triangle est du côté de l'encéphale, tandis que le sommet est du côté de la protubérance. Ainsi, la surface du pied du pédoncule se trouve en quelque sorte divisée en trois régions : *a*) une région médiane représentée par le faisceau pyramidal dégénéré ; *b*) une région externe, qui jamais, sous aucune condition (autant que j'en puis juger, du moins d'après les nombreuses observations que j'ai faites à ce sujet), ne devient le siège de dégénérations, circonstance fort remarquable sur laquelle nous reviendrons ; — *c)* enfin, une région interne qui, parfois, mais exceptionnellement et dans des circonstances toutes spéciales que nous aurons également à envisager par la suite, est envahie par la dégénération du faisceau pyramidal, ou même peut dégénérer pour son propre compte, sans participation du faisceau médian.

Lorsqu'on a pratiqué des coupes minces de la région pédonculaire, on peut s'assurer immédiatement que le faisceau médian dégénéré correspond exactement au faisceau pyramidal, que l'anatomie de développement permet de retrouver dans le pédoncule. A un faible grossissement, on voit que la lésion se présente sur une section normale, sous la forme d'un espace quadrilatère occupant la partie moyenne du pied, s'étendant depuis la substance grise de Sœmmering, qui forme sa limite supérieure et répond au côté le plus étroit du parallélogramme, jusqu'à la surface du pied, qui représente le côté le plus large.

Les fibres nerveuses étant pour une bonne partie détruites dans l'aire de ce parallélogramme ou remplacées par du tissu conjonctif, il en résulte sur les coupes colorées au carmin une teinte rouge bien franche contrastant avec l'aspect relativement pâle des parties voisines, ce qui permet la détermination topographique exacte de la lésion.

2° *Dans la protubérance* le faisceau pyramidal dissocié est plus difficile à reconnaître au milieu des fibres transversales propres à la région. Cependant on distingue encore assez facilement les faisceaux secondaires dégénérés, surtout par comparaison avec le côté sain, dans les régions inférieures ou bulbaires de la protubérance, là où ces faisceaux secondaires commencent à se rapprocher et à se grouper de nouveau pour constituer un peu plus bas le faisceau pyramidal.

3° Dans toute l'étendue du bulbe la lésion se reconnaît avec une grande facilité; vous pouvez en juger par l'examen d'une coupe pratiquée perpendiculairement au grand axe du bulbe rachidien et passant par la région moyenne des olives.

La lésion bulbaire est exactement circonscrite dans le faisceau pyramidal du côté de la lésion encéphalique primordiale.

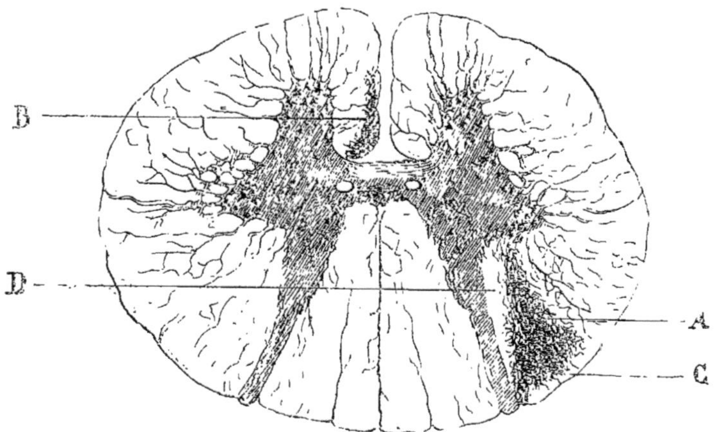

Fig. 58.—Coupe transversale de la moelle dans la région cervicale.—A. dégénération du faisceau pyramidal dans un cas de lésion des centres moteurs hémisphériques. — B, dégénération du faisceau direct. — C, espace de substance blanche correspondant au faisceau cérébelleux. — D. région intermédiaire entre la corne postérieure et le faisceau pyramidal ; cette région est toujours respectée dans la dégénération descendante.

4° Si maintenant nous considérons une série de coupes transversales de la moelle, pratiquées dans les diverses régions du cordon nerveux, nous reconnaissons aussitôt le cordon antéro-latéral du côté correspondant à la lésion cérébrale ; et du côté opposé à la lésion, le faisceau pyramidal croisé. (*Fig. 58.*) Vous voyez, Messieurs, comment ce dernier faisceau peut seul être poursuivi jusqu'à l'extrémité inférieure de la moelle lombaire, et comment dans les diverses régions spinales, ses rapports se modifient conformément aux enseignements qui nous ont été fournis par l'anatomie de développement. (*Fig. 55.*)

La démonstration que j'ai voulu vous présenter est donc complète ; et la lésion dégénérative descendante, dans le cas qui nous occupe, est, ainsi que je l'avais annoncé, littéralement cantonnée dans le système des faisceaux pyramidaux.

V.

Après avoir déterminé la topographie des lésions dites dégénérations secondaires, il nous faut actuellement nous arrêter sur un des points les plus importants de leur histoire.

Quel est le caractère commun à toutes les lésions destructives en foyer, qui, s'étant développées dans la profondeur de l'hémisphère, donnent lieu après un certain temps aux dégénérations descendantes ? Quel est au contraire le caractère des lésions du même genre qui ne produisent pas de dégénérations ? Je le répète, il s'agit là surtout d'une question de siège ou, autrement dit, de *localisation*, et c'est là justement ce qu'il importe de démontrer.

L'hémisphère cérébral, — je vous le faisais remarquer dans la dernière séance — peut être considéré d'une façon très générale comme composé de deux parties jusqu'à un certain point anatomiquement, fonctionnellement et pathologiquement distinctes ; ce sont, d'un côté, les masses ganglionnaires centrales, et d'un autre côté ce qu'on appelle quelquefois le manteau, à savoir la substance blanche semi-ovalaire et l'écorce de substance grise qui les recouvre.

1° Arrêtons-nous en premier lieu aux masses grises centrales. Une analyse très sommaire de la région y fait reconnaître (sur une coupe transversale par exemple) le tractus blanc à direction antéro-postérieure qu'on appelle la capsule interne ; en dehors de ce tractus, le noyau lenticulaire ; en dedans la couche optique et le noyau caudé.

Il n'est pas rare, tant s'en faut, Messieurs, de voir des lésions en foyer destructives étroitement localisées dans l'un ou dans l'autre de ces noyaux. Cela est très vulgaire, particulièrement pour ce qui concerne le noyau lenticulaire et surtout la partie externe de ce noyau. C'est là que siègent le plus communément, vous le savez, les foyers ocreux, derniers vestiges des hémorrhagies intra-encéphaliques. Les foyers plus ou moins volumineux limités à la couche optique, ceux qui se circonscrivent dans la tête du noyau lenticulaire ne sont pas non plus fort rares. Or, Messieurs, et c'est là un point mis en lumière déjà par Ludwig Turck, l'initiateur dans l'étude méthodique des dégénérations secondaires, ces dégénérations ne se produisent *jamais* lorsque la lésion, restant limitée dans le noyau de substance grise, quel qu'il soit, ne s'étend pas à la capsule interne de manière à en altérer profondément les fibres.

La lésion de la capsule interne est donc, en ce qui concerne les foyers des masses centrales, la condition *sine qua non* de la production des dégénérations secondaires.

2° Mais, Messieurs, toutes les lésions destructives de la capsule ne donnent pas lieu à ces dégénérations. Quelques-unes il est vrai, pourvu qu'elles aient une certaine étendue qu'on peut évaluer au minimum à un demi-centimètre de diamètre, les déterminent à coup sûr ; mais d'autres bien plus étendues ne les produisent jamais. Quelle est la raison de ces différences ? Tout, vous allez le reconnaître, dépend uniquement du siège que la lésion occupe dans le tractus blanc.

Le problème consiste donc à délimiter les régions capsu-

laires où la lésion destructive est suivie de dégénération,
par opposition à celles où cette même lésion ne produit pas
les mêmes résultats.

Il y a quatre ans j'ai formulé à ce sujet la proposition
suivante : « Les dégénérations secondaires se produisent
quand la lésion porte sur les 2/3 antérieurs de la capsule
interne ; elles ne se produisent pas quand la lésion porte
sur le tiers postérieur de la capsule (1). » Cette proposition a
été critiquée par M. Flechsig qui s'est livré sur ce sujet à des
études approfondies. La revision des faits à laquelle j'ai dû
me livrer à l'occasion de ces critiques m'a conduit à reconnaître qu'elles sont fondées sur plusieurs points. J'ai dû, en
conséquence, corriger ma formule et je dirai dans un instant en quoi consiste la modification que je propose.

Vous vous souvenez que l'étude topographique que nous
avons faite nous a conduits à reconnaître dans la capsule
interne l'existence de deux segments, l'un antérieur, l'autre
postérieur, ces deux segments s'unissant l'un à l'autre au
niveau de la région que M. Flechsig propose d'appeler le
genou de la capsule. Or, Messieurs, j'ai reconnu que les
lésions limitées au segment antérieur déterminent une dégénération secondaire, mais que cette dégénération n'affecte
pas le *faisceau pyramidal proprement dit ;* elle se traduit
à l'œil nu par la présence d'une bandelette grise qui occupe
le segment interne du pied du pécondule et n'intéresse pas
le segment moyen. Il existe donc, suivant toute vraisemblance, en dedans du faisceau des fibres pyramidales qui
s'entrecroisent au niveau de la décussation bulbaire, un
faisceau de fibres centrifuges provenant du segment antérieur de la capsule interne. Il est aussi très probable que
ces fibres s'arrêtent en bas dans un point quelconque de la
protubérance, car lorsque ce faisceau est dégénéré, on ne
peut le suivre dans la pyramide correspondante ; à plus

---

(1) Voy. Première Partie, huitième leçon, p. 100.

forte raison ne descend-il pas dans la moelle épinière. Si j'ai méconnu l'existence isolée de ce faisceau, c'est que les lésions capsulaires que j'avais examinées n'intéressaient pas seulement le segment antérieur, mais aussi le segment médian, le genou de la capsule; et dans ce cas, la lésion complexe de la capsule s'étendait par en bas dans le bulbe et la moelle épinière (1).

La région de la capsule qui nous intéresse quant à présent, et dont nous voulons déterminer autant que possible les limites, doit être cherchée dans le segment postérieur ou lenticulo-optique de la capsule. Si vous divisez d'avant en arrière ce segment antérieur en trois parties à peu près égales, — on ne saurait en pareille matière prétendre à la précision mathématique — la région de la capsule qui répond aux deux tiers antérieurs est justement celle dans laquelle, d'après les observations de M. Flechsig et mes observations récentes, une lésion destructive même peu étendue ne saurait exister sans qu'il s'en suive une dégénération descendante du faisceau pyramidal correspondant. On pourrait l'appeler *région pyramidale de la capsule*, puisque les fibres nerveuses qui la traversent semblent être une émanation directe des faisceaux pyramidaux.

Pour ce qui est du dernier tiers du segment postérieur de la capsule, j'indiquerai en passant (car c'est un point sur lequel j'aurai à revenir), que cette région paraît contenir seulement des fibres centripètes, et qui, en tout cas, ne semblent pas susceptibles de subir la dégénération descendante. Toujours est-il que les lésions en foyer qui se produisent en ce point se traduisent cliniquement par un ensemble symptomatique bien connu aujourd'hui sous le nom d'hémianesthésie cérébrale (2). Cet ensemble sympto-

---

(1) Voy. in *Progrès médical*, septembre 1879. *Faits pour servir à l'histoire des dégénérations pédonculaires.*
(2) Voy. p. 107.

matique est, je vous le rappelle, caractérisé ainsi qu'il suit :
1° perte ou simple obnubilation de la sensibilité générale
dans toute l'étendue de la moitié opposée du corps ; 2° de
ce même côté les sens spéciaux, y compris la vision et l'odorat, sont simultanément affectés. D'après ces données anatomo-cliniques fondées aujourd'hui sur un assez grand nombre de bonnes observations, la région en question pourrait
être considérée comme une sorte de carrefour où se trouvent
à un moment donné réunis, dans un espace étroit, les conducteurs de la sensibilité générale et spéciale provenant de
la moitié opposée du corps.

Ce fait mérite d'être rapproché de cet autre fait que dans
le pied du pédoncule,— du moins d'après mes observations
d'ailleurs assez nombreuses,— jamais le segment externe
n'est frappé de dégénération secondaire. Or les fibres de
ce segment externe sont celles que M. Meynert, dirigé par
des considérations d'anatomie pure, considère comme des
fibres centripètes prolongeant les fibres sensitives spinales
et les reliant aux régions postérieures de l'hémisphère. Les
fibres de ce segment externe du pied remonteraient donc
directement dans le tiers postérieur du segment postérieur
de la capsule. Ce n'est là qu'une hypothèse, sans doute,
mais c'est une hypothèse assez vraisemblable et qui méri-
tera dans les recherches ultérieures d'être prise en considération.

D'après cela les trois régions de la capsule sont représentées dans le pied du pédoncule par les trois faisceaux
dont il a déjà été question : 1° en dedans, un faisceau correspondant à tout le segment antérieur de la capsule. Celui-
la dégénère rarement ; 2° un faisceau médian qui répond
aux deux tiers antérieurs du segment postérieur de la capsule ; c'est le faisceau pyramidal, dont la dégénération est
si commune ; 3° un faisceau externe, qui ne dégénère jamais,
composé de fibres centripètes destinées à former le tiers
postérieur du segment postérieur de la capsule.

Je ne voudrais pas, Messieurs, vous donner cela comme un résultat définitif, mais comme un aperçu nouveau destiné à servir de guide dans les recherches à venir.

Quoi qu'il en soit, un fait, si je ne me trompe, se dégage nettement de la discussion qui précède ; c'est que, en tant qu'il s'agit des masses grises centrales, les lésions destructives portant primitivement ou secondairement sur les deux tiers antérieurs du segment postérieur de la capsule, sont les seules qui déterminent la dégénération descendante des faisceaux pyramidaux. Or cette région de la capsule est précisément celle dont il s'agissait d'établir la circonscription, et ainsi se trouve terminée la première partie de notre démonstration.

CINQUIÈME LEÇON

Dégénérations secondaires (suite). — Délimitation du faisceau pyramidal dans le manteau de l'hémisphère.

Sommaire, — Dans l'étude des dégénérations secondaires de cause cérébrale, le siège du foyer cérébral est le point capital. — Importance de la connaissance des plis du cerveau. — Circonvolutions motrices. — Vicq d'Azyr (1785), Rolando (1829), Leuret (1839).

Etude histologique des circonvolutions. — Cellules géantes de Betz et Mierzejewsky. — Description antérieure de Luys.

Analyse histologique et anatomie comparée des circonvolutions. — Hitzig, Ferrier, Betz, Bevan Lewees.

Vue schématique du faisceau pyramidal dans l'hémisphère cérébral. — Région rolandique du manteau. — Lésions en foyer de cette région ; elles donnent lieu à des dégénérations secondaires, tant à la suite de l'altération des fibres du centre ovale qu'à l'occasion des destructions corticales.

Messieurs,

Il nous faut actuellement considérer l'écorce du cerveau ou autrement dit, le manteau de l'hémisphère, car là aussi les lésions en foyer donnent lieu à des dégénérations secondaires.

Il y a longtemps qu'on sait — L. Türck le savait déjà — que les lésions en foyer, dites *périphériques*, par opposition aux lésions qu'on appelle *centrales* parce qu'elles occupent la région opto-striée, déterminent, elles aussi, dans de certaines circonstances, des dégénérations secondaires assimilables à celles qui se produisent en conséquence des lésions de la capsule interne. Mais quelles sont ces circonstances dans lesquelles les dégénérations résultent de lésions occupant l'écorce cérébrale ?

C'est dans ces derniers temps seulement, Messieurs, qu'on a fait remarquer qu'ici encore la condition fondamentale est relative au *siège* du foyer. L'étendue du foyer primitif, la nature même de l'altération qui le constitue, pourvu toutefois que ce soit une altération destructive, ne sont dans l'espèce que des conditions vraiment accessoires. Il s'agit donc pour nous en ce moment, vous le voyez, de déterminer topographiquement dans le manteau, la région que les lésions en foyer doivent intéresser pour qu'il s'en suive une dégénération descendante des faisceaux pyramidaux.

I.

Pour atteindre sûrement le but que nous nous proposons, une petite digression me paraît indispensable. D'ailleurs, Messieurs, en suivant la voie détournée où je vais vous conduire, nous relèverons, chemin faisant, plusieurs faits de topographie cérébrale qu'on a maintes fois l'occasion d'utiliser dans le genre d'études que nous avons entreprises (1).

Si l'on considère la surface des hémisphères cérébraux de l'homme et qu'on y cherche des points de repère pour s'orienter dans ce dédale qu'on appelle depuis longtemps les *plis* du *cerveau*, on est nécessairement frappé par la disposition remarquable que présentent les deux grandes circonvolutions moyennes, pour la première fois figurées

______

(1) Voy. première partie, p. 15.

et décrites par Vicq d'Azyr, dans son grand traité d'anatomie et de physiologie (1785, pl. III.). « *Elles sont*, dit Vicq d'Azyr, *obliquement dirigées de haut en bas; elles sont plus allongées, moins contournées que dans les autres régions du cerveau.* » Ces deux circonvolutions ont été décrites avec plus de détails par Rolando, en 1829, dans l'ouvrage intitulé « *De la structure des hémisphères du cerveau.* » Il les désigne sous le nom de *processus entéroïdes verticaux*. En réalité, Messieurs, ces deux circonvolutions constituent un des caractères morphologiques fondamentaux de la surface du cerveau de l'homme, et on les retrouve chez la plupart des singes. Vous savez qu'on les désigne aujourd'hui, l'antérieure sous le nom de circonvolution frontale ascendante, la postérieure sous le nom de circonvolution pariétale ascendante. Elles sont séparées l'une de l'autre par un sillon que depuis Leuret (1839), on appelle le sillon de Rolando. Sur la face externe de l'hémisphère elles s'étendent depuis la scissure de Sylvius jusqu'à la fente interhémisphérique; et l'on sait d'autre part qu'elles se prolongent en quelque sorte sur la face interne de l'hémisphère pour y constituer un petit lobule, dit lobule *paracentral* ou *ovalaire* au niveau duquel les deux circonvolutions prolongées se confondent. Or, Messieurs, la région de l'écorce grise de l'hémisphère sur laquelle j'appelle votre attention se distingue de toutes les autres, non seulement par sa configuration très particulière, mais aussi par quelques détails de structure qui méritent d'être relevés.

L'étude histologique, vous ne l'ignorez pas, a fait reconnaître dans l'écorce de l'hémisphère l'existence de cellules ganglionnaires ou nerveuses qui, en raison de la forme sous laquelle elles se présentent, sont appelées généralement *cellules pyramidales* de l'écorce grise. Ces cellules offrent des dimensions très variables; il en est de très petites, relativement bien entendu. Celles-là sont les plus nombreuses (cellules pyramidales de la petite espèce). Il en est de plus volumineuses, qui occupent la partie moyenne de la substance grise. Enfin, il existe des cellules pyramidales dites *géantes*, décrites avec soin par Betz et Meirzejewsky, et dont le diamètre atteint quelquefois 0 mm 040 à 0 mm 050, c'est-à-dire égale le diamètre des grandes cellules ganglionnaires dites motrices, des cornes grises antérieures de la moelle épinière (1).

Mais ce n'est pas seulement sous le rapport des dimensions qu'il y a lieu d'établir un rapprochement entre les cellules des cornes antérieures de la moelle et les grosses cellules pyramidales. Il existe, en effet, entre ces deux sortes d'éléments de très manifestes analogies de stucture. Ainsi, outre les prolongements protoplasmiques qui se ramifient et se subdivisent, on trouve encore dans les grosses cellules pyramidales et particulièrement dans les cellules gigantesques, une disposition bien caractéristique qui consiste en un prolongement spécial, indivis, identique au prolongement cylindrique décrit par Deiters sur les cellules ganglionnaires spinales. C'est, dans un cas comme dans l'autre, un filament grêle à son origine et qui va ensuite s'épaississant légèrement à mesure qu'il s'éloigne du protoplasma cellulaire. Par des dissociations heureuses il est possible, à une certaine distance de la cellule, de voir ce prolongement se recouvrir d'un cylindre de myéline. Toutes ces explications montrent bien qu'il est impossible de méconnaître les analogies qui, malgré les différences de forme et de siège, rapprochent d'une part les grandes cellules pyramidales de l'écorce cérébrale et d'autre part les cellules motrices des cornes antérieures. Ces analogies avaient d'ailleurs été pressenties déjà par M. Luys, et j'aurai bientôt l'occasion de les mettre de nouveau en relief.

Or, Messieurs, les plus grosses de ces cellules pyramidales, et surtout les cellules géantes, ne se voient pas indif-

---

(1) Voy. p. 21.

féremment dans toutes les régions de l'écorce ; elles affectent au contraire de se cantonner dans une circonscription
bien déterminée de la surface du cerveau, et cette circonscription est précisément celle dont tout à l'heure nous indi-
quions la configuration et les limites. C'est, en effet, dans
l'épaisseur de la substance grise des circonvolutions frontale

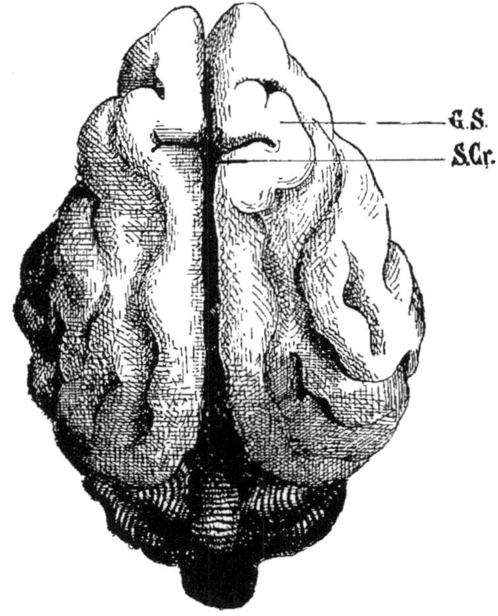

Fig. 59. — Cerveau du chien (face supérieure). S. Cr, sillon crucial ; G. S, gyrus
sygmoïde (région des circonvolutions à grandes cellules pyramidales).

et pariétale ascendantes, dans leur moitié supérieure principalement, ainsi que dans le lobule paracentral, que se
rencontrent les cellules pyramidales de la grande espèce,
et exclusivement les cellules géantes : elles sont là disposées
en groupes, en îlots, en *nids* comme dit M. Betz. Aussi la
région des circonvolutions médianes pourrait-elle être
appelée le département des cellules pyramidales gigantesques.

Il est très remarquable que cette particularité de structure n'appartient pas seulement à l'homme. On la retrouve chez le singe, comme l'a montré encore M. Betz. Là aussi c'est dans les circonvolutions médianes et dans le lobule paracentral que l'on observe les plus grandes cellules pyramidales. Le même auteur a également fait voir que ces cellules se rencontrent chez le chien dans les régions désignées depuis les travaux de Hitzig et Ferrier sous le nom de centres moteurs, c'est-à-dire dans la substance grise des circonvolutions qui avoisinent le *sulcus crucialis*.

Les observations de M. Betz ont été tout récemment confirmées, non seulement en ce qui concerne l'homme et le singe, mais aussi le chat et le mouton, par M. Bevan Lewees (*Brain*, 1878).

Ceci me conduit à relever, Messieurs, que les circonvolutions centrales, médianes, *rolandiques*, si vous voulez les appeler ainsi, sont celles dans lesquelles l'expérimentation pour ce qui a trait au singe, l'observation anatomo-clinique pour ce qui a trait à l'homme, a permis de localiser les régions dites psycho-motrices ou plus simplement motrices ; et je saisis l'occasion de vous faire remarquer en passant, que cette dénomination de centres moteurs n'implique dans mon esprit aucune idée physiologique absolument arrêtée, et que par là j'entends seulement désigner, par opposition aux autres, celles des régions de l'écorce du cerveau dont la lésion occasionne des troubles moteurs dans certaines parties déterminées du côté opposé du corps.

Ici se termine notre digression (1). Peut-être avez-vous pensé, Messieurs, que les considérations qui viennent de vous être présentées sont étrangères à notre objectif qui est, en somme, l'histoire pathogénique des dégénérations secondaires de cause cérébrale. Il n'en est rien cependant. En effet, cette partie de l'écorce grise dont j'ai voulu faire ressortir les principaux caractères morphologiques, histo-

(1) Voir pour plus de détails les *Leçons sur les localisations dans les maladies du cerveau* (5° leçon).

logiques et physiologiques, appartient à la région dont nous
nous sommes proposé de déterminer les limites.

Faites partir de la couche profonde de toute cette zone
grise, des fibres nerveuses se dirigeant vers la portion de la
capsule interne que nous appellions précédemment *pyramidale*, et vous obtiendrez ainsi une vue schémat
ne s'éloigne pas beaucoup de la réalité. en ci (

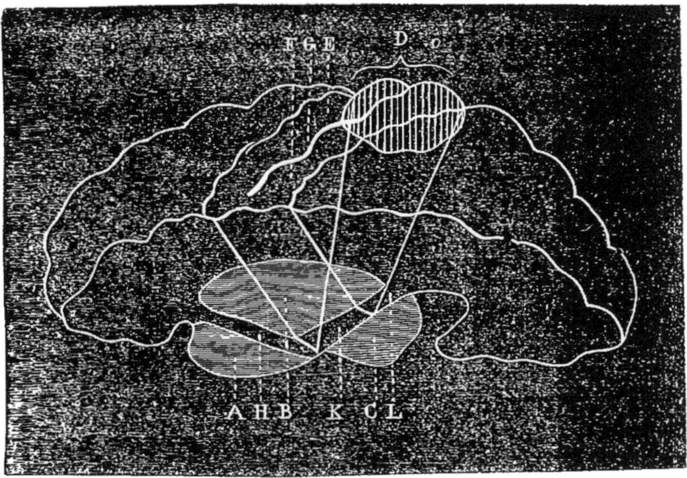

Fig. 60. — A, coupe horizontale du noyau caudé ; B, du noyau lenticulaire ; C, de la
couche optique ; D, lobule paracentral ; E, circonvolution frontale ascendante ; F,
pariétale ascendante ; G, sillon de Rolando ; H, segment antérieur de la capsule ;
K, région pyramidale de la capsule interne dans le segment postérieur ; L, portion sensitive de la capsule correspondant au tiers postérieur du segment postérieur.

quement notre région peut être représentée ainsi qu'il
suit : c'est une pyramide à quatre faces. Le sommet tronqué regarde en bas (c'est la région pyramidale de la capsule interne). La base de la pyramide est convexe, elle regarde en haut et en dehors. Elle n'est autre que l'écorce
grise des circonvolutions médianes ou ascendantes. La face
antérieure est représentée par une coupe frontale passant
d'un côté par l'extrémité postérieure du pied des trois circonvolutions frontales, et de l'autre par l'extrémité antérieure de la couche optique (c'est à peu près la coupe præ-

rolandique ou pédiculo-frontale de Pitres). La coupe frontale post-rolandique ou pédiculo-frontale, passant d'un côté par le pied des circonvolutions pariétales et d'un autre côté par la ligne fictive qui sépare les deux tiers antérieurs du segment postérieur de la capsule de son tiers postérieur, représente la face postérieure de la pyramide en question. Il est facile de comprendre, sans qu'il soit nécessaire d'y insister davantage, comment les deux autres faces, l'interne et l'externe, pourraient être obtenues.

Voilà une représentation géométrique sans doute assez grossière ; c'est bien cependant à peu près dans ces limites que se trouve renfermée la région qu'on pourrait appeler *rolandique*, du manteau, et qui représente dans le grand cerveau , comme un petit cerveau à part doué de propriétés physiologiques spéciales ; c'est également dans l'écorce de ce segment cérébral qu'il faut chercher le point de départ des dégénérations secondaires. En effet, en tant qu'il s'agit de lésions en foyer dites périphériques, c'est-à-dire siègeant en dehors des masses opto-striées, ces lésions ne déterminent la production des dégénérations secondaires du faisceau pyramidal que lorsqu'elles intéressent la région centrale ou rolandique du manteau de l'hémisphère. En dehors de cette région, les lésions destructives en foyer, quelle que soit leur étendue, ne produisent pas la dégénération descendante du faisceau pyramidal.

II.

Telle est, en résumé, Messieurs, la formule qui, relativement à la question qui nous occupe, exprime en quelque sorte l'état de nos connaissances actuelles. Je n'entrerai pas dans le détail des faits sur lesquels elle repose, renvoyant aux travaux de MM. Pitres, Issartier, Flechsig,où sont rassemblés tous les documents relatifs à ce sujet. Je me bornerai simplement aux remarques suivantes : il n'est pas démontré encore que les lésions destructives limitées à la substance grise corticale de la région rolandique produisent les dégénérations secondaires. Cependant, quelques faits empruntés à l'anatomie pathologique de la paralysie générale (1), semblent démontrer qu'il en est réellement ainsi.

Les lésions même peu étendues (1 à 2 centimètres cubes), intéressant à la fois la substance grise et la substance blanche subjacente, telles que les plaques jaunes ou les foyers superficiels d'hémorrhagie cérébrale, surtout quand elles portent sur les deux tiers supérieurs des circonvolutions ascendantes et le lobule paracentral, produisent des dégénérations secondaires très accentuées des faisceaux pyramidaux.

Les lésions en foyer intéressant le centre ovale dans la région rolandique, sans participation de l'écorce grise, déterminent, au même titre que les lésions superficielles, des dégénérations secondaires du faisceau pyramidal (2).

Pour en finir avec l'histoire particulière des dégénérations secondaires de cause encéphalique, il ne me reste plus qu'à vous dire un mot sur ce qui touche aux foyers limités à l'une quelconque des parties de l'isthme. Vous trouverez, consignés dans la monographie de M. Bouchard, la plupart des faits connus de dégénérations secondaires consécutives à des lésions localisées dans la protubérance ou le bulbe. La comparaison de ces faits montre que la condition nécessaire pour que, en pareil cas, la dégénération secondaire se produise, est que le foyer intéresse le trajet des faisceaux pyramidaux. S'il en est ainsi, un foyer même très limité placé dans le bulbe, au niveau de l'entrecroisement par

---

(1) Cas de Déjerine cité par Issartier.
(2) *Flechsig*. (2° mémoire. — 4 cas empruntés à Türck).

exemple, devra déterminer une dégénération descendante des deux faisceaux pyramidaux. Cette combinaison s'est trouvée réalisée dans une intéressante observation publiée par M. Hertz (1).

Un foyer de ramollissement, gros comme une lentille, siègeait sur le lieu même de l'entrecroisement des pyramides ; il en est résulté une dégénération secondaire symétrique des faisceaux pyramidaux, qu'on pouvait suivre dans toute l'étendue de la moelle épinière.

____

(1) *Deutsch. Arch.* 393, 1874.

SIXIÈME LEÇON

Dégénérations secondaires de cause cérébrale (fin).
— Amyotrophies consécutives.

Sommaire. — Les lésions dégénératives du faisceau pyramidal permettent d'établir nettement les rapports anatomiques de ce faisceau. — La terminaison des fibres de ce faisceau dans la moelle épinière donne matière à plusieurs hypothèses. — L'aboutissant de la fibre pyramidale est la cellule antérieure. — Généralement cette cellule arrête le travail de dégénération descendante. — Quelquefois elle est envahie elle-même. — Troubles trophiques qui sont la conséquence de la dégénération propagée aux cornes antérieures.

Il existe donc autre chose que des rapports de contiguïté entre le faisceau pyramidal et la substance grise de la moelle épinière. — Atrophie musculaire des hémiplégiques. — Observations de Charcot, Vulpiant, Hallopeau, Leyden, Pitres, Brissaud.

La propagation se fait-elle par le tissu conjonctif ou par les fibres nerveuses elles-mêmes ?

Messieurs,

J'en aurais fini avec l'histoire particulière des dégénérations secondaires de cause encéphalique, si je ne devais encore, avant de passer outre, arrêter un instant votre attention sur quelques faits de détail qui n'ont pas trouvé place dans l'exposé qui précède.

L'anatomie des faisceaux pyramidaux, faite d'après l'étude du développement de ces faisceaux et des dégénérations descendantes qui s'y produisent, a permis d'établir, vous l'avez reconnu, que les fibres nerveuses qui les com-

posent prennent leur origine dans l'écorce grise des circonvolutions rolandiques ; que, de plus, procédant de ce point
de départ, elles descendent jusqu'à la moelle sans avoir
présenté d'autres relations que des relations de contiguïté
avec les différentes parties de l'encéphale et du bulbe qu'elles
traversent. Or, on peut supposer, — bien que ce fait ne soit
pas démontré — que dans l'écorce grise, ces fibres nerveuses sont en relations plus ou moins directes avec les
grandes cellules pyramidales de la région. Mais en bas,
dans la moelle épinière, où et comment se terminent ces
fibres ?

Nous avons reconnu que dans la moelle le faisceau pyramidal s'amoindrit progressivement à mesure qu'il descend vers le *filum terminale*. Ce fait démontre suffisamment que les fibres nerveuses qui le constituent s'épuisent
peu à peu dans le parcours descendant de ce faisceau à travers les diverses régions spinales. D'un autre côté, certaines observations d'anatomie normale montrent dans les
différents étages de la moelle des fibres dirigées d'arrière
en avant et de dehors en dedans qui semblent établir une
connexion entre les faisceaux pyramidaux et les cornes antérieures de substance grise.

Relativement au mode de terminaison de ces fibres nerveuses qui semblent être une émanation directe des fibres
constituantes du faisceau pyramidal, plusieurs hypothèses
se présentent : ou bien les fibres pyramidales passent directement dans les racines antérieures ; ou elles se terminent
dans la corne grise sans aller au-delà ; enfin, il est possible
que quelques-unes d'entre elles se prolongent dans la commissure et gagnent le côté opposé de la moelle.

Contre la première hypothèse, on peut faire valoir les
faits suivants : l'anatomie de la moelle du nouveau-né
montre (d'après M. Flechsig dont nous pouvons confirmer
sur ce point les assertions), que tandis que le développe-

ment des faisceaux pyramidaux est encore à peine esquissé,

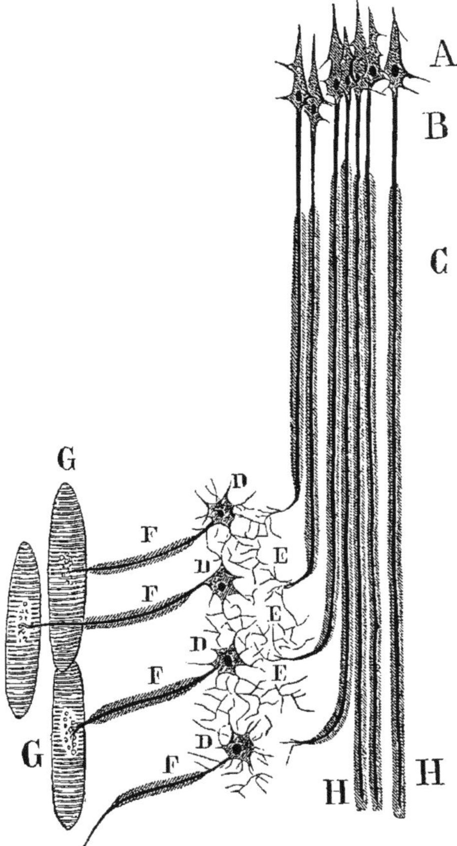

Fig. 61. — *Schéma indiquant l'ensemble de l'appareil du faisceau pyramidal depuis les cellules de l'écorce grise du cerveau jusqu'aux plaques terminales dans les fibres musculaires.* — A, Cellules géantes des circonvolutions dites motrices. — B, Cylindres axes. — C, Cylindres axes recouverts de myéline formant le faisceau pyramidal dans le cordon latéral de la moelle épinière. — D,D,D, Cellules des cornes antérieures de la moelle. — E,E,E, Réticulum de la substance grise où s'épuisent successivement les fibres nerveuses du cordon latéral. — F,F,F, Racines antérieures représentées schématiquement par des cylindres axiles qui proviennent des cellules antérieures et qui se terminent dans des fibres musculaires, G,G.

celui des cellules des cornes antérieures et des racines antérieures est déjà très avancé. Il n'y a donc pas *continuité* entre les fibres des faisceaux pyramidaux et les fibres des racines antérieures.

Ce fait trouve en quelque sorte son pendant dans l'histoire des dégénérations descendantes. En effet, alors même que la lésion d'un des faisceaux pyramidaux est des plus prononcées, il est de règle que les racines antérieures émanant de la corne grise du côté correspondant ne présentent aucune modification de structure, aucune diminution de volume appréciable.

La substance grise de la corne antérieure elle-même, au voisinage du faisceau pyramidal dégénéré, ne laisse voir également, dans les conditions ordinaires bien entendu, aucune trace d'altération ; aussi les grandes cellules nerveuses sont parfaitement intactes et la corne elle-même n'offre aucune diminution dans son volume.

Mais, Messieurs, cela ne prouverait point qu'il n'existe aucune connexité entre l'extrémité terminale des fibres pyramidales et les cellules motrices multipolaires ; il est même très vraisemblable — c'est l'opinion émise par la majorité des auteurs — que cette connexité existe. La deuxième hypothèse que je formulais tout à l'heure serait donc conforme à la vérité ; cependant, il faut le reconnaître, la disposition anatomique suivant laquelle s'établit ce rapport est restée jusqu'ici inconnue.

Quoi qu'il en soit, s'il en est ainsi, la cellule nerveuse motrice, dans le cas de dégénération descendante, devra être considérée comme l'obstacle qui arrête dans la substance grise le travail de dégénération et l'empêche de se propager aux tubes nerveux des racines antérieures qui ont très certainement — la physiologie le démontre — des relations médiates avec les fibres des faisceaux pyramidaux. Cette hypothèse, comme vous allez en juger, trouve un appui dans certains faits pathologiques appartenant à l'histoire des dégénérations descendantes, faits sur lesquels je vous demande la permission d'arrêter un instant votre attention.

On a depuis longtemps remarqué que, dans la règle, les muscles des membres du côté paralysé chez les sujets atteints d'hémiplégie permanente de cause cérébrale, ne présentent d'autres altérations atrophiques que celles qui, très tardivement, résultent de l'inertie fonctionnelle à laquelle ces muscles sont condamnés. Mais, à cet égard, il existe encore tout un chapitre d'exceptions, et il peut arriver que, contrairement à la règle, les muscles des membres frappés d'hémiplégie subissent, à un moment donné, une atrophie plus ou moins rapide, en même temps qu'ils offrent des modifications plus ou moins profondes dans leurs réactions électriques. J'avais été amené à penser que cette anomalie devait se rattacher à quelque particularité anatomo-pathologique et, dans un cas, j'ai constaté, en effet, ce qui suit (1):

Il s'agissait d'une femme atteinte d'hémiplégie gauche à la suite d'une hémorrhagie en foyer de l'hémisphère droit. Les membres du côté paralysé, qui, de très bonne heure, avaient été pris de contracture, commencèrent à diminuer de volume deux mois après l'attaque. L'atrophie musculaire était uniformément répandue sur toutes les parties des membres paralysés, et elle s'accompagnait d'une diminution très notable de la contractilité électrique. Cette atrophie musculaire progressa très rapidement, la malade vint à succomber, et, à l'autopsie, nous reconnûmes, sur des coupes durcies de la moelle épinière, qu'en outre de la sclérose fasciculée, il existait dans la corne antérieure du côté correspondant une altération dont le point le plus saillant était précisément l'atrophie et même la disparition complète d'un certain nombre de cellules motrices.

M. Hallopeau, dans le service de M. Vulpian, a observé quelques faits du même genre; M. Leyden en a vu également-

---

(1) Voy. *Leçons sur les maladies du système nerveux*, t. I, p. 55 et t. II, p. 245.

ment au moins un, bien qu'il n'ait pas, je le crois du moins, relevé le rapport entre l'altération des cellules nerveuses et l'atrophie des muscles.

Tout récemment, M. Pitres (1), à propos d'un fait du genre de ceux qui nous occupent, observé dans mon service, il y a quatre ans, est entré dans des détails anatomopathologiques très importants. Il s'agit, dans ce cas, d'un foyer ocreux, vestige d'une ancienne hémorrhagie cérébrale. Le foyer, du volume d'une grosse amande, avait to-

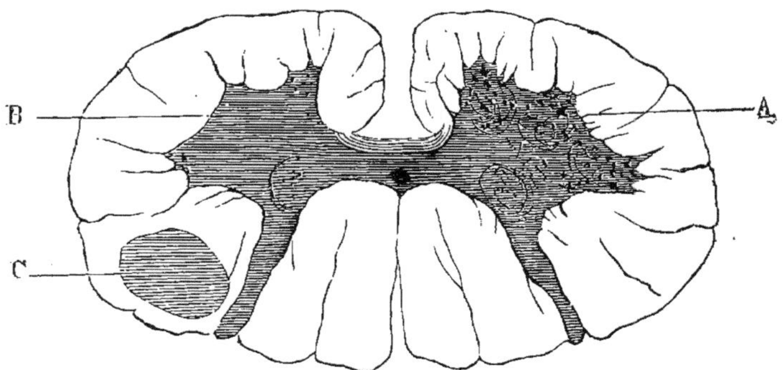

Fig 62. — *Coupe de la moelle épinière entre la septième et la neuvième paires rachidiennes.* A, corne antérieure du côté droit contenant des cellules motrices parfaitement saines et en nombre normal ; B, corne antérieure gauche ; les cellules motrices ont disparu sauf à la partie la plus externe et à la partie antéro-interne ; C, sclérose du faisceau pyramidal dans le cordon latéral. (D'après Pitres.)

talement divisé le tiers moyen de la capsule interne du côté droit. Pendant la vie, l'atrophie musculaire, qui avait attiré l'attention, occupait le membre supérieur gauche à peu près dans sa totalité. Au contraire, les muscles du membre inférieur paralysé ne présentaient pas d'atrophie notable.

Eclairé par les faits antérieurs, j'avais cru pouvoir annoncer que cette atrophie musculaire insolite, survenant dans le cours de l'hémiplégie cérébrale avec contracture

(1) *Arch. de physiologie normale et pathologique*, 1876, p. 664.

secondaire, trouverait son explication dans une destruction partielle des cellules de la corne antérieure gauche, au niveau de la région cervico-brachiale. L'examen microscopique fait avec le plus grand soin par M. Pitres est venu pleinement confirmer mes prévisions.

La sclérose descendante existait du côté gauche dans toute la hauteur de la moelle ; mais, en outre, dans un point limité du renflement cervico-brachial, entre la septième et la neuvième paires rachidiennes, dans une hauteur de 2 à 3 centimètres, on constatait dans la corne de la région antérieure une disparition complète de la plupart des groupes cellulaires qui se voient normalement dans cette région (groupes postérieur et antéro-externe). De plus, les racines antérieures, dans les régions correspondantes du renflement cervico-brachial, étaient beaucoup plus grises que dans les points symétriques du côté droit.

Les faits de ce genre forment un groupe assez homogène pour qu'il soit évident qu'il ne s'agit pas là d'une coïncidence fortuite.

Un des enseignements qu'ils fournissent est que l'extrémité terminale des fibres pyramidales, comme nous le disions tout à l'heure, est en relation d'une façon quelconque avec les cellules nerveuses des cornes antérieures. Dans la règle, lorsqu'il existe une dégénération secondaire du cordon latéral, la cellule résiste, en raison de son autonomie, à l'envahissement du processus morbide et protège, si l'on peut ainsi dire, la racine antérieure correspondante. Mais, dans certains cas exceptionnels, et peut-être cependant moins rares qu'on ne le croit d'habitude, sous l'influence de conditions inconnues, la cellule est atteinte à son tour, elle s'atrophie, et consécutivement les racines correspondantes subissent la désintégration dégénérative. La conséquence dernière de cet envahissement du système des nerfs centrifuges est l'atrophie et la dégénération des muscles auxquels les racines malades étaient destinées, suivant un mécanisme que nous devrons étudier en détail dans une occasion prochaine (1).

Il importe pour la théorie de remarquer que dans le cas de M. Pitres, comme dans ceux qui l'ont précédé, la dégénération descendante du faisceau pyramidal ne présentait aucune anomalie dans sa disposition au voisinage de la corne altérée. L'îlot de dégénération était, comme toujours, séparé de la substance grise par un tractus blanc ; en d'autres termes, on ne trouvait nulle part d'extension directe de la lésion du faisceau latéral à la corne antérieure correspondante.

Cette observation vient donc à l'appui de l'idée que la propagation se fait non par l'intermédiaire du tissu conjonctif, mais bien suivant le trajet et par la voie des fibres nerveuses qui, partant du faisceau pyramidal, gagnent les cornes antérieures de substance grise. L'anatomie indique que cette relation s'établit à l'aide de petits faisceaux de fibres nerveuses, qui, de distance en distance, se détachent du faisceau pyramidal. Une étude attentive permettra peut-être, dans les cas de dégénération descendante où ces fibres sont altérées, de les distinguer au milieu des fibres restées saines de la région des processus réticulaires. Cette constatation, d'ailleurs fort difficile, n'a pas encore été faite.

Messieurs, nous venons d'entrer dans des détails qui vous paraîtront peut-être bien minutieux. Mais assurément vous n'aurez pas à les regretter, car nous venons, passez-moi l'expression, de mettre la main sur une donnée de premier ordre et que nous aurons à utiliser bientôt pour l'interprétation physiologique des amyotrophies relevant d'une cause spinale.

---

(1) Depuis que cette leçon a été faite (21 avril 1879), de nouveaux cas d'atrophie musculaire consécutive à des dégénérations secondaires de cause encéphalique, ont été observés dans le service de M. Charcot. L'étude complète de ces observations a été publiée récemment dans la *Revue mensuelle de médecine et de chirurgie*, numéro d'août 1879. E. B.

SEPTIÈME LEÇON

Dégénérations secondaires de cause spinale. — Dégénérations ascendantes du faisceau cérébelleux et descendantes du faisceau pyramidal.

SOMMAIRE. — Dégénérations secondaires de cause spinale. — Leur fréquence. — Le cas vulgaire par excellence est celui de la compression de la moelle dans le mal de Pott. — Pachyméningite caséo-tuberculeuse. — Lésion transverse totale. — Il faut que cette lésion soit destructive pour qu'il s'en suive une dégénération.

Division des dégénérations consécutives à la lésion transverse totale. — Dégénérations descendantes. — Dégénérations ascendantes. — Celles-ci portent sur les faisceaux latéraux et sur les faisceaux postérieurs. — Faisceau *cérébelleux* de Flechsig.

Dégénérations dans le cas de lésion transverse partielle. — Elles n'ont lieu que quand la lésion destructive porte sur les faisceaux blancs. — Cas de l'hémiparaplégie spinale avec anesthésie croisée.

Lésion unilatérale de la moelle épinière déterminant, à la longue, une altération dégénérative des deux cordons latéraux. — Ce fait constitue une exception des plus rares. — Observations de Müller. — Déductions anatomiques qu'il est permis de tirer de cette observation. — Double entrecroisement de certaines fibres du faisceau pyramidal.

Messieurs,

Jusqu'à présent, nous nous sommes exclusivement occupés du faisceau pyramidal, et nous n'avons envisagé cet appareil qu'au point de vue de l'anatomie normale et de l'anatomie pathologique. La symptomatologie ne présente pas un intérêt moindre et nous nous y arrêterons également. Mais, auparavant, je crois utile de vous tracer un exposé d'ensemble des dégénérations médullaires de cause spinale, tout en conservant pour principal objectif le faisceau pyramidal dont l'histoire doit nous occuper particulièrement cette année. Cette voie, un peu détournée en apparence, doit cependant nous ramener aux symptômes, et vous serez alors plus aptes à apprécier leur valeur dans la séméiologie des affections spinales.

Nous allons donc nous occuper, Messieurs, de ces lésions systématiques dont je vous ai déjà entretenus, lésions fasciculées, tant ascendantes que descendantes, qui se produisent dans certaines régions de la moelle comme conséquence de la formation d'une *lésion destructive en foyer*.

Ces dégénérations secondaires de cause spinale sont très vulgaires, car, en raison des dimensions relativement étroites de la moelle épinière, il ne peut guère s'établir une lésion destructive de ce cordon nerveux, sans que la dégénération secondaire, à un degré ou sous une forme quelconque, en soit la conséquence.

I.

Considérant d'abord la lésion en foyer, cause de tous les accidents, nous envisagerons un cas fort simple, et en même temps, dans l'espèce, fort vulgaire. Il s'agira, si vous le voulez, de la compression lente de la moelle épinière, telle qu'on l'observe si communément dans le mal de Pott. On connaît très bien, depuis les recherches de Michaud, le mécanisme ordinaire de ce genre de compression (1). L'agent de la compression, en pareil cas, est la dure-mère épaissie. Sur la face externe, au contact des dépôts caséo-tuberculeux issus du corps des vertèbres et ayant amené la des-

---

(1) *Sur la méningite et la myélite dans le mal vertébral*, 1871.

truction du ligament vertébral postérieur, il s'est produit
une inflammation également caséo-tuberculeuse (*pachyméningite externe caséo-tuberculeuse*). Par le fait de cet
épaississement de la dure-mère, la moelle se trouve re-
foulée et par conséquent comprimée, dans une étendue qui
varie selon la hauteur de la néoformation caséeuse, généralement sur une longueur de deux ou trois centimètres.
Quelquefois elle est, sur ce point seulement, repoussée
d'avant en arrière; d'autres fois, elle est comme enserrée
de toutes parts, en quelque sorte étranglée (1).

Mais il ne s'agit pas là d'un phénomène purement mécanique. En effet, il se produit bientôt dans l'organe, au lieu
comprimé, une réaction d'ordre inflammatoire; en d'autres
termes, une myélite partielle est la conséquence à peu près
obligatoire de la compression spinale. Quoi qu'il en soit, il
se développe en cet endroit une lésion destructive qui, dans
la région lésée, porte indistinctement sur la substance grise
et sur tous les faisceaux blancs tant antérieurs que postérieurs : c'est ce qu'on peut appeler une *lésion transverse
totale*.

Il est bien entendu que cette même altération se produira,
en dehors du mal de Pott, avec les mêmes caractères et les
mêmes effets pour ce qui concerne les dégénérations secondaires, quelle que soit la cause de la compression.
Ainsi, les tumeurs cancéreuses, sarcomateuses, les psam-
momes nés primitivement en dehors de la moelle épinière,
pourront, en prenant de l'accroissement, déterminer la
myélite transverse par compression, avec toutes ses conséquences.

Et d'ailleurs, Messieurs, la compression proprement dite
n'est pas un fait nécessaire. Les tumeurs intra-spinales,
gliômes, syphilomes, tubercules solitaires, les myélites sy-

---

(1) Voy. *Leçons sur les maladies du système nerveux faites à la Salpêtrière*, t. II, p. 84.

philitique, traumatique ou autres, seront suivies des mêmes effets que la myélite par compression, pourvu que soit remplie la condition expresse de la destruction des éléments nerveux.

Ainsi, dès l'instant que la lésion *totale et transverse* agit comme un processus destructeur, quel que soit le point de départ de ce processus, le résultat sera toujours le même. Les seules variétés sont en rapport avec le siège : ainsi, les dégénérations présentent certaines particularités, suivant que la lésion initiale occupe telle ou telle région de la moelle épinière ; il en est de même dans les cas où la lésion transverse est partielle, c'est-à-dire quand elle ne porte que sur une partie de l'étendue transversale de l'organe. Mais, ainsi que vous le reconnaîtrez, la loi générale qui préside au développement des dégénérations secondaires de cause spinale ne se trouve point par là sensiblement modifiée.

II.

Pour plus de simplicité, nous envisagerons d'abord le cas d'une lésion transverse totale ; et nous supposerons que celle-ci siège dans la région dorsale supérieure.

Il y a à considérer, vous le savez, les lésions dégénératives descendantes, c'est-à-dire irradiées au-dessous de la lésion, et les ascendantes qui irradient au-dessus.

1° *Dégénérations secondaires descendantes. a)* Immédiatement au-dessous du foyer, dans l'étendue de un ou deux centimètres au plus, toute l'aire des faisceaux antéro-latéraux est altérée ; seuls les faisceaux postérieurs restent indemnes.

b) Plus bas, voici ce que l'on observe : deux bandelettes de sclérose dans les faisceaux antéro-latéraux représentent la lésion dégénérative ; ces deux bandelettes ne sont autre chose que les cordons de Türck.

Dans la portion latérale proprement dite des faisceaux antéro-latéraux, la dégénération n'occupe que les deux faisceaux pyramidaux croisés. Mais les cordons de Türck disparaissent rapidement, à moins d'anomalie, et les faisceaux pyramidaux seuls conservent les caractères de la dégénération descendante. Ici, de même que dans les dégénérations de cause cérébrale, à moins de complications, la substance grise et les racines antérieures restent indemnes.

2° *Dégénérations ascendantes.* — Les dégénérations ascendantes portent sur deux points : *a*) les faisceaux latéraux ; *b*) les faisceaux postérieurs.

a) La lésion des faisceaux antéro-latéraux n'a rien de commun avec la lésion descendante. Les faisceaux pyramidaux sont ici absolument indemnes. Ils ne sont pas capables de dégénération par en haut, de même que les faisceaux postérieurs ne sont pas capables de dégénération par en bas.

La lésion se présente sur la coupe, sous la forme d'une bandelette mince qui commence au niveau de l'extrémité postérieure de la corne grise postérieure correspondante, et s'étend en avant, jusqu'au voisinage d'une ligne transverse qui passerait par l'extrémité antérieure des cornes antérieures et quelquefois même au-delà.

C'est une bandelette très mince qui, par son bord externe, reste partout en contact avec la pie-mère. Cette lésion, déjà connue de Türck, peut être suivie jusque dans les régions les plus supérieures de la moelle. On la retrouve dans les corps restiformes et jusqu'au niveau du cervelet.

Le faisceau qui subit cette dégénération ascendante ne semble pas être également développé chez tous les sujets.

Les fibres qui le composent paraissent prendre leur origine dans les régions les plus supérieures de la moelle dorsale. En conséquence, leur dégénération ne se produirait pas si la lésion en foyer siègeait dans les parties inférieures de la moelle dorsale ou au-dessous. Le faisceau en question, que M. Flechsig désigne sous le nom de *faisceau cérébelleux direct*, augmente sensiblement d'épaisseur de bas en haut. M. Flechsig suppose que ses fibres naissent de la colonne vésiculaire de Clarke; mais ses connexions anatomiques

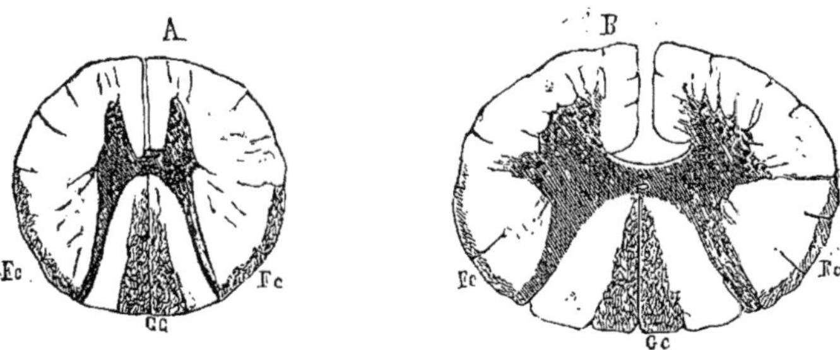

Fig. 63. — A, Coupe de la moelle épinière (région dorsale supérieure).—B, Région cervicale. — Fc, Faisceau cérébelleux dégénéré au dessus de la lésion spinale. — GC, Cordon de Goll.

sont, quant à présent, fort obscures. Je n'ai rien de plus à vous dire sur ce faisceau dont la lésion ascendante, que l'on sache, ne se traduit par aucun symptôme particulier.

b) La lésion ascendante des faisceaux postérieurs offre plus d'intérêt.

A. Immédiatement au-dessus du foyer, dans l'étendue de deux ou trois centimètres au plus, le faisceau postérieur est lésé dans toute son étendue.

B. Mais, plus haut, la lésion semble s'effiler et n'occupe bientôt plus que la partie médiane, qui, dans les régions supérieures de la moelle épinière (renflement cervico-bra-

chial), correspond au faisceau de Goll. (Voy. *fig. 63*, GC.)
La dégénération peut, d'ailleurs, comme le faisceau lui-
même, être suivie par en haut dans les pyramides postérieures du bulbe, jusqu'au niveau du quatrième ventricule,
tandis que la lésion du reste du faisceau ne remonte pas
au-dessus du foyer d'origine à une distance dépassant deux
ou trois origines nerveuses.

D'ailleurs, Messieurs, j'entrerai plus tard dans quelques
développements relativement à cette altération des faisceaux
postérieurs, que nous rencontrons pour la première fois, et
que nous devrons étudier avec plus de détails encore, à une
époque où nous aurons à revenir sur l'ataxie locomotrice.

III.

Actuellement, il me reste à indiquer brièvement quelques modifications que présente le type qui vient d'être
décrit, lorsque la lésion, au lieu d'être transverse *totale*, est
transverse *partielle*.

A. 1° D'abord il importe de faire ressortir que les dégénérations, tant ascendantes que descendantes, n'ont lieu
que quand la lésion destructive porte sur les faisceaux
blancs. Ainsi, les altérations même profondes de la moelle
épinière, quand elles sont limitées à la substance grise,
ainsi que cela se voit, soit sous une forme aiguë comme
dans la paralysie infantile, soit sous une forme chronique
comme dans l'amyotrophie spinale protopathique, ne sont
jamais suivies de dégénérations descendantes, à moins de
propagation accidentelle aux faisceaux blancs.

2° Dans les faisceaux blancs, au contraire, la lésion consécutive est en quelque sorte obligatoire ; si la lésion primitive est du domaine du cordon antéro-latéral et si elle respecte le faisceau pyramidal, cette dégénération sera peu étendue, car l'altération ne porte en pareil cas que sur des fibres commissurales très courtes. Nous verrons tout à l'heure ce qui advient, lorsque la lésion en foyer intéresse uniquement les fibres des faisceaux postérieurs.

B. A présent, il nous faut un instant considérer une combinaison qui se rencontre assez fréquemment dans la pratique, à savoir une lésion transverse et unilatérale de la moelle épinière. Il est rare que la lésion soit mathématiquement unilatérale, c'est-à-dire qu'elle ne déborde pas un

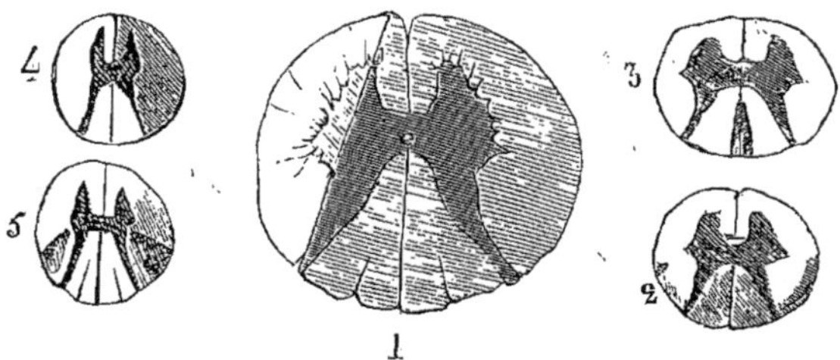

Fig. 64. — 1, Coupe transversale de la moelle épinière au niveau de la quatrième vertèbre dorsale. Toute la moitié droite de la moelle et toute l'étendue des cordons postérieurs sont détruites. — 2, Coupe de la moelle au niveau de la troisième vertèbre dorsale (sclérose des deux cordons postérieurs et des deux faisceaux cérébelleux). — 3, Au dessus, la dégénération n'occupe plus que les deux cordons de Goll. — 4, Moelle au niveau de la sixième dorsale (dégénération de tout le cordon antéro-latéral). — 5, Plus bas, à la hauteur de la 7e ou 8e vertèbre dorsale, la dégénération du faisceau latéral droit est accompagnée d'une dégénération du faisceau pyramidal gauche.

peu l'axe antéro-postérieur ; mais, au lieu de rester dans les généralités, prenons un exemple concret.

Il s'agit d'une lésion syphilitique de la moelle qui se traduit par les symptômes de l'hémiparaplégie spinale (d'un côté, paralysie et hyperesthésie ; de l'autre côté, absence de paralysie motrice, mais anesthésie)(1). L'autopsie démontre

---

(1) Voy. *Leçons sur les maladies du système nerveux.* T. II, p. 119.

que la lésion destructive intéressait la totalité du faisceau antéro-latéral gauche et la totalité des faisceaux postérieurs. Au-dessus de ce foyer, circonscrit nettement dans les régions que nous venons d'indiquer, on constate une dégénération secondaire des deux faisceaux de Goll ; et au-dessous on distingue, dans l'aire du cordon antéro-latéral, le triangle de dégénération du faisceau pyramidal gauche. C'est ainsi, remarquez-le bien, que les choses se passent en général pour ce qui concerne le faisceau pyramidal.

Mais, voici une exception à la règle, qu'il n'est pas inutile de considérer, parce qu'elle vous rendra compte peut-être de quelques symptômes dont l'explication serait autrement assez difficile. J'ai vu parfois les deux faisceaux latéraux affectés par une lésion unilatérale. L'altération, il est vrai, n'était pas symétrique et égale ; celle du côté primitivement atteint était plus développée que l'autre. Cette disposition s'est trouvée réalisée de la façon la plus remarquable dans un cas de section traumatique de la moelle épinière, observé par W. Müller.

Il s'agit d'un homme de vingt-un ans, qui reçut un coup de couteau au niveau de la quatrième vertèbre dorsale. La moelle épinière, à ce niveau, fut interrompue dans le trajet de tout le cordon antéro-latéral droit et des cordons postérieurs.(Voy. *fig. 64.*) Cet homme présenta les symptômes suivants : à gauche anesthésie et conservation des mouvements ; à droite, hyperesthésie et paralysie du membre inférieur. La mort eut lieu au bout de quarante-trois jours, et, à l'autopsie, on constata que la dégénération descendante occupait, non seulement le cordon antéro-latéral droit dans sa totalité, mais aussi le faisceau pyramidal gauche.

J'ai observé des faits du même genre ; M. Hallopeau en a signalé également dans certains cas de dégénération secondaire de cause cérébrale. Cette propagation d'une altération primitivement unilatérale au côté opposé peut s'expliquer, Messieurs, par l'hypothèse que je présentais dans la dernière séance, à propos du mode de terminaison des fibres du faisceau pyramidal dans la substance grise. Je disais que la plupart de ces fibres s'arrêtent dans les cornes antérieures, où elles se mettent en rapport avec les cellules motrices. Mais il est possible que quelques-unes d'entre elles passent dans la commissure antérieure, surtout dans la région dorsale et gagnent le faisceau latéral du côté opposé, pour descendre avec lui dans la région lombaire. Il existerait donc pour ces fibres un double entrecroisement, l'un dans le bulbe (pyramide antérieure), et l'autre dans divers points disséminés sur toute la hauteur de la région dorsale ; si j'insiste sur cette particularité, c'est que peut-être on peut expliquer ainsi les paraplégies plus ou moins complètes et les paralysies des deux membres inférieurs, qui se produisent parfois dans des cas de lésion unilatérale spinale ou de lésions cérébrales en foyer.

HUITIÈME LEÇON

Dégénérations ascendantes de cause spinale ; faisceaux de Goll et faisceau de Burdach. — Dégénérations spinales de cause périphérique.

Sommaire. — Dégénérations secondaires des cordons postérieurs. — Ces cordons sont décomposables, chacun en deux systèmes anatomiques distincts.— L'autonomie de ces deux systèmes repose sur des considérations relatives au développement, à l'anatomie de structure et à l'anatomie pathologique.

Développement des cordons postérieurs. — Travaux de Pierret, de Kölliker. — Apparition indépendante des faisceaux de Goll et du faisceau de Burdach. — Division ultérieure des deux appareils par les *sillons postérieurs intermédiaires*, Sappey.

Structure des faisceaux de Goll. — Noyaux de ces faisceaux sur le plancher du quatrième ventricule. — Structure des faisceaux de Burdach.

Lésions systématiques isolées, soit dans le faisceau de Goll, soit dans le faisceau de Burdach. — Les lésions du faisceau de Goll ne donnent pas lieu aux symptômes de l'ataxie locomotrice. — Compression de la moelle épinière produisant la dégénération totale du faisceau de Goll et la dégénération partielle du faisceau de Burdach.

Dégénérations de cause périphérique.— Il n'en existe encore que trois ou quatre observations. — Théorie probable de ces dégénérations.

Messieurs,

Ainsi que je vous l'ai annoncé dans notre dernière réunion, nous allons revenir aujourd'hui sur certains faits importants, relatifs aux dégénérations ascendantes de cause spinale : je veux parler surtout de la lésion des faisceaux postérieurs. Mais, auparavant, vous devez être renseignés sur quelques particularités de l'anatomie normale de ces faisceaux.

Il s'agit d'abord de reconnaître que, dans toute la hauteur de la moelle épinière, les faisceaux postérieurs décrits en anatomie descriptive ne constituent pas un seul et même système. Au contraire, ils doivent être décomposés en deux faisceaux secondaires représentant, en quelque sorte, deux systèmes, deux organes parfaitement distincts anatomiquement et qui fonctionnent isolément, aussi bien dans l'état normal que dans l'état pathologique.

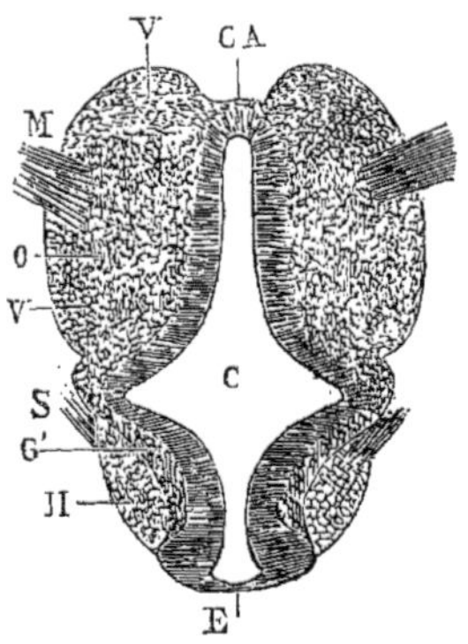

Fig. 65. — Coupe transversale de la moelle cervicale d'un embryon humain de six semaines. (Grossiss. 50.) — C, Canal central. — E, Revêtement épithélial de ce canal. — G, Substance grise antérieure avec un noyau sombre d'où émane la racine antérieure. — G, Substance grise postérieure. — V, Cordon antérieur. — H, Cordon postérieur. — CA, Commissure antérieure. — M, Racine antérieure. — S, Racine postérieure. — V, Partie postérieure du cordon antérieur (ou cordon latéral). — E, Portion amincie de substance nerveuse fermant en arrière le canal central (d'après Kölliker).

Or, cette autonomie des deux systèmes constitutifs des faisceaux postérieurs est fondée sur des considérations empruntées : 1° les unes à l'anatomie de développement ; 2° d'autres à l'anatomie de structure ; 3° d'autres enfin, à l'anatomie pathologique. Nous passerons successivement en revue les trois ordres de faits sur lesquels est fondée la distinction dont il s'agit.

Je m'empresse de vous rappeler que les développements qui vont suivre ne seront, pour une grande partie, que l'exposé de recherches très importantes publiées par

M. Pierret dans les Archives de physiologie en 1872 et 1873, c'est-à-dire à l'époque où il me faisait l'honneur de travailler sous ma direction.

I.

A. Un mot d'abord sur le développement des faisceaux postérieurs.

a) Chez l'embryon humain de six semaines, les faisceaux postérieurs ne sont encore représentés que par deux bandelettes qui coiffent en quelque sorte les cornes postérieures (1).

---

(1) Nous reproduisons ici, par comparaison, les figures demi-schématiques publiées dans les leçons de M. le professeur Charcot, sur les scléroses symétriques des cordons latéraux (d'après les préparations de M. Pierret). B.

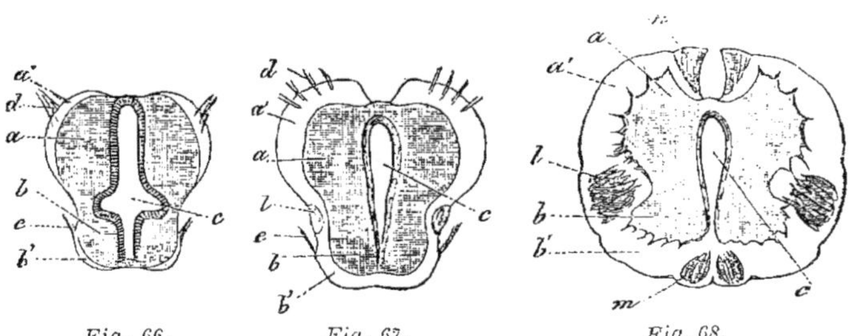

Fig. 66.   Fig. 67.   Fig. 68.

Fig. 66. — *Coupe de la moelle d'un embryon humain d'un mois.* — A, Cornes antérieures. — B, Cornes postérieures. — C, Canal central. — D, Racines antérieures. — E, Racines postérieures. — A, Zone radiculaire antérieure. — B, Zone radiculaire postérieure.

Fig. 67. — *Coupe de la moelle d'un embryon humain âgé d'un mois et demi.* — A,B,C, etc., comme dans la figure précédente. — L, Cordon latéral.

Fig. 68. — *Coupe de la moelle d'un embryon humain âgé de deux mois.* — A,B,C, etc., comme dans les figures précédentes. — L, Faisceau latéral. — M, Développement des faisceaux de Goll. — N, Développement des faisceaux de Türck (faisceaux antérieurs).

Ce sont là les rudiments des faisceaux de Burdach ; les faisceaux médians ou faisceaux de Goll ne se sont pas encore développés.

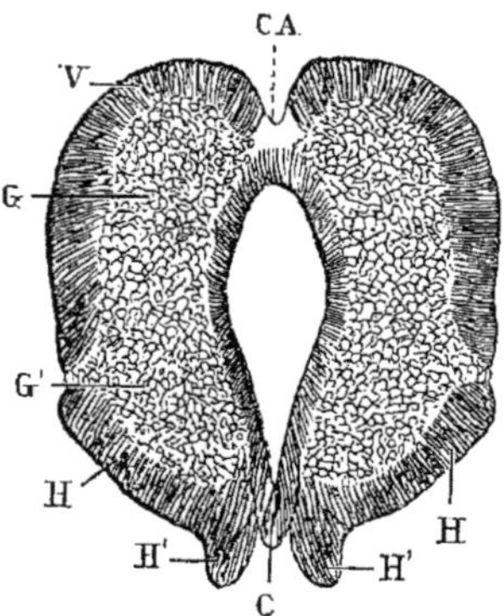

Fig. 69. — *Coupe transversale d'un embryon de huit semaines* (Grossiss. 50). — H,H, Partie saillante des cordons postérieurs H,H, qui plus tard formeront les cordons de Goll. — C,A, Commissure antérieure. — V, Cordon antérieur. — G, Substance grise antérieure. — G, Substance grise postérieure — H, Cordon postérieur. Entre les deux saillies H,H, des cordons postérieurs, C, représente l'épithélium du canal central (d'après Kölliker).

b) Ceux-ci ne commencent à apparaître que vers la hui-

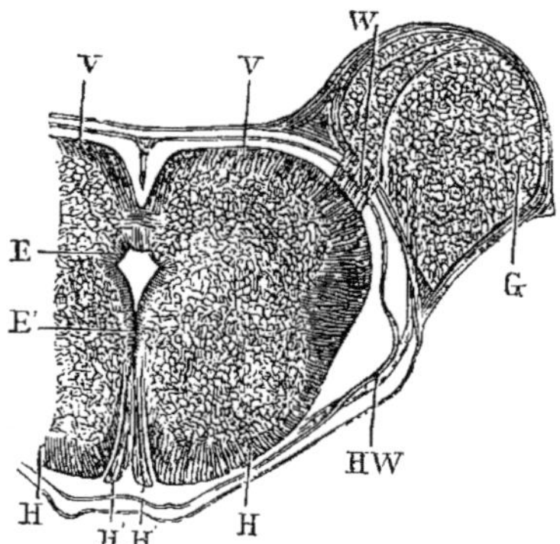

Fig. 70.— *Coupe transversale de la moelle cervicale d'un embryon de neuf à dix semaines.* (Grossiss, 35). — E, Épithélium du canal central. — E', Oblitération de ce canal, sa partie postérieure. — V,V, Cordons antérieurs. — H,H, Cordons postérieurs. — H,H, Cordons de Goll. — V,W, Racines antérieures. — H,W, Racine postérieure. — G, Ganglion intervertébral (d'après Kölliker).

tième semaine sous forme de deux bourgeons qui semblent émaner des faisceaux de Burdach.

Toujours est-il que, vers la dixième semaine, ils en sont tout à fait distincts. Ils se voient dans toute la hauteur de la moelle.

c) Par les progrès du développement, les faisceaux de Goll, dans certaines régions, se fusionnent avec les faisceaux de Burdach, sans toutefois se confondre avec eux. Mais, dans la région cervicale, ils restent distincts, même au point de vue de l'anatomie macroscopique, c'est-à-dire qu'ils sont, à ce niveau, limités de chaque côté par les *sillons postérieurs intermédiaires*. (Sappey.)

Voilà pour ce qui concerne l'anatomie de développement.

B) L'anatomie de structure, faite dans l'état normal chez l'adulte à l'aide de coupes pratiquées dans diverses directions sur des pièces durcies, montre à son tour ce qui suit :

a) Les faisceaux de Goll sont composés de fibres parallèles à long parcours, formant de longues commissures qui mettent en rapport des étages très éloignés de substance grise centrale. Par en haut, ce système de fibres commissurales se termine dans un amas ganglionnaire qui se voit sur le plancher du quatrième ventricule et qu'on appelle *noyaux des faisceaux de Goll*. Remarquez encore que les faisceaux de Goll n'ont aucune connexion avec le prolongement intra-spinal des racines postérieures.

b) Il n'en est pas de même des faisceaux de Burdach qui, eux, au contraire, sont traversés par une partie des fibres émanant des racines postérieures. Des fibres de ces racines, les unes, au moment où elles abordent la moelle, plongent directement dans la substance grise des cornes postérieures ; les autres n'atteignent la substance grise que dans la région du cou (*cervix cornu posterioris*), après avoir traversé, suivant un chemin beaucoup plus long, les faisceaux de Burdach où elles dessinent une courbe à convexité externe.

c) Mais ce groupe de fibres radiculaires émanant des racines postérieures ne constitue pas à lui seul, tant s'en faut, la totalité des faisceaux de Burdach. La grande masse de ces faisceaux est formée, au contraire, par des fibres verticales, arciformes, beaucoup plus courtes que les fibres du faisceau de Goll, et qui s'intriquent dans des directions très variées.

Telle est, d'après ce qu'enseigne l'étude directe de l'arrangement des fibres nerveuses, la constitution particulière des deux faisceaux du cordon postérieur.

C) Vous venez de voir, Messieurs, que l'anatomie de développement et l'anatomie de structure concourent à démontrer l'indépendance mutuelle de ces deux faisceaux. Voici maintenant une vérification nouvelle, et qui, cette fois, nous est fournie par l'anatomie pathologique.

a) Le faisceau de Goll a pu se montrer, dans certains cas, lésé isolément, systématiquement, dans toute son étendue, sans participation aucune des faisceaux de Burdach : cela a été démontré par M. Pierret à propos d'une observation recueillie dans mon service. Le même fait a été rencontré depuis par d'autres observateurs, et toujours on a vu le faisceau se dessiner nettement dans toute la hauteur de la moelle. A la région lombaire, il se montre sur les coupes transversales sous la forme de deux petits nodules, circonscrits de toutes parts par les fibres des faisceaux de Burdach. Ces deux faisceaux ont, en effet, dans cette région, une importance majeure, en raison surtout du grand nombre des fibres radiculaires postérieures qu'ils reçoivent. A la région dorsale, au contraire, les faisceaux médians l'emportent par leurs dimensions sur les faisceaux de Burdach. Enfin, à la région cervicale, les faisceaux de Burdach deviennent de nouveau considérables ; mais les faisceaux de Goll ne sont pas pour cela moins volumineux, et il est même très important de remarquer que c'est dans cette région qu'ils sont le plus n ettement isolés des parties avoisinantes, grâce à la plus grande profondeur des deux sillons postérieurs intermédiaires. Je tiens encore à vous rappeler, en passant, que les symptômes observés dans les cas de lésions isolées, systématiques, des faisceaux de Goll, ne sont pas ceux de l'ataxie locomotrice progressive.

b) Ce qui vient de se présenter, à propos des faiceaux de Goll, se reproduit également pour ce qui a trait aux faisceaux de Burdach. Ceux-ci peuvent, eux aussi, subir une altération isolée, autonome en quelque sorte, sans aucune participation des faisceaux de Goll. Ainsi, chez un sujet qui présentait tous les symptômes de l'ataxie locomotrice, aussi-bien dans les membres inférieurs que dans les membres supérieurs, les faisceaux de Burdach étaient seuls lésés, et cela dans toute la hauteur de la moelle épinière. Quant aux faisceaux de Goll, ils étaient absolument indemnes : le même fait a été constaté depuis dans plusieurs autres observations.

c) Maintenant, Messieurs, nous sommes en mesure de comprendre la disposition singulière que présente la lésion des faisceaux postérieurs, quand elle résulte de la compression déterminée par une tumeur, en supposant que cette compression doit avoir pour effet la destruction, sur un point de leur parcours, des fibres des faisceaux de Goll et de celles des faisceaux de Burdach. La lésion, portant sur les fibres commissurales courtes du faisceau de Burdach, détermine par en haut une dégénération à court trajet dans ces faisceaux, et nous verrons tout à l'heure pour quelle raison cette dégénération est ascendante; enfin, la même lésion, en tant qu'elle porte sur les longues fibres commissurales des faisceaux de Goll, détermine une dégénération également ascendante de ce faisceau, laquelle pourra être suivie dans toute l'étendue de la moelle épinière jusqu'au plancher du quatrième ventricule.

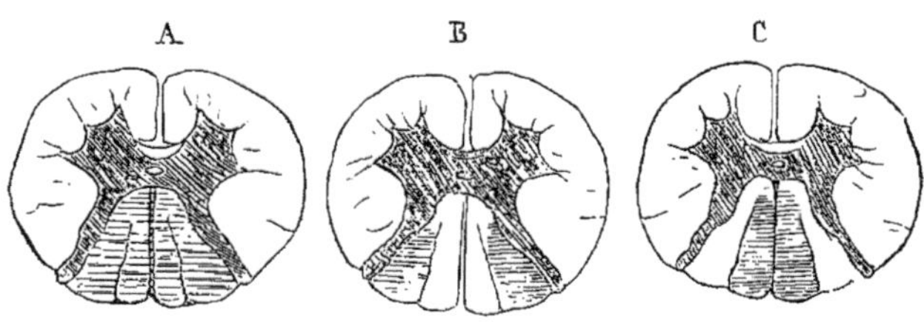

Fig. 71. — A, Sclérose de la totalité des cordons postérieurs (faisceaux de Goll et zones radiculaires). — Ataxie locomotrice vulgaire.
Fig. 72. — B, Sclérose des deux zones radiculaires postérieures (les faisceaux de Goll sont respectés). — Ataxie locomotrice.
Fig. 73. — C, Sclérose limitée aux faisceaux de Goll (dégénération ascendante).

d) Si maintenant, au lieu d'un cas de compression, vous imaginez le cas d'une myélite transverse partielle et limitée au faisceau postérieur, le résultat sera absolument le même au moment où la continuité des fibres aura été interrompue. A ce propos, je veux vous faire remarquer, Messieurs, que, dans l'ataxie locomotrice, la disposition la plus habituelle des lésions rappelle, à quelques modifications près, ce qui vient d'être dit au sujet des dégénérations ascendantes. La lésion fondamentale porte à l'origine sur les faisceaux radiculaires dans toute la hauteur de la région dorso-lombaire; mais, comme il s'agit là surtout d'un processus inflammatoire, cette lésion ne reste pas confinée dans son foyer d'origine; elle s'étend, de proche en proche, dans toutes les directions, partie suivant le trajet des fibres nerveuses, partie suivant les tractus conjonctifs, et gagne ainsi, d'un

côté, les cornes postérieures ; de l'autre, les faisceaux de
Goll. La conséquence de cette propagation est que les fibres
des faisceaux de Goll, étant intéressées dans la partie inférieure de leur trajet, dégénèrent de bas en haut, de la
même façon que s'il s'agissait d'une compression directe, et
que la lésion ainsi produite peut être suivie, comme il vient
d'être dit, jusqu'au plancher du quatrième ventricule.

Telle est, Messieurs, la lésion vulgaire de l'ataxie locomotrice, celle qui se rencontre 90 fois sur 100 chez les sujets qui succombent à cette maladie.

II.

C'est d'après le principe exposé à l'occasion de l'ataxie
locomotrice vulgaire qu'il faut interpréter les dégénérations
secondaires constituant le troisième groupe qu'il nous reste
actuellement à considérer. A côté des dégénérations secondaires de cause cérébrale et de cause spinale dont l'étude
descriptive est désormais terminée, il faut placer, vous
disais-je, le groupe des dégénérations secondaires de cause
périphérique.

Ce groupe est, à l'heure qu'il est, composé de trois ou
quatre observations seulement ; mais il est problable qu'à
un moment donné il prendra une certaine importance. Je
me bornerai donc à citer, à titre d'exemple, l'observation
de M. Cornil, la première en date, et une observation de
M. Th. Simon (1).

Dans tous les cas observés jusqu'à ce jour, la lésion
siège en dehors de la moelle épinière, sur les racines de la
queue de cheval, au-dessus du ganglion ; elle consiste en

---

(1) *Arch. f. Psych.* v. *Westphal.* V, Bd. 1874, p. 114.

une tumeur sarcomateuse ou myxomateuse qui englobe et comprime les faisceaux nerveux. Il n'est pas douteux, Messieurs, que la lésion spinale, dans les observations auxquelles je fais allusion, relève non pas de la lésion des racines antérieures, mais de celle des racines postérieures. La dégénération consécutive est caractérisée alors ainsi qu'il suit: 1º elle occupe exclusivement les faisceaux postérieurs; 2º dans la région lombaire, le faisceau postérieur est envahi *totalement dans son étendue transverse;* 3º mais au-dessus de cette région, le faisceau de Goll est seul affecté, et il l'est *totalement dans son étendue en hauteur*, c'est-à-dire jusqu'au plancher du quatrième ventricule. C'est, vous le voyez, quant à la topographie, une assez exacte reproduction des lésions de l'ataxie vulgaire.

Maintenant, voici comment les choses doivent se passer, du moins théoriquement et d'après les principes que nous avons précédemment formulés. Conformément à la loi de Waller, les racines postérieures dégénèrent par en haut, au-dessus de la lésion, du côté de la moelle, et la dégénération de ces fibres peut être suivie dans leur trajet intra-spinal, c'est-à-dire dans l'épaisseur des faisceaux de Burdach. La lésion qui, à un moment donné, revêt le caractère inflammatoire se communique aux fibres commissurales courtes du faisceau, et, de proche en proche, elle gagne dans la région lombaire le faisceau de Goll, qui, suivant la règle, dégénère par en haut dans toute son étendue. Si les choses se passent ainsi que le veut la théorie, on devrait donc, dans un cas récent de dégénération secondaire de ce genre, reconnaître à l'autopsie une lésion limitée aux faisceaux de Burdach et n'intéressant pas encore les faisceaux de Goll. L'avenir apprendra s'il en est réellement ainsi.

NEUVIÈME LEÇON

Des dégénérations secondaires spinales ou cérébrales au point de vue des lois de Waller. — Expériences de Schiefferdecker, Franck et Pitres.

Sommaire. — La raison des dégénérations secondaires spinales est du même ordre que celle des altérations wallériennes. — Lois de Waller.

Dégénérations descendantes et ascendantes. — Les faisceaux qui dégénèrent par en bas sont comparables aux nerfs centrifuges des racines antérieures. — Les faisceaux qui dégénèrent par en haut sont assimilables aux racines postérieures.

Expériences de Westphal, Vulpian, Schiefferdecker. — Epoque du début des dégénérations. — Les dégénérations expérimentales ressemblent de tous points aux dégénérations pathologiques chez l'homme. — Le faisceau pyramidal n'est pas compacte chez le chien. — Diffusion des fibres dégénérées dans le cordon antéro-latéral.

Expériences de Franck et Pitres. — Dégénération dans la capsule interne à la suite de l'ablation du gyrus sigmoïde.

Exception spéciale à la sclérose en plaques. — Desideratum histologique.

Messieurs,

L'étude des dégénérations secondaires, à laquelle nous voulons aujourd'hui mettre la dernière main, n'a guère été jusqu'ici qu'à peu près exclusivement descriptive. Presque toujours, en effet, nous avons constaté et décrit ; mais, en général, nous n'avons rien expliqué. Si nous savons, par exemple, que la dégénération de certains faisceaux de la moelle se fait constamment dans le sens ascendant, tandis que la dégénération d'autres faisceaux se fait invariablement en sens inverse, nous ignorons absolument pourquoi il en est ainsi et sur quel principe la loi est fondée. Devons-nous nous contenter de ces notions en quelque sorte purement empiriques? Ou bien, au contraire, pouvons-nous tenter l'édification d'une théorie pathogénique des dégénérations secondaires? C'est là ce que nous venons actuellement rechercher avec vous.

I.

Tous les auteurs s'accordent aujourd'hui, Messieurs, à reconnaître avec M. Bouchard, que le *paradigme* des dégénérations secondaires spinales doit être cherché dans le domaine des nerfs périphériques. Il s'agit de la série de faits découverts, de 1849 à 1858, par le physiologiste anglais Waller et sur lesquels repose ce qu'on appelle la *Loi wallérienne*. Je serai bref sur ce sujet, qui appartient cependant aussi bien à la pathologie qu'à la physiologie, parce que j'aurai l'occasion d'y revenir prochainement. D'ailleurs, vous trouverez dans les leçons de Cl. Bernard sur la *physiologie du système nerveux* tout ce qui concerne cette question, sur laquelle je me contenterai de rappeler un instant vos souvenirs (1).

La théorie de Waller est fondée sur ce fait général que, lorsqu'on coupe un nerf, de manière à le séparer de son centre, ce nerf s'altère, chez les animaux supérieurs, suivant une direction déterminée. Ainsi, coupez un nerf spinal mixte au dessous du confluent des deux racines: constamment c'est le bout périphérique qui dégénère, et il dégénère dans toute son étendue; et la dégénération porte aussi bien sur les fibres centripètes que sur les fibres centrifuges qui le composent.

---

(1) Cl. Bernard. — *Leçons sur la physiologie et la pathologie du système nerveux*, t. I, p. 237.

La cause de l'entretien de la vitalité dans les fibres nerveuses, ou, autrement dit, leurs centres trophiques doivent donc être cherchés dans la direction du névraxe. Mais, où siègent-ils en réalité? Pour les découvrir, il fallait pratiquer des sections méthodiques, tant des racines antérieures que des racines postérieures, sur divers points de leur parcours.

1° La section des racines antérieures, en quelque endroit qu'elle soit faite, est toujours suivie de la dégénération du bout périphérique, le bout central restant indemne : donc le centre trophique de ces racines et des tubes nerveux qui en émanent est dans la moelle épinière, « probablement dans la substance grise », disait Waller. Aujourd'hui, grâce aux travaux récents d'anatomie pathologique, on peut dire, avec beaucoup plus de précision, qu'il est dans les cornes antérieures, et plus précisément encore, dans les cellules dites motrices.

2° En est-il de même pour les racines postérieures? Non assurément ; et c'est ici la partie la plus originale et la plus inattendue de la découverte de Waller. La section étant pratiquée sur le trajet de la racine postérieure, la partie qui dégénère est non pas la périphérie de la racine, c'est-à-dire la portion attenante au ganglion, mais bien la partie centrale, celle qui tient à la moelle, et la dégénération peut-être suivie dans toute l'étendue du trajet intra-spinal des faisceaux radiculaires jusqu'à la substance grise ; de telle sorte que le centre trophique, pour les nerfs sensitifs, doit être cherché dans le ganglion intervertébral ; cela est si vrai, que, si l'on extirpe ce ganglion, la dégénération frappe la racine tout entière et aussi toutes les fibres centripètes du nerf mixte.

Vous comprenez aisément, Messieurs, et sans qu'il soit nécessaire d'y insister davantage, l'application qui peut être faite de ces données aux dégénérations secondaires spinales. Les fibres des faisceaux qui dégénèrent par en bas, au-dessous du point lésé, sont comparables aux nerfs centrifuges issus des racines antérieures. De ce nombre sont : 1° les *faisceaux pyramidaux* composés de fibres dont le centre trophique serait dans les cellules pyramidales de l'écorce grise de la région rolandique ; 2° les *fibres courtes des faisceaux latéraux*, dont les origines se superposent de haut en bas dans les divers points du centre gris spinal.

Au contraire, les faisceaux qui dégénèrent par en haut sont assimilables aux racines postérieures dont le centre trophique est périphérique. De ce nombre sont : 1° les *faisceaux cérébelleux directs* dont le centre trophique est dans la moelle elle-même, tandis que leur centre de terminaison est dans le cervelet ; 2° les *faisceaux de Goll* dont le centre trophique occupe la substance grise des régions inférieures de la moelle, et dont les centres de terminaison répondent à la substance grise de la région bulbaire. Enfin, la même interprétation s'applique aux fibres commissurales courtes des *faisceaux de Burdach,* qui, elles également, dégénèrent de bas en haut.

II.

L'assimilation que nous venons de faire des expériences de Waller aux faits d'anatomie pathologique relatifs aux dégénérations secondaires, toute plausible qu'elle puisse paraître, semblerait plus légitime encore si ces dégénérations des faisceaux nerveux pouvaient être reproduites expérimentalement, à coup sûr, comme c'est le cas lorsque il s'agit des nerfs sectionnés.

Or, Messieurs, les travaux récents tendent à établir que

les choses sont réellement ainsi. Les dégénérations fasciculées secondaires, tant de cause cérébrale que de cause spinale, peuvent être reproduites expérimentalement chez les animaux. Considérons, d'abord, les dégénérations secondaires de cause spinale. Les premières tentatives, faites par MM. Vulpian et Westphal, n'avaient pas donné de résultats décisifs. Cela tient, vous allez le reconnaître, à des circonstances qu'on ne pouvait prévoir tout d'abord. La moelle épinière du chien, sujet de la plupart des expériences de ce genre, bien que faite sur le modèle de la moelle de l'homme, s'en distingue cependant par quelques particularités anatomiques dont je vais vous faire saisir les traits principaux, en exposant les travaux du dernier auteur qui ait écrit sur les dégénérations secondaires expérimentales.

Il s'agit des recherches de M. Schiefferdecker, publiées dans les archives de Virchow pour 1876. L'auteur a eu, à sa disposition, une centaine de chiens qui avaient servi aux expériences de MM. Goltz et Frensberg ; c'est là un matériel tout à fait exceptionnel, non seulement en raison du nombre, mais encore en raison de la qualité des sujets. En effet, ces animaux chez lesquels la moelle avait été coupée en travers au niveau de la 12e vertèbre dorsale, contrairement à ce qui a lieu, en général, à la suite d'une semblable mutilation, avaient pu, à force de soins, être conservés pendant plusieurs semaines et même pendant plusieurs mois. L'examen est fait, après la mort, sur des coupes durcies et l'on étudie successivement les dégénérations ascendantes et les dégénérations descendantes. Voici, en quelques mots, les principaux résultats obtenus.

En premier lieu, la dégénération est un fait constant : absolument comme dans le cas de nerfs spinaux sectionnés. — L'apparition des premières traces du processus morbide a pu être fixée, comme date, avec une assez grande exactitude. Dans la première semaine, déjà, on en reconnait

souvent les traces ; mais, après quatorze jours, le résultat
est absolument certain. — Au bout de quatre ou cinq semaines, le plus haut degré de l'altération est atteint. Je
ferai remarquer, à ce propos, que, chez l'homme, c'est au
bout d'un ou deux mois seulement que les premières traces
de la dégénération secondaire ont pu être reconnues. Mais
il faut considérer, Messieurs, qu'en raison des circonstances, les observations sont beaucoup moins nombreuses
et moins multipliées qu'elles ne l'ont été chez les animaux,
dans le travail de M. Schiefferdecker.

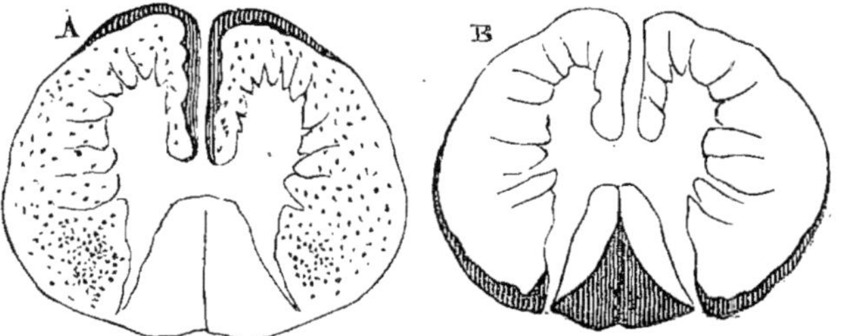

Fig. 74.—A, Coupe de la moelle au-dessous de la lésion.— B, Coupe de la moelle au-
dessus de la lésion.— On voit en A la diffusion de la sclérose descendante dans le
cordon antéro-latéral, sauf à la partie antérieure où la dégénération est bien
circonscrite aux faisceaux de Türck. En B, dégénération des cordons de Goll et du
faisceau cérébelleux direct.

1° Pour ce qui est de la distribution des dégénérations, tant
ascendantes que descendantes, elles sont, d'après M. Schiefferdecker, à peu de chose près, ce qu'elles sont chez l'homme ; il y a cependant, chez le chien, quelques particularités
que je vous demande la permission d'indiquer en deux
mots. 1° S'il s'agit d'une dégénération ascendante, les lésions
rappellent exactement ce que l'on voit chez l'homme en
pareil cas, à savoir, dégénération ascendante des faisceaux
de Goll et de la partie postéro-latérale des faisceaux latéraux qui correspond aux faisceaux cérébelleux directs.

2° Mais, ce sont surtout les dégénérations descendantes qui, comparées à ce qu'on voit chez l'homme, présentent quelques particularités. On peut dire, en effet, que les fibres pyramidales ne forment pas généralement, comme chez l'homme, des faisceaux compactes (les fibres des faisceaux pyramidaux directs font cependant exception); et, dans le reste des cordons antéro-latéraux, des fibres capables de dégénérer sont disséminées un peu partout. Cependant, elles se rassemblent de manière à former un groupe un peu plus compacte dans la *région pyramidale* du cordon latéral; et, sur ce point, les fibres dégénèrent dans un long trajet, tandis que, partout ailleurs, elles dégénèrent seulement dans un court trajet. En somme, *mutatis mutandis*, ces dégénérations secondaires de cause spinale, soit ascendantes soit descendantes, sont absolument comparables à celles qui se voient chez l'homme.

III.

Ce qui vient d'être dit des dégénérations secondaires de cause spinale, nous pouvons le répéter des dégénérations secondaires de cause cérébrale, également déterminées artificiellement chez le chien.

Il faut d'abord, puisqu'il s'agit du chien, vous rappeler ce que nous avons déjà dit des circonvolutions motrices de cet animal. Quelles sont les parties homologues des régions rolandiques de l'homme ? C'est là, Messieurs, un point sur lequel l'anatomie comparée ne semble pas, quant à présent, s'être définitivement prononcée. Quoi qu'il en soit, l'expérimentation a reconnu, à la surface du cerveau du chien, des régions excitables et motrices qui, fonctionnellement, ont la même signification que les circonvolutions rolandiques. Ces régions motrices du chien sont, en quelque sorte, groupées autour du sillon crucial et elles occupent, pour la plupart, une circonvolution désignée sous le nom de *gyrus sigmoïde*.

Jusqu'ici, vous le savez, Messieurs, les lésions pratiquées dans le but de déterminer les dégénérations secondaires, chez le chien, n'ont guère porté que sur l'écorce et la partie attenante du manteau. Mais, il est on ne peut plus vraisemblable, que les résultats seraient conformes si les lésions intéressaient les régions correspondantes de la capsule interne.

Bref, quand on enlève le gyrus sigmoïde sur un hémisphère, les dégénérations secondaires se produisent chez le chien, absolument comme s'il s'agissait chez l'homme d'une lésion portant sur un point des régions motrices. A cet égard, il me suffira de vous citer quelques observations expérimentales : 1° une observation de Gudden dans laquelle une lésion de la capsule interne, chez un jeune chien, était accompagnée de dégénération dans la pyramide et dans la moelle ; 2° une observation de M. Vulpian qui signale, cinq mois après l'ablation du gyrus sigmoïde, une atrophie de la pyramide correspondante avec une dégénération secondaire ; 3° enfin, les observations de MM. Franck et Pitres (1), qui font mention de résultats absolument identiques. D'ailleurs, Messieurs, il n'est pas excessivement rare de voir certaines lésions se développer spontanément chez le chien sur cette même région sigmoïde, et, plusieurs fois, en pareil cas, on a remarqué l'existence de dégénérations secondaires. Ainsi, vous trouverez des observations de ce genre dans la thèse récente de M. Issartier, observations relevées par MM. Déjerine, Carville et Duret.

MM. Franck et Pitres, à qui l'on doit de si importantes recherches relativement à toutes les questions que nous agitons en ce moment, ont été encore plus loin. Ils se sont éver-

---

(1) Voy. thèse inaugurale d'Issartier, 1878.

tués à étudier expérimentalement la marche du processus
morbide. On sait aujourd'hui, de science certaine, qu'au dessous du gyrus sigmoïde, partie excitable de l'écorce, il
existe dans le manteau une languette triangulaire de substance blanche qui relie la substance grise de l'écorce à la
capsule interne, et qui, au même titre que la région de
l'écorce d'où elle dérive, répond aux excitations expérimentales, tandis que toutes les autres parties du manteau
sont privées de cette propriété.

Or, Messieurs, il semblait résulter des expériences de
MM. Albertoni et Michieli, que le faisceau blanc perd son
excitabilité quatre jours après l'ablation du gyrus sigmoïde.
Ainsi séparées du centre trophique cortical, ses fibres perdent leurs propriétés physiologiques, tout comme s'il
s'agissait d'un nerf périphérique. MM. Pitres et Franck ont
confirmé ces résultats : avant même que la lésion ne soit
appréciable, elle existe déjà sûrement, car déjà elle se traduit par la perte des propriétés des éléments nerveux.

Par conséquent, Messieurs, vous le reconnaissez, tout
concourt admirablement à appuyer la théorie que je vous
ai proposé d'admettre. Il existe cependant, je ne saurais
vous le cacher, un point noir dans nos horizons. Je veux
parler d'une exception notoire, qui, jusqu'à ce jour du
moins, semble contredire la loi : dans la sclérose en plaques
les lésions, alors même qu'elles sont très étendues, ne produisent pas de dégénérations secondaires. J'ai émis, dans le
temps, l'hypothèse que cela tient à la persistance plus
longue des cylindres axiles dans les foyers de sclérose
multiloculaire. Mais, je ne vous garantis pas la valeur
absolue de mon explication, qui repose cependant sur
l'observation d'un fait réel. Peut-être, faute d'un examen
suffisant, certaines dégénérations descendantes sont-elles
passées inaperçues ? Quelles que soient les hypothèses, je
crois qu'il sera nécessaire de reviser, sous ce rapport, l'anatomie pathologique de la sclérose en plaques ; et, d'ailleurs,

c'est là un point que je ne fais qu'indiquer pour le moment. Nous trouverons, sans doute, l'occasion d'y revenir dans la suite (1).

---

(1) Dans une note récente communiquée à la Société de biologie, MM. Franck et Pitres ont établi que la dégénération du faisceau pyramidal chez le chien peut affecter les mêmes caractères anatomiques que chez l'homme. Jusqu'à un certain point les fibres du faisceau pyramidal sembleraient donc se réunir en un groupe assez compacte. Voici d'ailleurs les conclusions des recherches de MM. Franck et Pitres :

« Chez le chien, une lésion corticale siègeant dans la zone motrice peut être suivie de dégénération secondaire de la moelle épinière.

» Cette dégénération, *semblable anatomiquement à celle qui se produit chez l'homme dans les mêmes circonstances*, en diffère au point de vue de la symptomatologie en ce qu'elle ne s'accompagne pas de contracture musculaire. » *Progrès médical*, 1880, p. 147.

Voy. également : Tripier.— *De l'anesthésie produite par les lésions des circonvolutions cérébrales*, in *Revue mensuelle de médecine et de chirurgie*, numéro du 10 janvier 1880.

DIXIÈME LEÇON

Détermination du trajet des faisceaux blancs de la moelle épinière par l'étude des dégénérations secondaires. — Analyse expérimentale des fonctions des faisceaux pyramidaux.

Sommaire. — Tous les faisceaux blancs de la moelle sont capables de dégénération systématique. — Faisceaux à fibres longues. — Faisceaux à fibres courtes. — Schéma.

Cordons postérieurs. — Faisceaux intrinsèques. — Faisceaux de Burdach et faisceaux de Goll. — Faisceaux extrinsèques. — Faisceau cérébelleux direct.

Cordons antéro-latéraux. — Faisceaux intrinsèques. — Faisceaux extrinsèques. — Faisceau pyramidal.

Résultats fournis par l'expérimentation. — Les faisceaux antéro-latéraux sont-ils excitables ? — L'excitabilité du faisceau pyramidal est manifeste chez l'homme dans tout le trajet cérébro-spinal de ce faisceau. — Expériences de Vulpian, Schiff. — Hémisections spinales. — Vivisections de Woroschiloff. — Influence du faisceau pyramidal sur l'activité réflexe de la moelle épinière. — Les faisceaux pyramidaux sont les conducteurs des incitations volontaires.

Messieurs,

Vous n'avez sans doute pas oublié la proposition que j'émettais au début même de nos études sur les dégénérations secondaires. Ces lésions, vous disais-je, offrent de l'intérêt, non pas seulement au point de vue de la pure anatomie pathologique ; elles sont, pendant la vie, l'occasion de troubles fonctionnels particuliers qui se surajoutent à la symptomatologie des lésions primitives qui leur ont donné naissance, et, quelquefois même, la dominent ; à ce titre, elles méritent de fixer toute l'attention des cliniciens. Le moment est venu de justifier notre assertion, et de vous montrer le côté pratique des études délicates et compliquées que nous avons jusqu'ici poursuivies.

C'est donc l'aspect clinique des dégénérations secondaires que nous allons maintenant considérer. Mais, avant d'en venir là, il est deux points encore sur lesquels je voudrais, en manière de préparation, arrêter un instant votre esprit.

Pour comprendre la nature et l'origine des troubles fonctionnels qui se rattachent aux lésions dégénératives descendantes des divers faisceaux de la moelle épinière, nous devons, sans doute, invoquer surtout les notions anatomo-pathologiques que nous avons laborieusement recueillies sur tous les points qui concernent ces lésions.

Mais, pour mener à bonne fin notre entreprise, cela ne suffirait encore pas :

1° Il nous faut, en effet, être fixés sur quelques points relatifs à la structure de la moelle épinière, à l'arrangement des fibres nerveuses et des éléments cellulaires qui la composent, à leurs relations mutuelles, etc. Il est vrai que, chemin faisant, nous avons recueilli un certain nombre de documents qui concernent tout spécialement ce sujet ; mais, il importe maintenant, je crois, d'envisager la question non plus partiellement, mais dans une vue d'ensemble.

2° D'un autre côté, nous devons faire appel aux notions fournies par l'expérimentation sur la physiologie des faisceaux spinaux. Il est vrai que les méthodes anatomo-cliniques sont seules appelées à prononcer, en dernier ressort, sur la physiologie des diverses parties du système nerveux, en ce qui concerne l'homme ; il est également vrai que l'expérimentation sur les animaux fournit, dans l'espèce, des données importantes, majeures, en montrant la voie dans laquelle les investigations anatomo-cliniques doivent être dirigées.

Je commencerai donc immédiatement par le premier point. On a dit souvent que l'anatomie morbide éclaire quelquefois l'anatomie normale, et qu'alors elle peut même décider des questions que celle-ci, livrée à ses propres forces, ne serait pas capable de résoudre.

L'histoire anatomo-pathologique des dégénérations secondaires justifie en partie cette proposition. Pour ce qui a trait à l'arrangement des éléments constituants de la moelle épinière, elle fournit, en effet, certains renseignements qui ne le cèdent en rien aux données de l'anatomie pure, et même, quelquefois, leur sont très supérieurs.

Voici, en deux mots, les quelques aperçus que je veux vous présenter, concernant l'anatomie de structure de la moelle épinière.

I.

De tout ce qui précède, vous avez pu conclure que les faisceaux blancs qui composent le *manteau* de la moelle épinière subissent tous la dégénération secondaire quand leurs fibres constituantes sont interrompues dans leur parcours. Mais, à cet égard, il y a deux catégories à établir.

A. Quelques-uns de ces faisceaux sont constitués par des fibres longues, c'est-à-dire parcourant, d'une seule traite, de longues parties du névraxe. Celles-là sont le siège des dégénérations secondaires qu'on peut appeler *à long trajet*. De ce nombre sont : α) les faisceaux pyramidaux (dégénération descendante) ; β) les faisceaux de Goll (dégénération ascendante) ; γ) les faisceaux cérébelleux directs (dégénération ascendante).

B. D'autres faisceaux sont constitués par des fibres courtes. De ce nombre sont : α) les faisceaux antéro-latéraux,

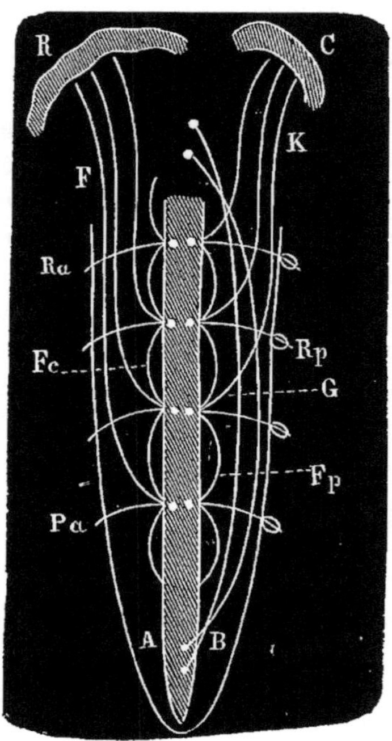

Fig. 75. — A, faisceaux antérieurs — B, faisceaux postérieurs. — R, circonvolutions rolandiques. — C, cervelet. — Ra, racines antérieures.— Rp, racines, postérieures. — F, faisceau pyramidal. — Fc, fibres intrinsèques centrifuges (cordons antérieurs). — K, fibres extrinsèques centripètes (faisceau cérébelleux direct). — Fp, fibres intrinsèques centripètes (faisceau de Burdach). — G, fibres longues postérieures (cordon de Goll).

ou mieux, ce qui reste de ces faisceaux quand on fait abstraction des faisceaux pyramidaux et des faisceaux cérébelleux directs. Ils dégénèrent de haut en bas ; β) les fibres propres des faisceaux de Burdach, et celles-ci dégénèrent de bas en haut. Dans les deux cas, la dégénération est *à court trajet.*

Si, maintenant, munis de ces données, nous envisageons la constitution de la moelle tout entière, nous pouvons construire le *schéma* suivant, qui ne s'éloigne pas, d'ailleurs, notablement de celui qu'avait exposé M. Bouchard, dans le travail auquel je vous ai déjà plusieurs fois renvoyés.

La moelle épinière peut être considérée comme constituée essentiellement par un axe gris autour duquel sont groupées toutes les autres parties. Les parties fondamentales de cet axe, c'est-à-dire les éléments cellulaires ganglionnaires, sont les unes motrices ou kinésodiques ; les autres, destinées à la transmission des impressions sensitives ou æsthésodiques. Ces deux sortes d'éléments sont, du reste, reliés entre eux de mille façons, par l'intermédiaire — pense-t-on — d'un réseau nerveux. Quoi qu'il en soit, l'axe gris donne naissance, en avant, aux racines antérieures qui sont en connexion directe avec les cellules des cornes antérieures, par l'intermédiaire du prolongement de Deiters. D'un autre côté, les racines postérieures sont en relation avec les cellules æsthésodiques.

Mais la moelle, ainsi très compliquée dans sa structure, est encore fort incomplète. Il s'agit d'indiquer la relation de l'axe gris avec les divers faisceaux de fibres blanches, qui composent le manteau. Il y a lieu de considérer ici, successivement, les faisceaux antéro-latéraux et les faisceaux postérieurs. Nous commencerons par ces derniers.

Parmi les faisceaux qui composent les cordons postérieurs, les uns peuvent être dits intrinsèques, les autres extrinsèques (j'emploie la nomenclature proposée par M. Bouchard). Les intrinsèques se ramènent à deux groupes : 1° dans les faisceaux de Burdach, les fibres intrinsèques sont des commissures courtes qui mettent en communication les cellules æsthésodiques dans toute la hauteur de la moelle. Chacune de leurs fibres a son centre trophique en bas, et dégénère, vous le savez, dans le sens ascendant. 2° Dans le faisceau de Goll, au contraire, on

trouve des fibres commissurales longues, qui dégénèrent
également de bas en haut, et dont le centre trophique est
par conséquent situé plus bas que le centre de terminaison.
Ces fibres intrinsèques du système spinal postérieur n'ont,
avec l'encéphale, que des relations indirectes et encore peu
connues.

Pour ce qui est des éléments extrinsèques, ils sont représentés par les faisceaux cérébelleux directs qui, par leur
extrémité inférieure, plongent dans la substance grise où
ils ont leurs centres trophiques, et, par en haut, dans le
cervelet, qu'ils mettent ainsi en relation avec la moelle
épinière proprement dite.

Dans les faisceaux antéro-latéraux, il y a également à
considérer des parties intrinsèques et des parties extrinsèques. Les premières sont représentées par les fibres commissurales courtes, qui, probablement, mettent en relation
les cellules motrices des divers étages. Le centre trophique
de ces fibres est au-dessus du centre de terminaison, puisqu'elles dégénèrent de haut en bas.

Quant aux fibres extrinsèques de ces faisceaux, elles ne
sont autres que les faisceaux pyramidaux, tant directs que
croisés; et, pour ce qui concerne leur direction, leur origine, leur terminaison, l'étude anatomo-pathologique et
l'étude expérimentale ont été des plus fructueuses. Il ne
paraît pas douteux actuellement que ces faisceaux sont
comme un pont, comme une véritable commissure établissant des rapports directs entre certaines régions du cerveau proprement dit et les cellules kinésodiques des divers
étages de l'axe gris. L'origine des fibres qui constituent
ces faisceaux est dans l'écorce des circonvolutions, probablement dans les cellules pyramidales de la substance
grise. C'est là qu'est leur centre trophique. Ces fibres traversent l'encéphale, parviennent au bulbe, et, enfin, à la
moelle épinière, sans avoir contracté de rapports avec les
parties qu'elles traversent, sinon des rapports de conti-

guïté ; et, ainsi, elles s'épuisent successivement dans leur trajet descendant, dans les diverses régions de la moelle où elles entrent en connexion avec les cellules motrices, par l'intermédiaire d'une disposition anatomique encore peu connue.

II.

C'en est assez sur l'anatomie. Considérons maintenant le côté physiologique, et voyons les principaux résultats que l'expérimentation a fournis sur le mode de fonctionnement des faisceaux médullaires. Nous commencerons par les cordons antéro-latéraux.

L'idéal serait que la physiologie pût nous éclairer sur le fonctionnement particulier de chacun des faisçeaux secondaires, que l'anatomie de développement et l'anatomie pathologique nous ont appris à isoler dans cette partie du manteau spinal. Malheureusement, l'expérimentation n'a pas tenu compte, en général, de ces distinctions. J'aurai cependant l'occasion de vous signaler quelques tentatives faites récemment à cet égard, et qui relèvent le rôle particulier des faisceaux pyramidaux dans la transmission des incitations volontaires.

1º En ce qui concerne les dégénérations qui se produisent dans les faisceaux antéro-latéraux lorsque leurs fibres sont interrompues dans leur trajet, nous avons déjà vu que ces fibres se comportent suivant les mêmes lois que les nerfs périphériques centrifuges. Or, les faisceaux antéro-latéraux peuvent-ils être rapprochés encore des nerfs moteurs par leurs autres propriétés ? — Non, pas absolument.

Car nous savons que la section des nerfs centrifuges est suivie d'atrophie musculaire, tandis que l'interruption des fibres antéro-latérales n'entraîne pas le même résultat. C'est que les racines antérieures ne sont pas un simple prolongement des tubes nerveux de ces faisceaux ; elles en sont séparées par les cellules ganglionnaires qui sont leurs véritables centres trophiques. Il n'y a donc pas identité, et l'on ne doit s'attendre qu'à des analogies.

Les faisceaux antéro-latéraux sont-ils excitables comme le sont les nerfs ? En d'autres termes, l'irritation de leurs fibres nerveuses par des agents mécaniques, chimiques ou électriques, est-elle suivie — comme c'est le cas lorsqu'il s'agit des nerfs — de contractures musculaires ? Il est parfaitement établi aujourd'hui, Messieurs, par les recherches de M. Vulpian et par celles plus récentes de MM. Fick et Engelken, que les faisceaux antéro-latéraux sont par eux-mêmes excitables comme le sont les nerfs. Mais les effets de cette excitation sont beaucoup moins accentués quant à la généralisation et à l'intensité des contractions. Il est remarquable aussi que l'excitation physiologique de la volonté l'emporte ici de beaucoup sur l'excitation artificielle. Les cellules des cornes antérieures sont sans doute un obstacle qui entrave la propagation des excitations jusqu'aux racines antérieures.

Mais il était surtout intéressant de rechercher si les cordons pyramidaux sont *plus* ou *moins excitables* que les faisceaux antérieurs. Or, l'expérimentation dans ces recherches rencontre des difficultés très sérieuses. Les auteurs s'accordent à reconnaître que, chez le chien, c'est dans les faisceaux antérieurs que l'excitabilité est le plus prononcée. Il est possible, en effet, qu'il en soit ainsi chez le chien, où, d'après les observations de M. Schiefferdecker, les faisceaux de Türck appartenant au système des faiscaeux pyramidaux et composés par conséquent de fibres longues, auraient à cet égard une importance considérable.

Cependant, en est-il de même chez l'homme, où, au contraire, les faisceaux de Türck ont peu d'importance, les faisceaux antérieurs proprement dits étant composés de fibres commissurales courtes, c'est-à-dire formant un faisceau dont le trajet est interrompu à chaque instant par des cellules ganglionnaires ? On peut douter qu'il en soit ainsi. D'ailleurs nous connaissons l'excitabilité du prolongement du faisceau pyramidal dans le manteau de l'écorce cérébrale, et nous savons qu'il constitue là une languette nerveuse sous-jacente aux circonvolutions rolandiques, douée d'une excitabilité très manifeste ; on peut donc admettre que, chez l'homme, cette même excitabilité doit exister dans toute l'étendue du prolongement de ces faisceaux dans la moelle épinière.

2º A. On convient assez généralement aujourd'hui, en physiologie expérimentale, que la transmission des excitations motrices volontaires se fait exclusivement par la voie des faisceaux blancs antéro-latéraux. C'est du moins ce que les expériences de M. Vulpian, contraires sur ce point à celles de M. Schiff, semblent avoir établi d'une façon péremptoire. Chez la grenouille (et *a fortiori* chez les mammifères), la section des faisceaux latéraux à la région dorsale — les faisceaux postérieurs et la substance grise étant épargnés — abolit les mouvements volontaires dans le train de derrière, d'une manière définitive, c'est-à-dire, non seulement le jour de l'expérience, mais encore les jours suivants. Au contraire, la section des faisceaux postérieurs et de la substance grise laisse persister les mouvements volontaires dans les pattes postérieures.

B. Le résultat des hémisections spinales est aussi très important à considérer. Les expériences de Schiff, répétées par M. Vulpian et d'autres observateurs, ont modifié à cet égard les anciens enseignements qui remontent à Galien.

On croyait à la transmission absolument directe. On sait aujourd'hui (il s'agit des animaux), qu'elle est en partie directe et en partie croisée. Quand vous coupez la moitié latérale de la moelle chez un cochon d'Inde, par exemple, la paralysie est d'abord très accentuée du côté correspondant; il existe aussi un peu de parésie de l'autre côté. Mais bientôt, si l'animal survit, la paralysie diminue du côté de l'hémisection, quoique persistant toujours à un certain degré. Cela tient à l'existence de commissures qui unissent les faisceaux antéro-latéraux d'un côté aux faisceaux correspondants de l'autre côté. Mais, si vous pratiquez une seconde hémisection du côté d'abord respecté, la paraplégie devient complète dans les deux membres.

C'est donc nécessairement par les cordons antéro-latéraux, et par eux seulement, que passent les incitations motrices volontaires. Il n'y pas ici, comme pour la sensibilité, *conduction indifférente* par tels ou tels éléments de la moelle épinière.

Ainsi, tandis que la transmission des impressions sensitives est encore possible quand la moelle a subi, à différents niveaux, deux hémisections en sens inverse, il y a dans le même cas paraplégie complète absolue de la motilité.

III.

Mais sont-ce bien les faisceaux antéro-latéraux en bloc qui transmettent ainsi les ordres de la volonté; ou sont-ce plus particulièrement les faisceaux pyramidaux ? L'expérimentation a presque toujours reculé devant cette analyse : « Une vivisection coupant isolément et complètement les faisceaux antérieurs ou les faisceaux latéraux, dit M. Vulpian, n'est pour ainsi dire pas réalisable (1). »

Il suffit, pour s'en convaincre, d'examiner la configuration d'une coupe transversale de la moelle épinière. Et, cependant, Messieurs, dans ces derniers temps, M. Woroschiloff, mettant à profit les instruments perfectionnés qui sont d'un emploi journalier dans le laboratoire de Ludwig, a pu pratiquer sur la moelle épinière du lapin des sections très variées, quant au siège et à l'étendue des parties intéressées, et il est arrivé ainsi à produire des combinaisons qui lui ont permis de dégager le rôle des faisceaux pyramidaux dans la transmission des incitations volontaires ; il a confirmé par ce moyen les résultats obtenus antérieurement sur le même sujet par Miescher, Nawrocki et Dittmar.

Il s'agit, dans les expériences de Woroschiloff, de reconnaître l'influence des divers faisceaux spinaux sur l'exécution de quelques mouvements volontaires d'une analyse facile (saut, course, marche, etc.). L'étendue et la configuration des lésions sont étudiées par M. Woroschiloff avec le plus grand soin, sur des coupes durcies et reproduites photographiquement dans le travail en question.

Permettez-moi d'exposer quelques-uns des résultats auxquels ces recherches ont conduit. Ils nous intéressent tout particulièrement, puisqu'il s'agit surtout, vous le voyez, de dégager la fonction spéciale du faisceau pyramidal :

1° La section des faisceaux postérieurs ne modifie en rien les mouvements volontaires. (*Fig. 76*) (3).

2° Il est très remarquable que toute la moitié antérieure

---

(1) *Dict. encycl. des sc. méd.* Art. *Moelle.*
(2) *Bericht d. Gesellsch. d. Wissensch. zu Leipzig*, 1874.
(3) Sur ces schémas, la partie foncée représente l'étendue de la section médullaire.

de la moelle puisse être sectionnée, sans qu'il s'en suive

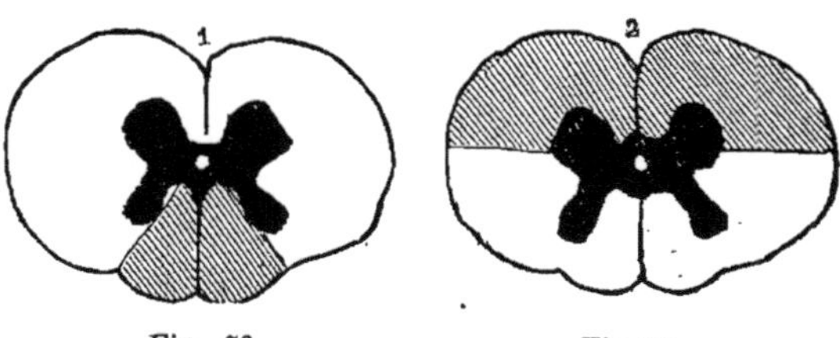

Fig. 76.   Fig. 77.

aucune modification dans l'exécution des mouvements volontaires. On voit par là que la moitié postérieure suffit à cette transmission. Il n'y a donc pas de fibres longues, *directement cérébrales*, dans les faisceaux antérieurs. (*Fig. 77.*)

3° La substance grise peut être coupée dans toute son étendue, les faisceaux antéro-latéraux subsistant, sans qu'il se produise aucune modification dans les mouvements volontaires. (*Fig. 78.*)

4° Si, au contraire, la substance grise est intacte et que les faisceaux antéro-latéraux soient coupés des deux côtés,

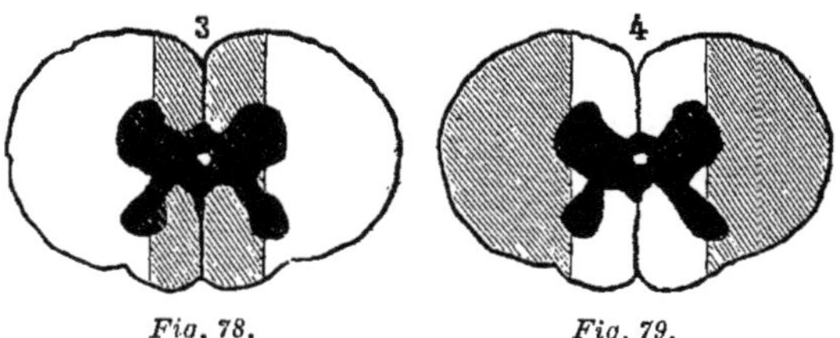

Fig. 78.   Fig. 79.

les membres postérieurs sont complètement paralysés. Ceci veut dire que la substance grise ne suffit pas à la transmission des incitations volontaires. (*Fig. 79.*)

5° Dans le cas de section des faisceaux latéraux et postérieurs, l'animal ne se sert que de ses membres antérieurs. Le train de derrière est complètement paralysé. (*Fig. 80.*)

6° Enfin, si la section est totale, un seul faisceau latéral étant respecté, le membre inférieur du côté sectionné est complètement paralysé. Au contraire, du côté où le fais-

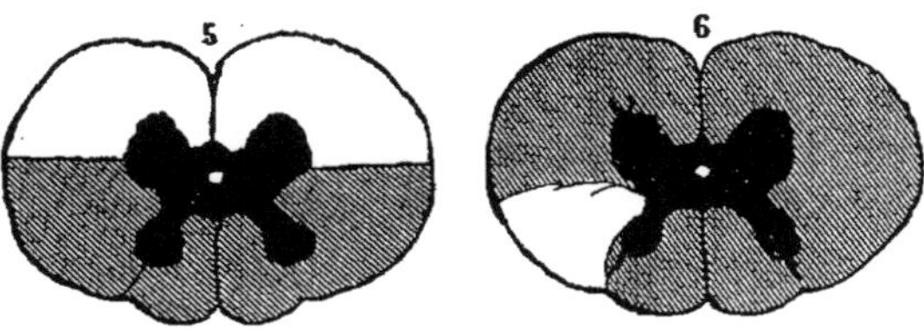

Fig. 80.   Fig. 81.

ceau latéral est épargné, le membre obéit encore à la volonté ; si on l'étend, l'animal le retire. (*Fig. 81.*) C'est donc bien par les faisceaux pyramidaux que se fait la transmission des incitations volontaires.

Mais il est possible que ce rôle des faisceaux pyramidaux ne soit pas exclusif ; il représente sans doute la voie la plus facile, la plus habituelle. Cependant, quand le chemin est coupé, il en est d'autres vraisemblablement que peuvent suivre, au moins dans certains cas, les commandements venus du cerveau. C'est là un point sur lequel nous aurons à revenir.

IV.

Pour en finir avec ces prodromes physiologiques, il ne nous reste plus qu'à dire un mot de l'influence exercée par les faisceaux pyramidaux sur l'activité réflexe spinale.

Déjà, nos études relatives au développement nous ont fait reconnaître que les faisceaux pyramidaux doivent être considérés comme de grandes commissures, établissant des relations fonctionnelles entre le cerveau et la moelle épinière. Celle-ci vit, en quelque sorte, isolément tant que ces faisceaux ne sont pas encore développés, et jusqu'à cette époque les mouvements du nouveau-né sont entièrement d'ordre réflexe. Les mouvements réflexes sont mis au contraire sur le deuxième plan quand le développement des faisceaux pyramidaux est accompli, et ce sont dès lors les mouvements volontaires qui prédominent.

L'influence modératrice du cerveau sur les actes réflexes est d'ailleurs mise dans tout son jour quand on observe ce qui se passe après une section de la moelle. Mais il est facile de montrer que c'est surtout par les faisceaux antéro-latéraux que cette influence s'exerce. En effet, la section peut être telle que la sensibilité soit conservée ; de plus, un seul côté de la moelle peut être affecté. Les faisceaux antéro-latéraux sont donc bien les conducteurs des incitations volontaires.

Cependant, la physiologie expérimentale n'a pas encore décidé si c'est par la voie des faisceaux antérieurs ou des faisceaux pyramidaux que cette influence s'exerce. Mais, nous verrons que les faits pathologiques résolvent la question que l'expérience physiologique laisse indécise.

Telles sont les notions préliminaires que j'ai cru devoir vous présenter relativement au fonctionnement des divers faisceaux spinaux, tel qu'il se révèle dans les recherches expérimentales. Nous pouvons maintenant aborder avec fruit la clinique des dégénérations secondaires.

ONZIÈME LEÇON

Séméiologie générale des dégénérations secondaires du faisceau pyramidal.

SOMMAIRE. — Description de la maladie spinale secondaire. — Attitude du malade au lendemain de l'attaque apoplectique. — Pronostic à for muler dès le début. — Ce pronostic est basé sur le diagnostic anatomique du siège de la lésion.

Détermination exacte du territoire vasculaire aux dépens duquel s'est produite l'hémorrhagie cérébrale. — Le foyer est circonscrit ou il a des chances d'agrandir. — L'intégrité du faisceau pyramidal est la condition *sine qua non* de la guérison.

Symptômes précurseurs de la contracture secondaire. — Epilepsie spinale, clonus du pied. — Statistique. — Propagation de l'épilepsie spinale au côté sain. — Phénomène de la main. — Réflexes tendineux.

Messieurs,

Je me propose d'envisager aujourd'hui les dégénérations secondaires par le côté clinique. Autrement dit, je vais essayer de vous présenter un tableau des désordres fonctionnels qui se rattachent à ces lésions et qui servent, pendant la vie, à en révéler l'existence.

Après cela, mettant à contribution les données de l'ordre expérimental que je vous ai brièvement exposées dans la dernière leçon, nous tenterons de parvenir à l'interprétation physiologique de ces symptômes.

I.

Vous n'ignorez pas, sans doute, Messieurs, que la question que je vais aborder a été traitée d'une façon très lumineuse par M. le professeur Bouchard, dans ce travail de 1866, que j'ai maintes fois déjà mis à contribution; et la symptomatologie des dégénérations secondaires en est, incontestablement, l'une des parties les plus originales.

A plusieurs reprises, dans cet enseignement, j'ai présenté l'exposé des symptômes liés aux dégénérations secondaires, et, pour la majeure partie, toujours conformément à celui qu'en a donné M. Bouchard. Il en sera de même encore cette fois-ci ; cependant, quelques données nouvelles ont été introduites depuis 1866, dans cet intéressant chapitre, et j'aurai à vous les faire connaître. J'aurai aussi à proposer quelques modifications sur ce qui touche à l'interprétation physiologique des phénomènes.

Les divisions à établir dans le sujet pour les besoins de la démonstration sont naturellement toutes tracées. Nous passerons successivement en revue les dégénérations consécutives de cause cérébrale et celles qui reconnaissent pour cause une lésion spinale.

II.

Pour bien comprendre l'intérêt pratique de l'étude que nous allons entreprendre, il convient de considérer l'état d'un malade frappé tout à coup d'hémiplégie, en conséquence de la formation, dans le cerveau proprement dit, d'un foyer d'hémorrhagie ou de ramollissement.

Pour plus de précision, arrêtons-nous, si vous le voulez bien, au cas de l'hémorrhagie intra-encéphalique ; et, supposons qu'il s'agisse, dans l'espèce, d'un cas d'une certaine intensité. Ce que nous en dirons pourra, à quelques modifications près, d'ordre secondaire, s'appliquer ensuite aisément au cas du ramollissement apoplectiforme.

Je supposerai encore que le malade a surmonté les premières difficultés de la situation. Les phénomènes comateux, la torpeur intellectuelle de l'attaque apoplectique se sont déjà dissipés. La fièvre, les contractures dites *précoces*, l'érythème des régions fessières, tous ces symptômes de fâcheux augure, si toutefois ils ont existé, ont actuellement disparu. En un mot, nous en sommes au douzième ou au quinzième jour après l'attaque, et il est devenu certain, qu'à moins de complication fortuite, le malade vivra.

Mais voici, Messieurs, la question fort importante qui se présente à l'esprit du médecin et qui, d'ailleurs, lui sera certainement adressée par les personnes intéressées ou par le malade lui-même. — Actuellement, il existe encore une paralysie motrice complète, absolue, ou peu s'en faut, de tout un côté du corps. Le membre supérieur est complètement flasque et retombe lourdement sur le lit, quand, après l'avoir soulevé, on l'abandonne à lui-même. Le malade, d'ailleurs, est incapable d'imprimer le moindre mouvement aux diverses parties de ce membre ; il en est de même du membre inférieur, bien que peut-être à un moindre degré. Enfin, la face, du même côté, dans le domaine du facial inférieur, est, elle aussi, affectée.

Ainsi, la commissure labiale du côté sain est élevée, en même temps que les lèvres de ce côté sont légèrement entr'ouvertes ; tandis que, du côté paralysé, elle est tombante, en même temps que les lèvres sont amincies. Il est inutile, pour le moment, d'entrer dans plus de détails.

Or, la question en litige est la suivante : le malade vivra, il recouvrera, sans doute, pour la majeure partie, l'activité de ses facultés intellectuelles ; mais récupérera-t-il, un jour ou l'autre, l'usage de ses membres paralysés ? Pourra-t-il se servir de sa main, de son bras ? Pourra-t-il même sortir du lit, se tenir debout, marcher ? Ou, inversement, est-il pour toujours condamné à une impuissance motrice le privant de l'usage régulier de ses membres ? En un mot, demeurera-t-il à l'état d'infirme, confiné dans sa chambre et obligé de faire appel à l'assistance des autres pour l'accomplissement des actes les plus impérieux de la vie ordinaire ?

Tel est, Messieurs, le problème qui se pose dans les conditions particulières que nous avons déterminées. Eh bien ! en pareille occurrence, le médecin instruit, en même temps qu'il s'efforcera de trouver dans l'examen du malade des indices capables de lui fournir la solution de cette question fort difficile, ne manquera pas, fût-ce même instinctivement, de se remettre en mémoire les connaissances anatomo-pathologiques et physiologiques propres à l'éclairer. Il *pensera* anatomiquement, si je puis ainsi dire, et physiologiquement, en même temps que cliniquement.

Il ne se contentera de données empiriques que faute de mieux, et il voudra, si faire se peut, pénétrer la raison des choses. Nous ne pouvons mieux agir, je crois, qu'en l'imitant ; représentons-nous donc l'état des parties lésées chez le malade qui est là sous nos yeux, et sur l'avenir duquel on nous demande de nous prononcer.

III.

Ceci va nous mener à une digression, mais je ne doute pas qu'après avoir parcouru le chemin détourné où je vais vous conduire, la tâche que nous nous proposons d'accomplir ne nous sera rendue plus facile.

Il s'agit, vous ne l'avez pas oublié, dans l'exemple choisi, de l'hémorrhagie intra-encéphalique se présentant dans sa forme la plus vulgaire. — Où siége le foyer ? Quelles parties a-t-il simplement refoulées ? Quelles parties a-t-il détruites ? 95 fois sur 100, peut-être, les choses seront telles que nous allons les imaginer.

Rappelons-nous quelques-unes des particularités anatomiques qu'offre à considérer la région des masses centrales, car c'est dans cette région que se fait l'épanchement, dans la très grande majorité des cas.

Examinons à nouveau la coupe horizontale que je vous ai plusieurs fois présentée déjà. J'appellerai surtout, cette fois, votre attention sur les rapports du noyau lenticulaire. Si, en dedans, il est limité par la capsule interne, en dehors, il est limité par un autre tractus blanc, la capsule externe, qui le sépare de l'avant-mur (*claustrum*) et de la région de l'insula.

Or, Messieurs, sur des pièces convenablement durcies dans l'alcool, il serait facile de montrer que la face externe du noyau lenticulaire, dans son tiers antérieur surtout, n'est que très lâchement unie à la capsule externe. En réalité, il n'y a pas de connexions anatomiques intimes entre la bandelette blanche et la face externe du noyau gris. Il existe en ce point comme une sorte de ventricule virtuel ; et si c'est dans cette région, ainsi que l'a depuis longtemps fait remarquer Gendrin, que commence à se former l'épanchement sanguin dans les cas ordinaires, la raison n'en est pas difficile à comprendre. A cette même région appartiennent, en effet, les artères *nourricières,* dont les lésions préparent en quelque sorte l'hémorrhagie intra-encéphalique.

Si, sur un cerveau préalablement injecté, vous étudiez, guidés par les importants travaux de M. Duret, les dispositions des artères nourricières des masses centrales, vous relevez surtout ce qui suit.

Les plus importantes de ces artérioles proviennent du tronc de la sylvienne dont elles se détachent perpendiculairement ; elles pénètrent dans la substance nerveuse au niveau de l'espace perforé antérieur.

On voit là une série de petits pertuis dont chacun donne passage à une de ces artérioles ; et, remarquez-le bien, contrairement à ce qui a lieu sur les vaisseaux artériels corticaux destinés à nourrir la substance grise et le manteau, les vaisseaux qui s'insinuent dans l'épaisseur des masses centrales ne sont pas, quant à la structure et à leur calibre, des capillaires, mais bien des artères véritables.

La disposition que présentent les vaisseaux lenticulo-striés, une fois qu'ils ont pénétré dans l'épaisseur des masses centrales, peut être aisément mise en relief par une dissection fort simple. On enlève successivement l'écorce grise des circonvolutions de l'insula, la substance blanche sous-jacente, l'avant-mur, enfin la capsule externe ; on met ainsi à nu la surface convexe du troisième segment du noyau lenticulaire, et l'on voit alors s'épanouir sur cette surface, à la manière d'un éventail, les artérioles lenticulaires. Les plus volumineuses sont les plus antérieures. Toutes, se dirigeant d'avant en arrière et de bas en haut, pénètrent vers l'extrémité supérieure du noyau dans son épaisseur, et, là, on les perd de vue.

Pour bien reconnaître le trajet ultérieur de ces vaisseaux et leurs ramifications dans l'épaisseur des noyaux

gris, il convient de pratiquer maintenant à travers ces
noyaux des coupes transversales. L'examen d'une de ces
coupes bien choisies nous suffira pour le but que nous nous
proposons. Il s'agit d'une coupe faite un peu en avant du
chiasma. Là, se voit une des artères striées les plus volumineuses et les plus importantes, en raison de son rôle fondamental dans l'hémisphère cérébral. Après avoir pénétré
dans la profondeur du troisième segment, elle traverse la
partie supérieure de la capsule interne et arrive jusqu'au
noyau caudé. Les autres artérioles sont disposées à peu
près d'après le même plan.

Ces artères sont des artères *terminales*, c'est-à-dire
qu'elles ne communiquent pas entre elles, non plus qu'a-
vec les artères corticales. Une injection poussée un peu
fort les rompt facilement, et produit de petits foyers qui
imitent ceux que l'on voit dans l'hémorrhagie cérébrale.

Enfin, Messieurs, elles sont particulièrement sujettes à
la forme d'artériose qui conduit à la formation des anévrysmes miliaires, cette lésion préparatoire de l'hémorrhagie
intra-encéphalique vulgaire. Il est très commun, chez des
sujets qui ont été frappés autrefois d'apoplexie par hémorrhagie cérébrale, d'extraire des pertuis de l'espace perforé
un certain nombre d'artérioles portant des anévrysmes
miliaires.

Lorsque l'hémorrhagie se fait aux dépens de ces artères
ainsi altérées, — et ce cas est très fréquent, — le sang
se répand dans le ventricule virtuel dont nous par-
lions tout à l'heure, entre le noyau lenticulaire et la capsule externe qui se trouve en quelque sorte décollée. De
cette façon, se forment ces foyers aplatis, qui, lorsque le
sang épanché s'est résorbé, se présentent sous la forme
d'une cicatrice ocreuse linéaire, limitant le contour externe
du noyau lenticulaire.

Quand le foyer en question est encore récent, pour peu
que l'épanchement soit notable, il devra nécessairement

repousser les noyaux gris vers les ventricules, en raison de la résistance plus grande qu'opposeront les parois crâniennes du côté de l'insula. Vous voyez donc que, si les choses en restent là, aucune partie importante ne sera détruite ; la capsule interne en particulier sera seulement médiatement comprimée. En pareil cas, malgré l'intensité que les premiers symptômes auront pu présenter, un tel malade, s'il a résisté à ce qu'on appelle les phénomènes de *choc*, pourra guérir, c'est-à-dire pourra tôt ou tard recouvrer la presque intégrité de ses mouvements.

Mais, d'autre part, ce foyer peut s'agrandir ; il peut s'étendre suivant la direction des artérioles, couper en travers la capsule interne, et, enfin, pénétrer dans la cavité ventriculaire. Si un tel accident se produit, le cas est des plus graves ; le malade succombe le plus habituellement, et par là même la question se trouve résolue.

Si l'inondation ventriculaire n'a pas eu lieu, si seulement les fibres de la capsule ont été déchirées, pour peu que la déchirure porte sur celles de ces fibres qui appartiennent au faisceau pyramidal, le cas est encore des plus sérieux ; non pas en ce qui concerne la vie du malade qui, par ce fait, n'est point menacée, mais en ce qui concerne le retour du mouvement dans les membres frappés d'hémiplégie. Très certainement, alors, l'intégrité de ces mouvements est définitivement compromise.

C'est qu'en effet, Messieurs, une telle lésion destructive entraîne nécessairement le développement d'une lésion spinale descendante, qui, elle, à son tour, ainsi que nous allons le montrer, entretient fatalement la persistance indéfinie plus ou moins complète de l'impuissance motrice dans les membres paralysés.

Ainsi, vous le voyez, quelques millimètres de plus ou de moins dans l'étendue de la lésion, suivant une certaine direction, ne sont pas ici chose indifférente. Tant que les fibres du faisceau pyramidal sont épargnées, quelle que soit l'étendue du foyer, le mal est réparable. Il ne l'est plus ou ne l'est plus guère si les fibres de ce faisceau ont été non pas seulement comprimées, mais détruites sur un point de leur trajet. Tel est le résumé de la situation.

IV.

C'en est assez pour le côté anatomo-pathologique. La question s'offre à nous actuellement dans les termes suivants. Est-il possible de reconnaître cliniquement, à de certains caractères, chez des individus frappés d'hémiplégie depuis quatorze ou quinze jours, que le faisceau pyramidal a été détruit sur un point de son parcours, ou, autrement dit, la dégénération secondaire se révèle-t-elle par des symptômes qui lui sont propres?

On peut, Messieurs, répondre par l'affirmative. Il est certain que l'existence des dégénérations secondaires, dans les conditions que nous avons supposées, peut être habituellement reconnue. Le grand symptôme révélateur, dans l'espèce, est cet ensemble de phénomènes que l'on désigne vulgairement sous le nom de *contracture tardive des hémiplégiques*. Il nous faudra donc porter toute notre attention sur ce symptôme remarquable. Mais il ne se manifeste habituellement, d'une façon un peu décisive, que vers le deuxième ou le troisième mois après l'attaque. Faudra-t-il attendre, pour se prononcer, que ce terme soit révolu? N'existe-t-il pas, dans la symptomatologie des hémiplégies apoplectiques, des indices moins tardifs, capables de révéler l'existence des lésions spinales consécutives?

En réalité, Messieurs, la période des contractures tardives dans l'hémiplégie incurable est précédée par une période prodromique durant laquelle on observe certains

phénomènes qui, s'ils ne permettent pas d'affirmer à coup
sûr l'existence de la dégénération, en rendent au moins la
présence très vraisemblable. Seulement, l'apparition de
ces phénomènes doit être provoquée par l'observateur. Ce
sont des signes qu'il faut apprendre à mettre en évidence ;
ils ne se révèlent que par la mise en œuvre de certaines pratiques. Aujourd'hui, je me bornerai à vous rappeler que
l'un d'eux, le plus anciennement introduit dans la sémiotique neuro-pathologique, est connu en France sous le nom
de trépidation provoquée, d'épilepsie spinale provoquée.
Les auteurs allemands l'appellent le phénomène du pied
(*Fussphœnomen*) ou, encore, le *clonus* du pied.

Mais c'est là un signe qui appartient à la clinique française. Dès 1863, ainsi qu'en témoignent des observations qui
datent de cette époque, il était journellement mis à profit dans
les services de la Salpêtrière, par M. Vulpian, par moi-
même et par nos élèves. Depuis lors, nous n'avons jamais
cessé d'étudier ce phénomène dans ses relations avec les
différentes affections des centres nerveux et d'en chercher
la signification. Ainsi, j'ai montré depuis longtemps qu'il
fait habituellement défaut dans l'impuissance motrice liée
au tabes ataxique, à la paralysie spinale de l'enfance et encore dans d'autres états du même genre, tandis qu'il ne
manque jamais dans les paralysies de cause cérébrale ou
spinale dans lesquelles la contracture existe ou tend à s'é-
tablir (1).

Voici, au demeurant, en quoi consiste ce phénomène.
Quand on soulève le membre inférieur paralysé d'un hémiplégique, en plaçant une main sous le jarret de façon que la
jambe du malade soit abandonnée à elle-même, ballante, si,
à l'aide de l'autre main, on relève brusquement la pointe
du pied, immédiatement on provoque une série de secousses dont l'ensemble constitue une sorte de mouvement

____

(1) Dubois. — Thèse de Paris, 1868.

rhythmé, de tremblement à oscillations plus ou moins régulières ou persistantes.

La trépidation spinale offre d'autant plus d'intérêt dans la règle, qu'il n'en existe pas trace à l'état normal. Ainsi M. Berger (1), sur 1400 sujets sains en apparence (des soldats pour la plupart), qu'il a observés à cet effet, ne l'a rencontrée que trois fois. Je répéterai encore à dessein que dans le domaine pathologique, ce n'est pas un phénomène banal, puisque dans certaines affections spinales il fait défaut, tandis que dans d'autres il est de règle qu'il soit présent. C'est, en somme, un des caractères du groupe des paralysies spasmodiques ; et les hémiplégies centrales avec dégénération secondaire des faisceaux pyramidaux appartiennent à cette catégorie.

Quand la contracture tardive s'est produite, il est à peu près constant. Mais il la précède souvent de plusieurs semaines. Chez une malade actuellement couchée dans l'infirmerie de la Salpêtrière, il a commencé à se manifester huit jours après l'attaque, et quinze jours plus tard la rigidité du membre inférieur inaugurait peu à peu la série des accidents spasmodiques. Chez une autre malade, il n'a paru qu'un mois après l'attaque et la raideur musculaire a commencé à paraître dans le cours du deuxième mois. M. Déjerine a fait voir récemment que ce symptôme se révèle parfois dans les deux membres inférieurs, et nous verrons qu'il en est quelquefois de même de la contracture.

Chez les hémiplégiques qui jouissent encore de quelques mouvements, cette même trépidation, qui s'étend dans certains cas au membre tout entier, peut aussi se manifester à l'occasion d'un mouvement volontaire.

Il s'agit là d'un phénomène réflexe; je me propose d'ailleurs de le démontrer plus au long dans la suite. Qu'il suffise, pour le moment, de vous faire remarquer que son

____

(1) *Arch. d. Heilk.*, 1879, n° 4.

intensité est provoquée par l'emploi de la strychnine, atténuée au contraire, d'après M. O. Berger du moins, par celle de l'opium.

Un phénomène analogue se produit quelquefois lorsque la main d'un hémiplégique est brusquement soulevée par le bout des doigts. Souvent aussi, ces malades, en élevant le bras paralysé, éprouvent une trépidation semblable à celle qui se produit au membre inférieur dans les mêmes circonstances. Mais le *phénomène de la main,* provoqué ou spontané, est beaucoup plus rare que le phénomène correspondant connu sous le nom de *phénomène du pied.*

Ces deux signes, comme nous le montrerons, appartiennent à la même catégorie que ceux qui ont été récemment introduits dans la sémiotique des affections spinales par M. Westphal, puis par M. Erb, sous la dénomination collective de *réflexes tendineux.*

DOUZIÈME LEÇON

De la contracture tardive des hémiplégiques et de ses variétés cliniques.

Sommaire. — Influences diverses qui exagèrent la contracture ou même la provoquent prématurément. — Strychnine, faradisation, traumatisme. — Contracture traumatique (observation). — Analogie des contractures hémiplégiques par traumatisme et des contractures hystériques.

A quelle époque survient la contracture secondaire des hémiplégiques. — Attitude des membres. — La contracture affecte tous les groupes antagonistes. — Attitudes vicieuses.

Contractures paralytiques, par adaptation, myopathiques. — La contracture des hémiplégiques n'est pas une rigidité passive. — Expériences de Gaillard (de Poitiers).

Tonicité musculaire normale. — Théorie d'Onimus. — Expériences confirmatives de Boudet de Pâris et Brissaud. — Le tonus musculaire est une action réflexe permanente.

Types et variétés des attitudes des membres contracturés. — Contracture de la face. — Terminaisons diverses de la contracture hémiplégique.

I.

Messieurs,

Je vous disais, en terminant la dernière leçon, que dans l'hémiplégie permanente de cause cérébrale, la période des contractures tardives est précédée d'une période prodromique pendant laquelle s'observent certains phénomènes, qui, s'ils ne permettent pas toujours d'affirmer l'existence de la dégénération, la rendent cependant fort vraisemblable.

Ces phénomènes, ajoutais-je, ne se présentent pas d'eux-mêmes. Leur apparition doit être provoquée par l'observateur. Ce sont, en d'autres termes, des signes qu'il faut mettre en évidence à l'aide de certaines pratiques, d'ailleurs fort simples.

En dehors du cas que nous considérons actuellement, dans le cours de nos études sur les affections organiques cérébrales et spinales, nous retrouverons maintes fois ces mêmes phénomènes avec tous les caractères que je cherche à mettre en relief, mais, à la vérité, presque toujours au milieu de circonstances relativement beaucoup plus complexes. C'est pourquoi il faut saisir l'occasion qui, aujour-d'hui, se présente à nous, d'observer ces phénomènes dans les conditions les plus favorables à l'analyse physiologique.

Je vous ai déjà entretenus de l'un d'eux, le plus anciennement introduit dans la séméiotique neuro-pathologique. Il est actuellement, vous le savez, désigné en France sous les noms de *trépidation provoquée*, d'*épilepsie spinale provoquée,* et en Allemagne, sous le nom de *phénomène du pied, clonus du pied.* Dans le domaine pathologique, ce n'est pas, tant s'en faut, un phénomène banal.

Il est de règle qu'il fait absolument défaut ou s'atténue dans certaines affections spinales, l'ataxie locomotrice par exemple, les polyomyélites antérieures aiguës ou chroniques (paralysie infantile, atrophie musculaire progressive spinale protopathique, et toutes autres affections de la même catégorie), tandis que, dans d'autres, il est habituellement présent. C'est, en somme, un des caractères du groupe clinique des paralysies spasmodiques, et les hémiplégies cérébrales avec dégénération des faisceaux pyramidaux appartiennent à ce groupe.

Une fois la contracture tardive établie, la trépidation spinale est, à moins de circonstances exceptionnelles, un symptôme constant, et même il la précède toujours de plusieurs semaines.

Ainsi, chez une malade couchée actuellement dans l'infirmerie de la Salpêtrière, et frappée il y a quelques mois d'hémiplégie, la trépidation provoquée s'est manifestée huit jours après l'attaque, et c'est seulement quinze jours après, c'est-à-dire au bout de trois semaines environ, que la contracture a commencé à paraître.

Chez une autre malade, le phénomène du pied n'est devenu appréciable qu'un mois après l'attaque, et la contracture ne s'est établie que vers la fin du deuxième mois.

En outre, M. Déjerine, ainsi que je vous l'ai déjà dit, a fait récemment la remarque intéressante et très exacte que le membre inférieur, du côté non paralysé, devient quelquefois le siège de la trépidation provoquée. Il n'est pas rare même, en pareil cas, que la contracture permanente s'empare de ce membre, de telle sorte que l'hémiplégie se complique en quelque sorte d'une paraplégie avec rigidité, qui met ainsi un obstacle presque invincible à la station et à la marche, par suite de quoi le malade reste confiné au lit pour la fin de ses jours.

Enfin, chez les hémiplégiques qui jouissent encore de quelques mouvements, cette même trépidation du pied, qui, quelquefois, s'étend à toutes les parties du membre, peut se manifester à l'occasion d'un mouvement volontaire.

Provoquée ou spontanée, la trépidation en question est un phénomène d'ordre réflexe, j'aurai à le démontrer. Qu'il me suffise de faire remarquer, pour le moment, que son intensité s'accroît sous l'influence de la strychnine, qu'elle s'atténue au contraire par l'emploi du bromure de potassium à haute dose, et de l'opium même, selon M. Berger, fait qui me semble beaucoup moins bien établi que les précédents.

Il importe de relever, Messieurs, que, contrairement à ce qui a lieu pour la trépidation provoquée du pied, le phénomène du genou appartient à l'état normal. Chez tout sujet sain, à bien peu d'exceptions près, il existe à un certain degré ; ainsi, dans cette statistiqe de M. Berger que j'invoquais dans la leçon précédente (1), le réflexe rotulien n'a manqué qu'une fois sur cent. M. Eulenburg (2) a fait la remarque très intéressante qu'il est très accentué chez le nouveau-né dès le premier jour, et qu'il s'atténue en général au bout de quelques semaines.

Ce dernier fait, s'il se confirme, peut avoir une grande portée, puisqu'il semble, par lui-même, signaler déjà le phénomène comme un réflexe spinal. Nous n'avons pas oublié, en effet, que chez le nouveau-né les faisceaux pyramidaux ne sont pas encore complétement développés et que, par conséquent, l'influence modératrice qu'on prête au cerveau proprement dit sur les actes réflexes spinaux ne peut encore, à cette époque de la vie, s'exercer par cette voie.

Quoi qu'il en soit, il ressort clairement de ce qui précède, que le phénomène du genou n'acquiert une signification pathologique que dans les circonstances suivantes : 1° ou bien il fait complétement défaut, ainsi que cela a lieu habituellement dans l'ataxie locomotrice, par exemple, ou dans les polyomyélites antérieures ; 2° ou bien il s'exagère notablement comme dans les paralysies spasmodiques. Chez les hémiplégiques menacés de contracture, il précède même assez généralement l'apparition du phénomène du pied ; et s'il arrive qu'il soit peu prononcé, sa présence n'est pas sans signification, eu égard à l'intensité encore moindre du même symptôme du côté non paralysé.

---

(1) *Centralblatt f. d. Nervenkr.* 1879.
(2) *Ibid.* 1878.

II.

Le clonus du pied et celui de la main appartiennent, ainsi qu'il nous sera facile de le montrer, à la même catégorie que ceux dont il va être maintenant question et qui ont été récemment introduits dans la séméiotique des affections cérébro-spinales par M. Westphal d'abord, puis par M. Erb (1). Ces phénomènes nouveaux sont collectivement désignés sous le terme générique de réflexes tendineux. De tous, le mieux étudié, le plus facile à provoquer, celui qui, en même temps, offre le plus d'intérêt pratique, est connu sous le nom de *réflexe patellaire, réflexe du tendon rotulien, phénomène du genou, clonus du genou*, etc. Voici comment on le met en évidence.

Le membre qu'on veut explorer est soutenu, comme dans le cas précédent, par la main gauche de l'observateur placée sous le jarret.

On frappe, à l'aide du bord cubital de la main droite, un petit coup sur le milieu du tendon rotulien (il est plus sûr encore de se servir du marteau à percussion de Skoda). Une simple chiquenaude appliquée sur le point indiqué, donnerait au besoin le même résultat, du moins dans certaines circonstances pathologiques. Presque immédiatement après le choc, la jambe du malade se redresse, s'élève plus ou moins brusquement, décrivant une trajectoire plus ou moins étendue selon les cas, puis retombe aussitôt après. Quelquefois, cependant, un seul choc est suivi de deux ou trois oscillations successives ; le phénomène a acquis alors son plus haut degré d'intensité.

______

(1) *Arch. f. Psych*, t. V, 1875.

III.

Comme son nom l'indique, le phénomène du genou est certainement d'ordre réflexe ; c'est un réflexe spinal, et déjà quelques observations cliniques permettraient de le prévoir. Ainsi, M. Erb a fait remarquer (1) qu'en percutant le tendon rotulien de manière à provoquer le phénomène du genou, il se produit quelquefois simultanément un mouvement d'adduction de la cuisse opposée. Dans un cas de paraplégie par compression spinale — et ceci est encore une observation de M. Erb — le signe du genou avait fait défaut tant qu'avait duré la paralysie. Il reparut lorsque le malade put recouvrer l'usage de ses membres. Ceci tend à démontrer que l'existence du phénomène est subordonnée à l'intégrité de certaines régions médullaires.

Il faut ajouter encore que, d'après les observations de M. Nothnagel, confirmées par celles de M. Erb (2), l'excitation vive de certaines parties plus ou moins éloignées du lieu où se produit le phénomène du genou suffit quelquefois pour en empêcher la production. Ainsi, un pincement de la peau du ventre ou la faradisation intense du membre du côté opposé suffisent pour mettre obstacle à la contraction du triceps crural. Vous voyez qu'il s'agit ici d'un phénomène d'arrêt, analogue à ceux qu'on détermine quelquefois chez les animaux sur lesquels on étudie les diverses conditions de l'activité réflexe spinale.

Mais la nature réflexe du *signe du tendon*, s'il pouvait subsister quelque doute à cet égard, est aujourd'hui mise en évidence par l'expérimentation. Déjà MM. Fürbinger, et,

(1) *Ziemssen's Handb.*
(2) *Arch. f. Psych.* VI, 1876.

Schultze (1) avaient reconnu que les réflexes tendineux et, en particulier, celui du genou existent chez les animaux, chez le lapin par exemple, à l'état normal, tout aussi bien que chez l'homme, et qu'ils cessent de se produire lorsque la moelle épinière est détruite. Tout récemment M. Tschirjew a repris ces expériences et est parvenu à déterminer, avec une grande précision, les conditions de ce phénomène (2).

La région de la moelle dont l'intégrité est nécessaire pour que le phénomène du genou se produise chez le lapin, est exactement comprise entre la cinquième et la sixième vertèbres lombaires. Quand cette région de la moelle est détruite, le phénomène ne se produit plus. Au contraire, les sections qui portent au-dessous ou au-dessus de ce niveau n'ont pas cet effet.

Or, c'est dans la région indiquée que prennent origine les racines de la 6° paire lombaire qui fournissent, ainsi que Krause l'indique dans son traité de l'anatomie du lapin, à la plus grande partie du nerf crural. Si donc vous coupez les racines postérieures ou les racines antérieures de la sixième paire, le réflexe cesse d'exister des deux côtés. Il manque d'un seul côté, si l'on sectionne la racine antérieure ou la racine postérieure de ce côté. Ainsi, voilà la nature réflexe du phénomène bien établie, et il s'agit là assurément d'un réflexe spinal. Ajoutons que les recherches de Sachs ont montré qu'il existe des nerfs qui ne peuvent être que des nerfs centripètes, dans l'épaisseur du tendon du triceps et particulièrement à la limite des parties tendineuses et des parties charnues. Ce sont ces nerfs qui, distendus au moment où le tendon rotulien est percuté, transmettraient l'excitation à la moelle lombaire. Cette excitation, por' ée jusqu'à la substance grise par la voie des racines

(1) *Centralbl. f. d. Newenkrankh.* 1875.
(2) *Arch. f. Psych.* VIII, 1878.

sensitives de la 6ᵉ paire, se réfléchit sur le muscle triceps par la voie de la racine motrice correspondante qui n'est autre qu'une des principales origines du nerf crural. J'ajouterai que, d'après les observations de M. Berger, l'emploi de la strychnine qui met en évidence, dans les cas pathologiques, le phénomène du pied, accroît dans les mêmes circonstances, l'intensité du phénomène du genou.

Il existe d'au res réflexes tendineux, en tout comparables à celui qui vient d'être décrit, sur les diverses parties du membre supérieur. Seulement, autant que j'en puis juger par les quelques observations que j'ai faites, ils sont très peu accentués à l'état normal. Au contraire, chez les hémiplégiques, dans les conditions spéciales que nous étudions, ils deviennent très manifestes et acquièrent en conséquence un intérêt réel. Ainsi, dans ces conditions-là, c'est-à-dire lorsqu'il existe une certaine tendance à la contracture dans le membre supérieur, ou lorsque cette contracture s'est déjà établie, la percussion du tendon du biceps détermine une brusque flexion de l'avant-bras sur le bras; la percussion du tendon du triceps provoque un mouvement inverse ; et, de même, on arrive aisément à produire des mouvements de flexion des doigts, de flexion et de pronation de la main, en percutant à l'extrémité inférieure de l'avant-bras les tendons des divers muscles qui accomplissent ces mouvements.

IV.

J'en aurais fini, Messieurs, avec l'étude de ces symptômes, si je ne tenais à vous signaler les indications précieuses que peut fournir, au point de vue même de l'interprétation clinique, l'analyse graphique de ces contractions musculaires réflexes, qui, dans l'état pathologique, subissent des modifications si importantes. Déjà M. Tschirjew avait appliqué la méthode graphique à l'étude des phénomènes que je vous signale, et déterminé la durée du temps de ce réflexe chez les sujets sains. Récemment, M. Brissaud a repris ces expériences dans mon service, avec le concours de M. François Franck, et les résultats qu'il a obtenus, particulièrement chez les hémiplégiques, méritent d'être mentionnés ici tout spécialement, en raison des enseignements que nous en pouvons tirer. D'ailleurs, il suffit de jeter les yeux sur ces deux tracés (*Fig. 82 et 83*),

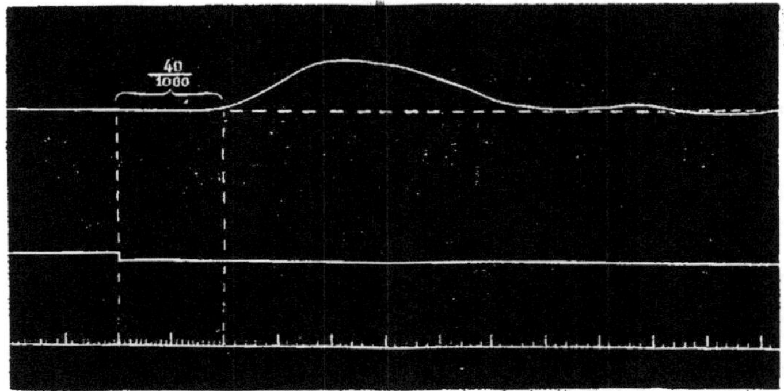

Fig. 82. — Réflexe rotulien (hémiplégie avec contracture, côté sain. Le temps du réflexe est de 40 millièmes de seconde. La courbe de contraction a la forme normale.

pour constater du premier coup la différence qui existe entre la contraction réflexe du triceps crural du côté de l'hémiplégie, et celle du muscle correspondant du côté sain (1).

(1) Sur ces tracés la première ligne représente les variations du raccourcissement du muscle pendant la contraction. La seconde ligne, coudée vers la gauche, indique le moment précis où le marteau frappe le tendon rotulien. La troisième ligne, graduée, indique la durée du temps du réflexe, en cinq centièmes de seconde. Une correction est nécessaire pour défalquer du temps du réflexe le temps perdu, correspondant à la transmission de la déformation du muscle jusqu'au cylindre enregistreur, dans les tubes de caoutchouc de l'appareil. En tenant compte de cette correction, le temps du réflexe n'est plus que de 36 millièmes de seconde du côté sain et de 32 millièmes du côté contracturé.

Tous les caractères de ces tracés concourent à démontrer l'exagération du pouvoir réflexe du centre spinal dans

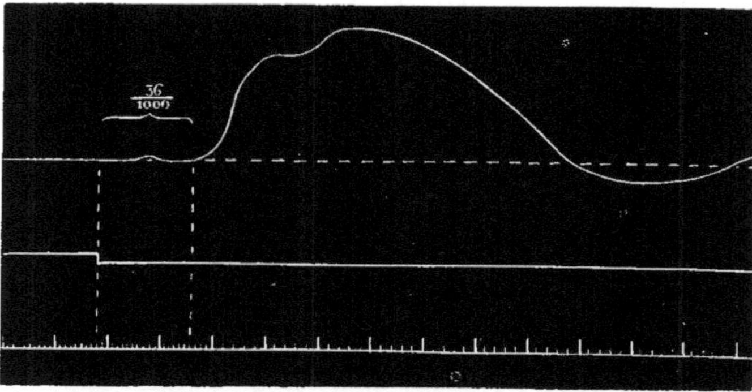

Fig. 83.—Réflexe rotulien. Côté contracturé. Le temps perdu du réflexe est de 36 millièmes de seconde. La courbe musculaire est beaucoup plus élevée ; la contraction est plus brusque, et de forme différente. (Dicrotisme.)

la moitié de la moelle qui correspond aux membres paralysés. En effet, tandis que du côté demeuré sain, l'acte

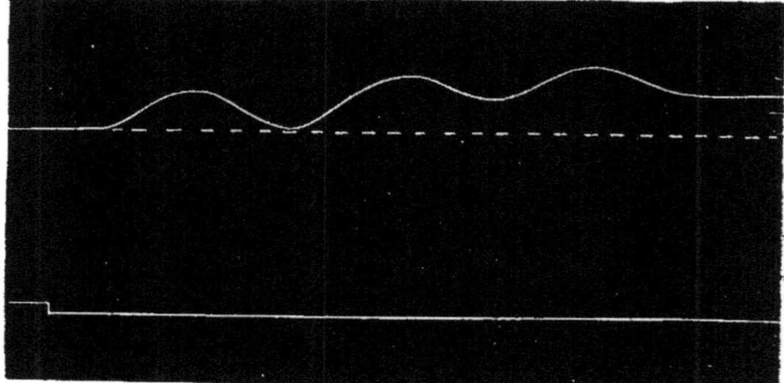

Fig. 84. — Exagération de la contracture du triceps crural à la suite de la percussion du tendon rotulien.

réflexe a lieu après un laps de temps qui équivaut à 40 millièmes de seconde, il se produit dans le triceps du côté paralysé au bout de 36 millièmes de seconde seulement. En outre, l'amplitude de la contraction est de beaucoup supé rieure, du côté malade, à ce qu'elle est du côté sain ; c'est-à-dire que, d'une part le raccourcissement du triceps est plus considérable, et que, d'autre part, il dure plus longtemps. Enfin, la forme de la contraction du muscle en question est notablement différente, en ce sens qu'elle paraît se faire presque toujours en plusieurs temps (dicrotisme ou polycrotisme). Quelquefois même, à la suite d'une série d'oscillations de plus en plus élevées, le muscle, au lieu de revenir à son état primitif, reste pendant quelque temps plus raccourci (*Fig. 84*) qu'il ne l'était au moment de la percussion rotulienne ; si bien que l'on a alors, en quelque sorte, sous les yeux, une ébauche de contracture.

V.

Tels sont, Messieurs, les phénomènes qu'il importait surtout de relever dans la phase prémonitoire de la période des contractures tardives chez les hémiplégiques. Nous les retrouverons, je le répète, avec tous leurs caractères, dans un grand nombre d'affections organiques cérébro-spinales autres que celle qui nous occupe spécialement aujourd'hui. J'ai seulement voulu vous les faire connaître une fois pour toutes dans leurs principaux détails, puisque l'occasion s'en présentait.

Actuellement, j'en reviens encore à la période prémonitoire de la contracture. Cette période peut être marquée par quelques autres signes, plus rares que les précédents, d'une moindre importance pratique, mais qu'il convient cependant de signaler à votre attention, parce qu'ils sont de nature à jeter une certaine lumière sur la question de théorie, encore fort controversée.

A. Je parlerai, en premier lieu, des phénomènes connus sous le nom de *mouvements associés, syncinésies*, comme les nomme M. Vulpian.

Dès 1834, Marshall Hall avait relevé un certain nombre de faits de ce genre parmi lesquels, d'ailleurs, plusieurs avaient été constatés avant lui. On sait que, sous l'influence d'un bâillement, d'un éternuement, il se produit parfois chez les hémiplégiques un mouvement automatique dans le membre supérieur, alors même que ce membre est complètement paralysé et que le malade est dans l'impossibilité absolue de le mouvoir volontairement. Mais, pour la première fois, en 1872, M. Onimus fit remarquer que dans des circonstances analogues à celles que nous envisageons, l'occlusion de la main du côté non paralysé, le mouvement individuel de l'un quelconque des doigts entraînent la production de mouvements semblables dans la main ou les doigts du côté paralysé. Ces mouvements provoqués *par association* sont, je le répète, tout à fait involontaires ; et, même en général, c'est seulement au prix d'un grand effort de volonté, que les malades peuvent les empêcher de se produire. M. Westphal a également signalé quelques faits curieux qu'il avait remarqués, de son côté, chez plusieurs sujets atteints d'hémiplégie infantile. Mais, je ne puis qu'indiquer ces faits en passant, car ils ne sont pas d'une observation très vulgaire, et ils n'offrent d'intérêt qu'au point de vue de la théorie.

B. Également très curieux à ce même point de vue, mais très importants en outre à considérer pour le côté pratique, sont les effets produits sur les membres paralysés des hémiplégiques frappés de contracture, par l'usage de certains médicaments, et, en particulier, de la noix vomique ou de la strychnine. Déjà, nous avons vu l'emploi de cet agent thérapeutique mettre en relief, en les exagérant ou en les produisant de toutes pièces, les réflexes tendineux. Nous

allons le voir, maintenant, précipiter en quelque sorte les
événements et déterminer l'apparition du phénomène de la
contracture.

Vous n'êtes pas assurément sans avoir entendu parler
des travaux de Fouquier, professeur de cette Faculté, sur
*l'usage de la noix vomique dans le traitement de la pa-
ralysie.* C'est ainsi qu'est intitulé le second mémoire publié sur ce sujet par notre auteur, vers 1820. Le premier
datait de 1811 (1). Ce travail est très intéressant à consulter. On y trouve l'origine de toutes les connaissances acquises aujourd'hui sur le sujet qui nous occupe. Il
comprend quinze ou seize observations relatives : les unes à
la paraplégie par compression ou par myélite, les autres
à l'hémiplégie vulgaire de cause cérébrale.

Eclairé par les expériences de Magendie, Fouquier s'é-
tait proposé pour but de produire chez ces paralytiques,
un *tétanos* artificiel, et il pensait trouver là un moyen
curatif. Parmi les remarques que fait l'auteur à la suite
des observations qu'il relate, je relèverai la suivante :

« Fait remarquable, dit Fouquier, la noix vomique peut
déterminer la contraction des muscles paralysés, sans atteindre les parties saines. Prise à dose convenable, elle
n'agit que sur les parties malades. Il semble que celles-ci
ressentent d'autant plus vivement l'effet du médicament,
qu'elles sont plus complètement privées de mouvement....
Voilà, ajoute-t-il, des faits qu'il nous serait impossible de
rapporter aux lois de la physiologie. »

Sans doute, à l'époque où ce travail était publié, ces faits
méritaient bien d'être jugés incompatibles avec toutes les
données de la physiologie pathologique. Mais, aujourd'hui
que l'action de la strychnine sur les centres nerveux a été

---

(1) Ce deuxième travail est inséré dans le tome V des *Mémoires* de
l'ancienne *Société de la Faculté de médecine;* il a été réimprimé dans le
tome II de la *Bibl. de thérap.* publié par Bayle, en 1830. Page 141.

étudiée par la méthode expérimentale, l'interprétation du phénomène en question est devenue très simple.

Une autre remarque de Fouquier est que, dans ces contractions provoquées dans les membres paralysés par l'emploi de la noix vomique, les membres thoraciques se placent dans la flexion, et les membres abdominaux dans l'extension. Nous verrons bientôt l'intérêt de cette remarque.

Mais, voici le dernier point, sur lequel je veux surtout appeler votre attention.

« Les paralytiques, dit Fouquier, — et il s'agit ici de l'hémiplégie aussi bien que de la paraplégie, — conservent souvent, après l'administration de la noix vomique, une raideur considérable des membres, bien que l'usage du médicament soit depuis longtemps suspendu. » Ainsi, vous le voyez, voilà une contracture durable déterminée par la strychnine, ce même médicament qui mettait en relief tout à l'heure les réflexes tendineux. C'est là une circonstance déjà propre à montrer que les réflexes tendineux et la contracture sont des phénomènes connexes. J'aurai l'occasion de revenir très prochainement sur ce point.

TREIZIÈME LEÇON

De la contracture tardive des hémiplégiques et de ses variétés cliniques.

Sommaire. — Influences diverses qui exagèrent la contracture. — Strychnine. — Traumatismes.

La contracture est toujours imminente chez les hystériques. — Elle se produit dans les mêmes circonstances.

Epoque de son apparition chez les hémiplégiques. — Elle vient par gradations. — Elle détermine des attitudes et des déformations des membres qui sont toujours les mêmes. — Interprétation de ces attitudes. — Théorie de l'action des antagonistes. — Expériences de Gaillard (de Poitiers). — Tonus musculaire.

Messieurs,

Je relevais, en terminant la leçon dernière, diverses influences qui, dans l'hémiplégie durable de cause cérébrale, peuvent accroître l'intensité des phénomènes connus sous le nom de réflexes tendineux. A propos des effets de la strychnine, je vous montrais que cet agent provoque également, dans ces mêmes circonstances, l'apparition de la contracture tardive, alors que celle-ci est en quelque sorte imminente, que tout est préparé en un mot pour qu'elle se produise.

C'est là un fait qui mérite d'être mis en relief, parce qu'il semble indiquer que la contracture tardive et l'exaltation des réflexes tendineux sont des phénomènes connexes, se rattachant à une condition commune.

Je voudrais vous faire remarquer encore que d'autres causes qui, en apparence, n'ont aucune analogie avec l'usage thérapeutique de la strychnine ou de quelques autres médicaments, peuvent cependant déterminer, elles aussi, prématurément, l'apparition de la contracture chez les hémiplégiques, ou la rendre plus intense, lorsque déjà elle s'est établie.

I.

1° On sait depuis longtemps, en électrothérapie, que la faradisation intempestive et mal réglée des membres paralysés, chez les malades de cette catégorie, peut avoir pour résultat de provoquer ou d'exagérer les contractures permanentes. Ce qu'on sait moins, c'est qu'un traumatisme portant sur les membres paralysés peut être cité parmi les causes de ce genre. A titre d'exemple propre à mettre en relief la réalité du fait, je mentionnerai le cas suivant observé récemment à l'hospice de la Salpêtrière par mon collègue, M. Terrier, qui en a immédiatement saisi l'intérêt théorique et l'a en conséquence recueilli avec grand soin (1).

Il s'agit d'une femme âgée aujourd'hui de 52 ans, et qui avait été frappée subitement d'hémiplégie, il y a six ans, vraisemblablement en conséquence d'un ramollissement partiel. L'hémiplégie avait persisté à un certain degré depuis cette époque, mais elle se traduisait seulement par une légère rigidité du membre supérieur droit; le membre inférieur était à peu près complétement libre ; elle marchait

____

(1) Voy. *Revue mensuelle de Médecine et de Chirurgie*, 1870, n° 12.

assez facilement et faisait même des courses relativement longues. Le 29 mars dernier, elle fit une chute sur le siège, ses jambes étant fléchies et ainsi se fit une contusion, d'ailleurs légère, de la partie antérieure de la jambe qui devint, les jours suivants, un peu gonflée et ecchymotique. Mais, voici le point intéressant : Le lendemain de l'accident, le membre inférieur droit, c'est-à-dire correspondant à la paralysie, était devenu rigide dans toutes ses parties ; on pouvait le soulever tout d'une pièce, le pied avait pris l'attitude de l'équin varus, bref, il s'agissait là d'une contracture vraie, aussi caractérisée que possible. De plus, la contracture s'était considérablement accrue dans le membre supérieur où elle était auparavant à peine accentuée, contracture en flexion, rendant fort douloureux les mouvements spontanés ou provoqués. Aujourd'hui, six semaines après le traumatisme, la contracture des membres s'est amendée, mais elle persiste à un assez haut degré, et le phénomène du pied ainsi que le réflexe rotulien sont très exagérés dans le membre inférieur.

2° Les faits de ce genre ne sont sans doute pas très rares ; j'en ai, pour mon compte, recueilli deux ou trois. A ce propos, il ne sera peut-être pas sans intérêt d'établir un rapprochement au point de vue spécial que nous considérons en ce moment, entre l'hémiplégie permanente, résultant d'une lésion cérébrale organique, et l'hémiplégie ne relevant d'aucune altération appréciable, qui s'établit quelquefois chez les hystériques. On sait que, chez les hystériques hémianesthésiques en particulier, les membres du côté où siège l'insensibilité sont fréquemment atteints d'une parésie plus ou moins prononcée. Cette parésie peut s'aggraver au point de devenir une paralysie complète, véritablement flaccide. J'ai reconnu que les réflexes tendineux sont, en général, manifestement exagérés sur les membres ainsi paralysés, et qu'on peut souvent, lorsqu'il s'agit du membre inférieur, y provoquer la trépidation épileptoïde. Or, en pareille occurrence, il m'est arrivé plusieurs fois de déterminer dans les membres frappés d'impuissance, l'apparition d'une contracture plus ou moins intense et plus ou moins permanente par l'application sur ces membres de courants galvaniques faibles, ou même par la simple application d'un aimant. Ce résultat permet peut-être de comprendre pourquoi la contracture se développe très souvent, en apparence d'emblée, chez certains sujets nerveux, en conséquence d'une action traumatique banale. J'ai récemment appelé l'attention sur ces faits singuliers que Brodie connaissait déjà. Ainsi, à la suite d'une chute sur le poignet, d'une pression un peu forte exercée sur le dos du pied, j'ai vu se développer chez certains sujets, presque immédiatement, dans le membre correspondant, une contracture qui ensuite a persisté à l'état permanent, pendant plusieurs semaines et même pendant plusieurs mois. L'apparition de la contracture ainsi produite est souvent la première révélation de la diathèse hystérique. Mais, en y regardant d'un peu près, on reconnaît presque toujours que, du côté où cette contracture s'est développée, il existe une anesthésie plus ou moins nette, une douleur ovarienne, un certain degré de parésie, accidents relativement bénins mais qui, tout porte à le croire, ont précédé l'apparition de la contracture. Le terrain était donc en quelque sorte déjà préparé, et le traumatisme a joué là tout simplement le rôle d'agent provocateur.

Je me borne, pour l'instant, à indiquer ce rapprochement entre les contractures des hystériques et les contractures des hémiplégiques. J'aurai sans doute l'occasion d'en tirer parti par la suite.

II.

A. Il est temps, en effet, de revenir à la description de la contracture hémiplégique dont je ne vous ai donné encore qu'un aperçu sommaire.

Dans les circonstances habituelles, c'est-à-dire lorsqu'elle survient spontanément, elle ne s'établit guère que vers le milieu du deuxième mois, quelquefois plus tardivement, rarement plus tôt ; il est exceptionnel par exemple qu'elle se montre vingt jours seulement après l'attaque, comme l'a vu M. Vulpian chez un de ses malades.

Quoi qu'il en soit, elle ne se déclare pas brusquement, mais vient par gradations. Il est rare d'ailleurs que les malades nous renseignent exactement à cet égard. Mais s'il vous est donné d'assister à cette période de transition, vous reconnaîtrez qu'avant de s'installer d'une façon définitive, la contracture apparaît d'abord, de temps à autre, d'une façon passagère. Vous la trouvez un jour, le lendemain elle a disparu, puis elle réapparaît encore.

Enfin, la voilà devenue permanente. Dans l'immense majorité des cas, c'est le membre supérieur qu'elle occupe en premier lieu. On trouve alors les doigts plus ou moins fortement fléchis dans la paume de la main, le coude placé dans la demi-flexion, et l'avant-bras dans la pronation. Successivement, cette contracture peut affecter toutes les parties paralysées, et même la face, bien que le fait soit relativement assez rare.

Elle a en outre pour effet de déterminer des déformations, une attitude des membres presque toujours les mêmes, et dont je compte vous donner dans un instant une brève description, car il n'est pas sans intérêt de reconnaître que ces déformations ne se font pas au hasard et qu'elles reconnaissent une loi.

Cependant, il importe avant tout de considérer de près la contracture elle-même et de bien déterminer les caractères qu'elle affecte chez les hémiplégiques, attendu que nous retrouverons ce même phénomène avec toutes les particularités que nous allons décrire, dans un grand nombre d'affections spinales, autres que celle qui nous occupe en ce moment; et c'est là, vous allez le voir, Messieurs, un phénomène étrange, paradoxal en quelque sorte, bien difficile à interpréter en tout cas avec les données de la physiologie actuelle.

Veuillez remarquer que ces membres immobiles placés dans une position déterminée, désormais presque définitive, sont dans un état tel que l'observateur qui veut les mouvoir éprouve une résistance plus ou moins prononcée, parfois presque invincible, quel que soit le sens dans lequel on opère le déplacement. Ainsi, pour ne parler que du coude, il est, avons-nous dit, dans la demi-flexion. Eh bien! il est aussi difficile d'exagérer la flexion de cette jointure que d'en déterminer l'extension. Il y a résistance presque égale dans les deux sens, et l'on acquiert ainsi la conviction que les muscles antagonistes sont contracturés à peu près au même degré.

Les attitudes vicieuses représentent donc la résultante de l'action opposée des antagonistes. Si le biceps est tendu à la façon d'une corde, le triceps est également dur et rigide, et si l'on est parvenu à vaincre un instant la résistance, soit dans une direction, soit dans l'autre, le membre abandonné à lui-même reprendra presque aussitôt son attitude primitive.

B. 1º Ce fait suffit déjà pour montrer que le phénomène en question est tout autre que celui qui produit les déformations propres à certaines paralysies et qu'on désigne quelquefois sous le nom de *contractures paralytiques*, contractures *par adaptation* (Dally). Les déviations qui se voient dans la paralysie spinale infantile, au moins dans ses premiers temps et lorsque le phénomène n'a pas encore été troublé par diverses circonstances qui peuvent survenir ultérieurement, offre le type le mieux caractérisé de ces contractures dites paralytiques. Supposons qu'il s'agisse d'une paralysie atrophique des muscles qui, normalement, opèrent la flexion dorsale du pied. La tonicité musculaire, d'une façon incessante, et les premiers efforts du malade, d'une façon intermittente, s'exerceront exclusivement sur les muscles gastrocnémiens dont l'activité se traduit par la flexion plantaire ; et, de la prédominance d'action de ces muscles résultera, à la longue, l'attitude du pied-bot équin. Mais il est toujours facile, quand le cas n'est pas trop ancien, de rétablir momentanément l'attitude normale, sans résistance de la part des muscles paralysés, lesquels sont à la fois privés de tonicité et de mouvements volontaires.

2° Il serait également facile de distinguer la contracture permanente des hémiplégiques des contractures dites *myopathiques*, c'est-à-dire de celles qui tiennent à une lésion du tissu musculaire lui-même, comme la cirrhose par exemple, ainsi que cela se voit dans certaines paralysies faciales. Dans la contracture tardive, au contraire, tout au moins lorsqu'elle n'est pas très ancienne, il n'y a pas — l'autopsie l'a maintes fois démontré — d'altération du tissu des muscles ; et lorsque celle-ci s'est produite, après un laps de temps généralement assez long, elle consiste en une simple émaciation. Pendant la vie, l'excitation faradique révèle d'ailleurs dans ces muscles contracturés une excitabilité normale, quelquefois même un peu exaltée.

En somme, Messieurs, la contracture des hémiplégiques n'est pas une rigidité passive. Elle répond au contraire à un état d'activité musculaire. C'est, on n'en saurait douter, un phénomène comparable à la contraction normale ; seulement c'est une contraction durable, permanente.

Cette persistance même de l'activité des muscles constitue justement le caractère paradoxal que je relevais tout à l'heure. Jour et nuit, en effet, pendant des mois et des années, ces muscles vont rester rigides, quelquefois dans une attitude telle qu'un effort de volonté pourrait seul, dans l'état normal, la prolonger pendant quelques instants.

D'après les expériences de Gaillard (de Poitiers), on ne peut tenir, dans les conditions ordinaires, les bras tendus horizontalement pendant plus de dix-neuf minutes. Le sujet le plus vigoureux ne saurait rester élevé pendant plus de trente minutes debout sur la pointe des pieds par la contraction des muscles jumeaux. Au contraire, la contracture dont il s'agit maintient les membres inférieurs indéfiniment dans des attitudes forcées, parfois presque violentes.

Ce caractère de permanence de la contracture ne paraît pas moins singulier, si l'on songe à l'intensité des phénomènes chimiques de nutrition dont un muscle est le siège pendant l'acte de contraction.

3° Il existe cependant un phénomène normal qui, sans trop forcer les analogies, semble pouvoir être rapproché du phénomène de la contracture permanente des hémiplégiques. Je veux parler de la tonicité ou du *tonus musculaire*.

Vous n'ignorez pas, Messieurs, que certains muscles, comme les sphincters par exemple, sont manifestement dans un état de contraction permanente, et qu'il en est de même, à un moindre degré toutefois, de tous les muscles de la vie animale.

Ceux-ci, dans les conditions dites du repos, sont, je le répète, dans un état de raccourcissement actif incessant, et qui ne disparaît que lorsque le nerf moteur correspondant a été sectionné. La contraction tonique du muscle se

traduit encore, comme l'a montré Cl. Bernard, par une modification chimique du sang qui a traversé ce muscle. Ainsi,
la quantité d'oxygène contenue dans le sang artériel qui
pénètre dans un muscle étant représentée par 7, 31 0/0, la
quantité contenue dans le sang veineux à la sortie du
muscle en contraction n'est représentée que par 4, 28 0/0.
Quand, le nerf moteur étant coupé, la tonicité du muscle
est abolie, la quantité d'oxygène du sang veineux devient
donc presque égale à celle du sang artériel. Mais, dans le
muscle à l'état de repos ou, en d'autres termes, dans l'état
de simple tonicité, le nerf étant intact, elle n'est plus que
de 5 0/0. Cela montre bien que la consommation d'oxygène
dans la tonicité représente presque le tiers de la quantité
totale contenue dans le sang des vaisseaux afférents.

Je vous rappellerai que, pour expliquer ce fait paradoxal
en apparence d'une contraction permanente, indéfinie du
muscle, M. Onimus a proposé d'admettre qu'il s'agissait là
de contractions atteignant successivement et non simultanément les divers faisceaux des muscles; de telle sorte que
les uns se reposeraient tandis que les autres entreraient
en contraction.

Cette hypothèse de M. Onimus a été sanctionnée du reste
par des expériences que MM. Boudet de Pâris et Brissaud
ont faites récemment dans mon service, à la Salpêtrière,
sur le bruit musculaire. A l'aide d'un appareil d'ausculta-
tion microphonique doué d'une délicatesse exquise, l'analyse des bruits musculaires dans l'état normal et dans l'état
pathologique a pu être poussée aussi loin que possible, et
voici, en deux mots, les résultats que cette nouvelle méthode
d'investigation a fournis au point de vue spécial que nous
envisageons. Tandis que le muscle qui se contracte normalement produit un bruit de roulement régulier, sonore,
(*bruit rotatoire*), constant dans le chiffre de ses vibrations,
le muscle contracturé ne produit qu'un bruit sourd, irré-
gulier, saccadé, avec des interruptions et des reprises; en

d'autres termes, ce qui le caractérise, c'est son intermit-
tence. Il semble donc avéré, qu'ici, les fibres musculaires
entrent en activité les unes après les autres, en se suppléant
sans cesse.

Je dois ajouter que, d'après les enseignements de la
physiologie, cette contraction légère mais permanente des
muscles, qu'on appelle le tonus musculaire, dépend d'une
stimulation également permanente exercée par le centre
nerveux spinal. « La moelle épinière, dit M. Vulpian, agit
d'une façon incessante sur tous les muscles où elle produit,
par la voie des nerfs moteurs, le tonus musculaire... Cette
action continue de la moelle est sans doute provoquée par
des stimulations excito-motrices centripètes provenant des
muscles eux-mêmes ou des téguments. » C'est donc un phénomène dans lequel le pouvoir réflexe de la moelle épinière
est en jeu.

Or, il nous serait bien facile de relever un certain nombre de faits qui tendent à établir que la contraction permanente des muscles, dans le cas de contracture, reconnaît
une origine analogue, c'est-à-dire qu'elle dérive, elle aussi,
d'une action spinale permanente, exaltée par certaines
conditions pathologiques. Ainsi, les phénomènes qui précèdent le développement de la contracture et l'accompagnent
se rattachent, vous l'avez deviné, à une exagération de
l'activité spinale. L'emploi de la strychnine qui fait apparaître les réflexes tendineux provoque de la même façon
l'apparition des contractures ou les exagère, si celles-ci
existent déjà ; et, inversement, les agents qui dépriment
l'activité réflexe spinale diminuent également l'intensité de
ces contractures. C'est de la sorte qu'agit le bromure de potassium administré à haute dose.

Mais je ne m'arrêterai pas plus longuement à ces considérations physiologiques que nous reprendrons plus tard,
et je reviens au côté descriptif.

III.

A. La contracture est dite permanente ; cependant, Messieurs, dans la réalité, elle s'amende naturellement chez la plupart des malades, sans jamais toutefois disparaître complétement, dans certaines circonstances comme le sommeil, le repos au lit. Elle reprend au contraire son intensité ou l'exagère, ainsi que M. Hitzig a eu raison de le faire ressortir, à l'occasion d'une émotion, quand le malade se lève ou cherche à exécuter un mouvement. Nous verrons comment on a proposé d'expliquer ce phénomène qui a été rattaché par M. Hitzig à la catégorie des mouvements associés.

B. Un mot encore sur les attitudes des membres dans l'hémiplégie ancienne. Il est très remarquable de voir que ces attitudes se rapportent dans la règle à un type fondamental. Dans les membres supérieurs, la flexion prédomine, tandis que dans les membres inférieurs, c'est l'extension. Fouquier avait déjà montré que le même phénomène se manifeste lorsque la contracture temporaire est déterminée chez les hémiplégiques par l'emploi de la strychnine. Je ferai remarquer qu'il en est de même dans l'épilepsie partielle.

1º Considérons d'abord le membre supérieur. C'est, avons-nous dit, le type de flexion qu'on y observe : ainsi, M. Bouchard a constaté cette attitude 26 fois sur 30 cas. L'épaule est tantôt abaissée, tantôt élevée ; mais le bras en tout cas est accollé à la paroi thoracique par le fait de la contracture du muscle pectoral. Nous venons de voir également que le coude est à demi-fléchi en général, que l'avant-bras est en pronation et que les mains sont tenues fermées.

Toutes les variétés du type se ramènent aux suivantes : *a*) Le coude restant fléchi, l'avant-bras au lieu d'être en pronation, se montre en supination ; c'est le type de flexion avec supination. *b*) Le coude au lieu d'être fléchi se place dans l'extension. L'avant-bras est plus ou moins étendu. C'est là un type assez rare et qui du reste présente plusieurs variétés : *c*) tantôt l'avant-bras est dans la pronation, *d*) tantôt il est dans la supination. Je ne crois pas qu'il existe, pour le membre supérieur, d'autres attitudes que celles que je viens de signaler. La main ouverte est un fait rare.

2° Pour ce qui est du membre inférieur, il est de règle, ainsi que je vous l'ai dit, qu'il soit rigide dans l'extension. Le pied prend alors l'attitude du varus équin. Toutes choses égales d'ailleurs, la contracture est là habituellement moins accusée que dans le membre supérieur. Un degré même assez prononcé d'extension du membre inférieur n'empêche pas la marche qui a lieu, comme on dit, « en fauchant ».

C'est un cas heureusement rare et très fâcheux que le développement de la contracture dans les groupes fléchisseurs du membre inférieur. La cuisse est alors fléchie sur le bassin, la jambe sur la cuisse, le talon touche aux fesses, et cette flexion même s'étendant quelquefois dans le membre du côté opposé il est clair que la marche est rendue dès lors définitivement impossible (*Fig. 85*).

3° Enfin, il n'est pas exceptionnel que la contracture des muscles s'établisse à la face, du côté paralysé, dans le domaine du facial inférieur bien entendu. Cette contracture ne se produit d'abord que de temps à autre, temporairement, quand le malade rit ou pleure ; puis, à la longue, elle devient permanente. La commissure labiale est très élevée, le sillon naso-labial se creuse, l'œil même paraît quelquefois plus petit que celui du côté sain. Par contraste, c'est donc le côté sain qui semble paralysé, et, au premier abord, on peut croire à une paralysie alterne ;

Fig. 85. — Hémiplégie ancienne. — Contracture en flexion des deux membres inférieurs (1).

4° Je vous ai présenté la contracture tardive des hémiplégiques comme un état particulier des muscles, qui, une fois constitué, subsiste en permanence pendant toute la vie ou au moins pendant de longues années. Cela est exact assuré-

____

(1) Fig. empruntée à la thèse de Brissaud.

ment. Mais il arrive souvent que les muscles finissent par souffrir et s'amaigrissent. Dès lors le spasme musculaire cesse d'exister; il n'y a plus à proprement parler *contracture*. Cependant les attitudes trop longtemps gardées peuvent persister encore, car les parties ligamenteuses s'étant raccourcies, les surfaces articulaires s'accommodent à leur situation nouvelle, et les mouvements volontaires, s'ils devaient reparaître, resteraient forcément à tout jamais limités.

Cette terminaison, Messieurs, est-elle la seule possible? La contracture ne disparaît-elle jamais avant l'époque où survient l'atrophie des muscles et la rétraction ligamenteuse? Quelques auteurs le pensent. En tout cas, il est très certain qu'il survient quelquefois dans la contracture un amendement notable et que, par ce fait, des mouvements volontaires peuvent être accomplis à nouveau. C'est là ce qu'on peut appeler des cas de guérison, guérison à la vérité très relative. Ils sont malheureusement rares. J'en ai observé plusieurs, sans doute quelques modifications sont alors survenues dans les parties lésées, permettant non seulement la disparition des contractures, mais encore, dans une certaine mesure, le retour de la motilité.

La lésion persiste-t-elle dans la moelle épinière, et, en pareil cas, y a-t-il suppléance? Comment, en outre, celle-ci s'exerce-t-elle? Ou bien s'est-il passé quelque chose d'analogue à la réparation des éléments nerveux au sein du faisceau pyramidal induré? C'est là une question incontestablement fort intéressante, mais bien obscure encore et dont je vous dirai un mot à propos des contractures permanentes de cause spinale où le même phénomène se produit.

QUATORZIÈME LEÇON

Hémiplégie spasmodique de l'enfance. — Mouvements associés. — Indépendance des arcs diastaltiques pour les réflexes tendineux et cutanés.

SOMMAIRE. — L'hémiplégie spasmodique de l'enfance a les mêmes caractères que l'hémiplégie des apoplectiques. — Causes anatomiques de cette hémiplégie. — Atrophie des membres, du thorax, du bassin.

Intermittences de la contracture hémiplégique. — Influence des mouvements volontaires sur l'intensité de la contracture. — Syncinésies. — Rôle des mouvements associés dans les variations de la contracture. — Pronostic de la contracture.

Raison physiologique de ce phénomène. — A la suite de la lésion cérébrale il faut distinguer deux périodes dans le développement de la lésion spinale secondaire. — L'exaltation des réflexes ne résulte pas seulement de la suppression de l'influence modératrice cérébrale.

La lésion des cornes antérieures dans l'hémiplégie permanente est une lésion *irritative*. — Elle agit comme la strychnine. — Exagération du tonus musculaire. — Indépendance des arcs diastaltiques réflexes. — Ataxie locomotrice ; hystérie avec hémianesthésie ; hémiplégie de cause encéphalique. — L'hypothèse de la lésion irritative dynamique explique mieux que les autres théories les symptômes spasmodiques de la sclérose descendante.

I.

Messieurs,

En vous présentant, à la fin de la dernière leçon, une description abrégée des diverses attitudes qu'affectent les membres paralysés chez les hémiplégiques atteints de contracture permanente, je vous faisais remarquer que les variétés assez nombreuses en apparence qu'offrent ces attitudes, peuvent être ramenées à un petit nombre de types toujours les mêmes : type de flexion avec pronation pour le membre supérieur, type d'extension ou d'équinisme avec varus pour le membre inférieur. Telle est la règle, tel est le genre de déformations qu'on observe dans les cas vulgaires. Les autres attitudes que vous pourrez reconnaître représentent des anomalies, des exceptions.

1° La loi que nous venons d'énoncer à propos de l'hémiplégie permanente des adultes se retrouve dans l'hémiplégie durable des jeunes enfants. Vous n'ignorez sans doute pas que, chez les jeunes enfants, de un à sept ans par exemple. des lésions en foyer de nature diverse, — lorsqu'elles intéressent le faisceau pyramidal dans son trajet intra-cérébral — sont suivies d'hémiplégie plus ou moins prononcée, laquelle persiste à un certain degré pendant toute la vie. La lésion cause de l'hémiplégie est, ainsi que l'a fait voir M. Cotard, alors mon interne, de nature très variée (1). Tantôt il s'agit d'un ramollissement partiel se présentant sous la forme d'une plaque jaune ou d'un foyer d'inflammation celluleuse ; tantôt la lésion cérébrale est consécutive à l'hémorrhagie méningée ; tantôt — et ce dernier cas est assurément le plus fréquent — elle consiste en une sclérose partielle ou généralisée de l'un des hémisphères cérébraux. Les lésions en question sont généralement corticales, c'est-à-dire qu'elles occupent le manteau et non les masses centrales. En outre, l'hémisphère cérébral affecté présente dans l'ensemble une atrophie plus ou moins prononcée, d'où la dénomination d'*atrophie partielle du cerveau* sous laquelle sont généralement connus les cas que je signale à votre attention. Les dégénérations secondaires descendantes

____

(1) *Sur l'atrophie partielle du cerveau*, 1868.

se présentent là avec tous les caractères qu'on leur connaît chez l'adulte, et c'est en pareille circonstance qu'on observe les plus beaux exemples d'atrophie des pédoncules, de la protubérance et de la pyramide bulbaire du côté correspondant à la lésion (1).

Cliniquement, les faits de ce genre sont quelquefois désignés sous le nom d'*hémiplégie spasmodique infantile* (Heine). C'est qu'en effet la contracture permanente se montre là très prononcée. Les déformations se rapportent d'ailleurs, ainsi que je l'annonçais précédemment, au type décrit à propos de l'hémiplégie de l'adulte. Ainsi, pour le membre supérieur, le type de flexion avec pronation est ici encore la règle, et, pour le membre inférieur, c'est l'extension en varus équin. Seulement, dans l'histoire de l'hémiplégie spasmodique infantile, une particularité très intéressante doit être relevée, à savoir l'existence presque constante d'un raccourcissement des membres paralysés. Les os sont plus courts, moins volumineux que du côté sain ; et cet arrêt de développement ne porte pas toujours uniquement sur les membres ; ainsi, quelquefois, du côté paralysé, le tronc est incomplètement développé ; la cage thoracique est étroite, le bassin est rétréci et oblique. C'est de la sorte que la paralysie atrophique résultant d'une lésion de la substance grise spinale entraîne, lorsqu'elle se déclare dans l'enfance, un raccourcissement par arrêt de développement du membre où siègent les lésions musculaires, alors même que ces membres remplissent une partie de leurs fonctions, tandis que ce raccourcissement ne saurait naturellement exister lorsque la même lésion se développe dans l'âge adulte.

2° Dans la description cependant assez détaillée que j'ai donnée de la contracture permanente des hémiplégiques, il

---

(1) Voy. l'observation publiée par M. Bourneville *in Progrès médical*, n° 16. Avril 1879.

est quelques points que j'ai négligé de faire ressortir et sur lesquels je vous demande la permission d'arrêter encore un instant votre attention. L'un d'eux surtout mérite d'être relevé, parce que quelques auteurs lui ont accordé une grande importance au point de vue de la théorie.

Je vous ai présenté la contracture tardive des hémiplégiques comme étant un phénomène *permanent*, dans l'acception rigoureuse du mot. Nuit et jour, vous disais-je, dans le sommeil comme dans la veille, les membres sont rigides et contracturés. Il en est réellement ainsi dans la règle, au moins dans les cas très accentués. Toutefois, il est certain que le repos au lit, le sommeil peuvent avoir pour effet de rendre les membres momentanément plus flexibles; mais aussitôt que le malade se lève, ou s'il veut imprimer un mouvement soit au membre malade, soit au membre sain, aussitôt la contracture reparait dans toute son intensité. Cette augmentation, ce retour de la rigidité sous l'influence des mouvements volontaires est surtout bien mise en relief si, comme le conseillent MM. Seguin et Hitzig, le malade étant contracturé à droite, on l'invite à soulever un poids de la main gauche. Plus le poids est lourd, plus la contracture s'exagère dans le côté droit. Ces faits sont considérés à juste titre comme rentrant dans la catégorie de ces *syncinésies* ou mouvements associés dont je vous ai déjà dit quelques mots.

Voici, d'ailleurs, comment M. Hitzig propose d'expliquer les phénomènes sur lesquels j'appelle l'attention. A l'état normal, les incitations volontaires, parties de la substance grise des hémisphères, sont transportées à la moelle par des fibres nerveuses qui se mettent en rapport avec des groupes de cellules ayant entre elles des connexions particulières; et ce sont ces groupes cellulaires qui exécutent le mouvement voulu. Il y a, du reste, des groupes élémentaires, pour les mouvements élémentaires; des groupes associés pour les mouvements plus compliqués, les mouvements d'ensemble. Ces groupes sont répartis de chaque côté de la moelle ; les uns président aux mouvements du côté droit, les autres à ceux du côté gauche. Cependant, par l'intermédiaire du réticulum de la substance grise, des relations sont établies d'un côté à l'autre, entre les groupes homologues.Dans l'état normal, ces connexions n'empêchent pas que le mouvement voulu conserve son indépendance, son individualité ; mais dans certains états pathologiques, lorsque les éléments ganglionnaires sont surexcitables, le moindre ébranlement qui se produit d'un côté et y détermine un mouvement volontaire peut se communiquer de l'autre côté et y provoquer, suivant les cas, soit un mouvement semblable au mouvement volontaire, soit un mouvement spasmodique qui n'est autre que la contracture, laquelle persiste pendant quelque temps après cet ébranlement.

Dans certains cas, des relations du même genre peuvent s'établir entre des groupes cellulaires très éloignés les uns des autres, et on comprend que, dans ces cas, les mouvements volontaires exécutés par les membres du côté sain retentissent sur le côté malade.

Les faits mis en relief par M. Hitzig, dans l'intéressant mémoire que je vous ai déjà signalé et sur lequel je reviens encore une fois, sont exacts ; mais la part qu'il leur attribue dans le fait de la contracture elle-même est, je crois, exagérée, et il faut considérer comme exceptionnels les cas dans lesquels les membres contracturés des hémiplégiques présentent, sous l'influence du repos, une relaxation complète. M. Hitzig a imaginé un mécanisme qui peut faire comprendre pourquoi la contracture s'aggrave sous l'influence des mouvements volontaires, mais il ne nous a pas fait comprendre pourquoi cette contracture, ainsi que cela a lieu dans la majorité des cas, s'établit en permanence.

3º Il importe, en dernier lieu, de rechercher ce que devient la contracture avec le temps. Souvent, très souvent, une fois constituée elle persiste pendant toute la vie. Toutefois, on pourrait citer un bon nombre de cas où, à la longue, elle s'atténue et cesse même d'exister. En général, c'est sans grand profit pour les malheureux infirmes ; si, en effet, l'état spasmodique a disparu, les muscles ont subi des modifications plus ou moins profondes dans leur texture et présentent une émaciation extrême. D'ailleurs, les parties ligamenteuses se sont adaptées à la situation créée par une attitude trop longtemps gardée, et, en somme, malgré le retour possible de quelques mouvements volontaires, la déformation persiste.

II.

Actuellement, Messieurs, en manière de conclusion, je me propose de rechercher avec vous la raison physiologique des phénomènes que nous avons envisagés jusqu'ici par le côté descriptif. Il s'agit de reconnaître, en un mot, par quel lien les symptômes se rattachent aux lésions. C'est là une entreprise toujours délicate, et, dans le cas particulier, les questions qui vont se présenter à nous ne sauraient, faute d'éléments suffisants, recevoir, quant à présent, une solution définitive. Vous voudrez bien, en conséquence, considérer la plupart des explications que je vais vous proposer comme éminemment provisoires et devant être modifiées un jour ou l'autre.

1º Je vous rappellerai que la lésion consécutive des faisceaux latéraux représente à l'origine, pour la majorité des auteurs, un processus purement passif. C'est dans une seconde période seulement, correspondant au deuxième ou troisième mois, que se manifestent dans le faisceau pyramidal altéré les marques évidentes d'un processus irritatif dont le tissu conjonctif est le siège et qui légitime la dénomination de *sclérose*.

a) Dans la première phase, les tubes nerveux étant séparés de leurs centres trophiques qui sont en même temps leurs centres d'excitation fonctionnelle, la situation équivaut à peu près, dans les cas très accentués, à une section du faisceau pyramidal. Cette première phase qui correspond aux quatre ou cinq premières semaines est déjà marquée, vous le savez, par une exaltation des phénomènes réflexes cutanés et par une exaltation des réflexes tendineux. Ici, on pourrait, à la rigueur, invoquer la suppression de l'influence modératrice cérébrale, qui, dans le cas de section expérimentale des faisceaux latéraux, tendrait à expliquer l'exagération des propriétés réflexes dans les parties de la moelle situées au-dessous de la section.

Mais cette condition est évidemment insuffisante pour rendre compte de la contracture. La contracture n'existe pas chez le nouveau-né, et vous savez que les faisceaux pyramidaux du nouveau-né ne sont pas encore développés ; il faut donc chercher ailleurs.

b) Du reste, la contracture ne se manifeste qu'à l'époque où le faisceau pyramidal est déjà devenu le siège de lésions irritatives. Je vous rappellerai d'abord les connexions anatomiques établies entre les extrémités des fibres nerveuses du faisceau pyramidal et les cellules motrices de la corne correspondante. Ces connexions sont telles que, dans certains cas, la lésion des tubes nerveux se propage aux cellules ganglionnaires qui s'atrophient et au tissu conjonctif voisin. Il se produit ainsi une sorte de *polyomyélite*.

antérieure dont la conséquence est une atrophie musculaire survenant dans les membres paralysés.

2° Mais ces cas, vous le savez, loin d'être exceptionnels, ne constituent pas cependant la règle. Ordinairement, les choses ne vont pas jusque là. Il faut supposer, — et c'est ici que je vous demande une première concession, — que, sous l'influence de l'irritation dont les tubes nerveux en voie de destruction sont le sèige, les éléments cellulaires (cellules ganglionnaires) s'affectent à leur tour. Or, cette lésion, communiquée aux cellules motrices, serait purement dynamique ; elle ne correspondrait à aucune modification anatomique appréciable ; cette lésion, si vous le voulez, nous la qualifierons d'«*irritation*»; elle est analogue à celle que détermine la strychnine, mais plus durable. Les propriétés des éléments ganglionnaires, sous l'influence de cette modification, non seulement ne s'éteignent pas, mais encore s'exaltent ; et, ainsi, l'irritation se propagerait en rayonnant à une certaine distance par la voie du réticulum nerveux, jusqu'aux autres éléments ganglionnaires de la même région et en particulier aux cellules æsthésodiques. Une exagération du pouvoir réflexe, dans tous ses modes, dans les parties correspondantes de l'axe gris, serait naturellement la conséquence de cette surexcitabilité des éléments ganglionnaires et nous fournirait la clef de certains phénomènes tels que l'exaltation des réflexes cutanés et tendineux. Sans forcer les choses, on pourrait admettre même que la lésion irritative dont il est ici question provoque également une exaltation de ce mode de l'activité réflexe spinale qui, à l'état normal, entretient la contraction musculaire permanente connue en physiologie sous le nom de *tonus*.

III.

Il n'est pas inutile de vous faire remarquer, Messieurs, — car c'est là un fait d'un grand intérêt pratique — que les deux modes d'activité réflexe spinale dont il s'agit, sont vraisemblablement représentés dans la substance grise par deux *systèmes diastaltiques* distincts. L'observation clinique démontre, en effet, que si ces deux modes d'activité réflexe sont souvent affectés simultanément, ils peuvent être néanmoins fréquemment aussi affectés séparément. Voici quelques exemples tendant à prouver qu'il en est réellement ainsi.

1° Dans l'ataxie locomotrice, les réflexes cutanés persistent le plus souvent et sont même quelquefois manifestement exaltés. Cependant, les réflexes tendineux disparaissent de très bonne heure. Il en est de même du tonus musculaire. Les muscles, en conséquence, sont flasques et cette diminution du tonus contribue incontestablement pour une bonne part à donner à la démarche et aux mouvements des membres, lesquels conservent d'ailleurs pendant longtemps une grande énergie, leur caractère saccadé, brusque, non mesuré. La situation pourrait être représentée, en pareil cas, par le schéma suivant. (Voy. *Fig. 86.*) L'arc diastaltique des réflexes cutanés n'est pas affecté ; l'arc diastaltique des réflexes tendineux et du tonus l'est au contraire profondément et dès l'origine. C'est un des grands caractères de l'affection.

J'ai observé précisément, il y a peu de jours, un exemple bien remarquable de cette indépendance des arcs réflexes.

Un pharmacien de la province, M. X..., est venu me consulter pour des accidents céphaliques de tabes (migraines, vertiges, etc.) qui l'obsèdent déjà depuis plusieurs années. L'incoordination motrice ne s'est déclarée cependant que depuis huit ou dix mois environ; bien entendu, les réflexes tendineux sont abolis dans les menbres inférieurs et il est absolument impossible de provoquer la moindre réaction

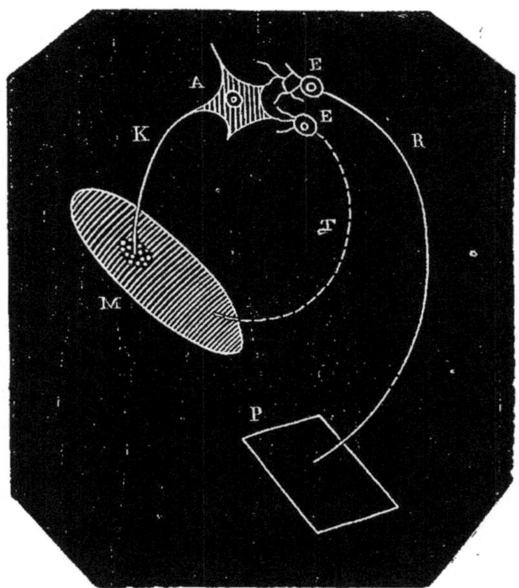

Fig. 86. — *Arcs diastaltiques tendineux et cutané dans l'ataxie locomotrice.* — A, cellule motrice de la moelle épinière. — E,E, cellules esthésodiques. — M, le muscle. — P, la peau. — R, Segment postérieur ou centripète de l'arc diastaltique. P,A,M, arc diastaltique cutané conservé intact dans l'ataxie. — K, racine antérieure ou nerf moteur. — T, segment postérieur ou centripète de l'arc diastaltique. — M,A,M, arc diastaltique musculaire ou tendineux affecté dans l'ataxie.

du triceps crural, quelque intense que soit la percussion du tendon rotulien. Mais il existe sur la face antérieure de la cuisse une plaque d'hyperesthésie dont l'excitation détermine une violente contraction réflexe des muscles fléchisseurs de la jambe; ainsi, lorsque le malade frappe un peu fort, avec la paume de la main, la région hyperesthésiée, la jambe se rétracte convulsivement en arrière, mais au bout de deux ou trois secondes seulement. La nature réflexe de cette contraction est bien évidente, attendu que tout effort de volonté est impuissant à l'empêcher. Voilà donc un ataxique chez lequel l'arc diastaltique tendineux est interrompu,

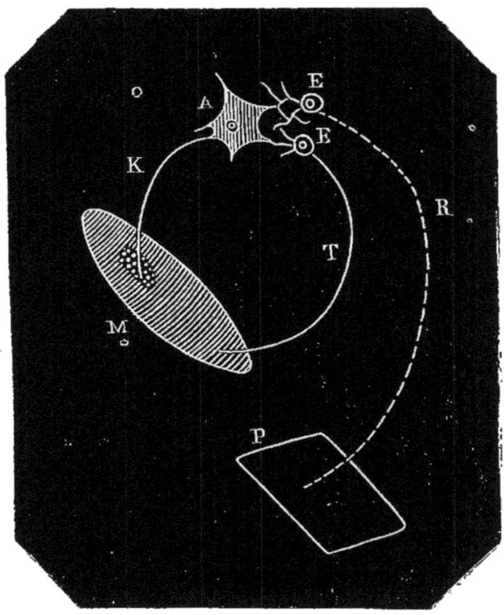

Fig. 87. — Arcs diastaltiques tendineux et cutané dans l'hystérie. — A, cellule motrice de la moelle épinière. — E,E, cellules esthésodiques. — M, le muscle. — P, la peau. — R, segment postérieur ou centripète de l'arc diastaltique. — K, racine antérieure ou nerf moteur. — P, A, M, arc diastaltique cutané affecté dans l'hystérie avec hémianesthésie et hémiparésie. — T, segment postérieur ou centripète de l'arc diastaltique. — M,A,M, arc diastaltique musculaire ou tendineux dont les propriétés sont conservées ou même exagérées dans l'hystérie.

tandis que les voies conductrices des impressions sensitives cutanées sont manifestement intactes.

2° Je puis citer au moins un cas dans lequel les réflexes tendineux sont exaltés, tandis que les réflexes cutanés sont abolis. Ce cas est celui de l'hystérie avec hémianesthésie et hémiparésie. Les réflexes tendineux du côté correspondant à l'hémianesthésie (phénomène du genou, trépidation spinale) se montrent très prononcés ; quant à la sensibilité cutanée, elle est nulle ; toutes les excitations, mêmes les plus violentes, restent sans résultat ; elles ne sont suivies d'aucun mouvement réflexe. (Voy. *Fig. 87.*)

3° Au contraire, dans le cas de l'hémiplégie durable liée à une lésion organique en foyer, que nous considérons particulièrement, les deux systèmes diastaltiques sont affectés, mais inégalement. Les réflexes cutanés ne sont que modérément exaltés ; les réflexes tendineux et le tonus surtout, qui est un phénomène connexe, le sont à un très haut degré.

IV.

Quoi qu'il en soit, Messieurs, étant admise l'hypothèse de l'irritation des éléments ganglionnaires de la substance grise centrale, au contact des extrémités des fibres nerveuses du faisceau pyramidal, on peut se rendre compte de divers phénomènes relevés chemin faisant, dans le cours de notre étude descriptive.

1° La strychnine agira particulièrement sur les membres paralysés ; son action, bien que s'étendant à toute la moelle, se montrera, toutes choses égales d'ailleurs, plus intense dans les parties de l'axe gris préalablement excitées.

2° L'influence irritative des traumatismes portant sur les membres affectés sera transmise à l'axe central soit par les nerfs centripètes cutanés, soit par les nerfs centripètes musculaires.

3° Enfin, dans la catégorie des mouvements associés, nous sommes en mesure d'interpréter aisément l'aggravation de la contracture sous l'influence des mouvements volontaires imprimés au membre sain. Il suffit d'admettre ici que l'irritation s'étend par une sorte de diffusion aux éléments ganglionnaires de la substance grise du côté non paralysé. Cette même diffusion de l'irritation pourrait aussi expliquer les cas d'hémiplégie sur lequels M. Déjerine a appelé l'attention, et dans lesquels la trépidation ou même la contracture se montrent sur le côté resté sain.

L'intensité de l'irritation hypothétique des éléments ganglionnaires d'où dérive la surexcitation réflexe se montrera d'ailleurs variable suivant les cas et suivant les sujets, ainsi que l'étendue des régions sur lesquelles elle se propagera. Ceci fait comprendre que la contracture permanente liée à la sclérose consécutive du faisceau pyramidal est, dans l'espèce, un symptôme contingent et non pas un symptôme nécessaire, pathognomonique. Dans la règle, il est toujours présent ; mais il peut fort bien arriver qu'il fasse défaut alors même que la sclérose latérale existe, et inversement qu'il se manifeste quand la sclérose latérale n'existe pas (1). La *contracture permanente*, en d'autres termes, *n'est pas, si l'on peut ainsi dire, une fonction de la sclérose du faisceau pyramidal*. Voilà une donnée dont il est très important de se pénétrer pour la saine interprétation d'un grand nombre de faits de la pathologie spinale, et que nous aurons d'ailleurs très prochainement l'occasion de mettre à profit.

Messieurs, il me resterait à montrer que la théorie que

---

(1) Dans le cas de contraction hystérique, par exemple.

je viens d'émettre, tout imparfaite qu'elle soit, est supérieure cependant à celles qui ont été proposées pour résoudre la question en litige.

La théorie de l'encéphalite a vécu. Il n'y a pas, en effet, d'encéphalite dans le cas d'hémorrhagie cérébrale en foyer, à moins qu'on ne veuille donner ce nom au travail de végétation conjonctive qui se fait à la limite de l'épanchement sanguin. Or, les foyers d'hémorrhagie ne produisent la contracture que quand ils sont localisés de telle façon qu'ils détruisent la continuité du faisceau pyramidal; d'ailleurs, nous verrons la sclérose primitive des faisceaux pyramidaux donner naissance à la contracture, alors qu'il n'existe aucune lésion encéphalique.

On a admis aussi que la contracture résulte de l'irritation des tubes médullaires restés inaltérés au sein des parties sclérosées. Ces tubes étant fort rares et quelquefois même faisant complètement défaut, alors que la contracture existe, je ne vois pas bien comment l'irritation de ces tubes pourrait produire la contracture. Il faut donc, ici encore, invoquer l'affection des éléments ganglionnaires de la substance grise.

QUINZIÈME LEÇON

Rôle physiologique du faisceau pyramidal dans la contracture permanente ; hémiplégie, myélite par compression, tabes dorsal spasmodique.

Sommaire. — Relations des extrémités périphériques du faisceau pyramidal avec les cellules des cornes antérieures. — Lésions de ces cellules. — Elles sont de nature irritative. — Phénomènes cliniques : actes réflexes. — Théories relatives à la pathogénie de la contracture.

Théorie de l'encéphalite. — Théorie de l'irritation des tubes nerveux mélangés à ceux du faisceau pyramidal.

La cause immédiate de la contracture est dans la substance grise elle-même. — Preuves fournies par la pathologie spinale proprement dite. — Myélites transverses. — Paraplégie spasmodique. — Tabes dorsal spasmodique.

Messieurs,

A de certains indices qui ne sauraient guère échapper à un professeur depuis longtemps aux prises avec les difficultés de l'enseignement, j'ai cru reconnaître que la théorie proposée pour rendre compte physiologiquement de la contracture permanente des hémiplégiques n'a pas été saisie dans tous ses détails, par quelques-uns de mes auditeurs. Je vous demande, en conséquence, la permission de revenir en quelques mots sur mon exposé. Ce n'est pas, tant s'en faut, que j'attache une importance exagérée à cette théorie, dont je suis le premier à reconnaître toutes les imperfections. Si j'y insiste, c'est que je la crois vraiment supérieure à toutes celles qui, antérieurement, ont été proposées pour résoudre la question en litige ; c'est surtout parce qu'elle me semble faciliter l'interprétation de faits que le médecin est destiné à rencontrer journellement dans la pratique des maladies cérébro-spinales.

I.

1° J'ai rappelé tout d'abord les relations anatomiques, vraisemblablement très directes, qui paraissent exister entre les extrémités terminales des fibres nerveuses du faisceau pyramidal et les cellules motrices des cornes antérieures, dans toute la hauteur de la moelle épinière ; et j'ai proposé d'admettre que la lésion irritative, dont ces tubes nerveux en voie de destruction sont le siège, retentit sur l'élément ganglionnaire. Ainsi communiquée aux cellules motrices, cette lésion serait purement dynamique, ne s'accompagnant d'aucune altération matérielle appréciable par nos moyens d'investigation, comparable, si vous le voulez, à la modification que produit dans ces mêmes éléments l'intoxication strychnique, mais avec cette différence toutefois que la lésion du strychnisme est un phénomène essentiellement transitoire, tandis que celle dont j'ai supposé l'existence est éminemment durable, aussi durable que l'est la contracture permanente elle-même.

Cet état irritatif une fois admis, il y a lieu de reconnaître qu'il ne reste pas localisé dans l'élément ganglionnaire moteur. Il s'étendrait par diffusion aux autres éléments ganglionnaires de la région, avec lesquels il affecte d'ailleurs des connexions anatomiques plus ou moins directes, par l'intermédiaire de ce qu'on appelle, depuis les travaux de Gerlach, le *réticulum nerveux*. C'est ainsi que les cellules æsthésodiques qu'on suppose être l'aboutissant principal des tubes nerveux centripètes seraient touchées à leur tour d'une façon analogue. Or, les cellules motrices ou kinésodiques et les cellules sensitives ou æsthésodiques constituent la partie centrale des divers systèmes diastaltiques, par la voie desquels s'effectuent les actes réflexes spinaux; et, en conséquence de la lésion supposée, les propriétés des diverses parties de ce système doivent être exaltées. S'il en est ainsi, les moindres excitations venant de la périphérie, en retentissant sur les parties centrales des arcs diastaltiques, doivent se traduire par des phénomènes réflexes plus énergiques qu'à l'ordinaire. Ainsi les excitations permanentes émanant, à l'état normal, des muscles ou de leurs aponévroses, par la voie des nerfs musculaires centripètes, déterminent le phénomène d'activité réflexe incessante connu sous le nom de *tonus* et dont l'expression physiologique est une contraction légère et permanente des muscles. Dans l'état pathologique, ces mêmes excitations se traduiraient par une contraction également permanente, mais très intense, représentant en quelque sorte le tonus musculaire poussé à sa suprême puissance : et telle serait en somme la cause de la contracture permanente des hémiplégiques.

2° Je vous rappellerai après cela comment, me fondant sur des considérations d'ordre clinique, j'ai été amené à vous faire remarquer que les divers modes d'activité réflexe spinale que sépare l'analyse pathologique, paraissent être représentés dans la substance grise de la moelle épinière par autant de systèmes diastaltiques distincts. L'observation démontre, en effet, que si les divers modes d'activité réflexe peuvent être affectés quelquefois simultanément et au même degré, ils peuvent être aussi lésés séparément.

Rappelez-vous les cas particuliers dont j'ai fait mention, l'ataxie locomotrice et l'hystérie.

Au contraire, dans l'hémiplégie, que nous avons considérée spécialement, les deux systèmes paraissent frappés d'une façon à peu près égale. Toutefois, il résulte de quelques observations faites par M. Rossenbach (1), que dans les premiers temps qui suivent l'attaque, après la période où tous les réflexes peuvent être momentanément abolis, les réflexes tendineux apparaissent beaucoup plus tôt que les réflexes cutanés. Certains d'entre eux surtout sont remarquables à cet égard, par exemple, celui du crémaster, déterminé par l'application d'un corps froid sur la cuisse du côté correspondant (2), ou encore le réflexe produit par l'excitation de la peau du ventre du côté paralysé. (*Bauchreflexe* de Rossenbach.)

Des recherches suivies, faites dans les directions que je viens d'indiquer, fourniraient vraisemblablement des données intéressantes relativement au diagnostic et au pronostic dans un certain nombre de maladies cérébrospinales.

3° En dernier lieu, je rappellerai encore les quelques exemples que j'ai invoqués pour montrer que les phénomènes cliniques, relevés chemin faisant dans notre étude descriptive des contractures permanentes, trouvent une interprétation facile dans l'hypothèse proposée.

a) Tous les éléments ganglionnaires de la substance grise spinale sont sans doute affectés simultanément par la strychnine introduite dans le sang en circulation. Mais ceux-là réagissent naturellement les premiers, qui sont les plus excitables. L'influence du traumatisme sur le dévelop-

---

(1) *Arch. f. Psych.* VI. Bd., S. 845.
(2) Jastrowitz. — *Berlin. klin. Wochensch.*, 1875.

pement de la contracture s'explique à peu près de la même façon.

b) Si l'on suppose que, par la voie des commissures, l'irritation ganglionnaire s'est répandue d'une corne grise à l'autre, on comprendra comment les mouvements volontaires qui ébranlent la substance grise de la corne gauche, par exemple, retentissent sur la corne droite, et déterminent là, soit un mouvement homologue involontaire, soit une aggravation de la contracture. On comprendra aussi pourquoi l'exaltation des réflexes et même la contracture permanente pourront, à un moment donné, se produire sur le côté sain.

II.

C'est là, Messieurs, où nous nous étions arrêtés. Il nous restait encore à vous montrer que notre théorie est supérieure à toutes celles qui ont été proposées.

1° L'ancienne hypothèse de l'encéphalite développée autour du foyer n'est pas soutenable. Il n'y a pas d'autre encéphalite autour des foyers d'apoplexie que le travail de végétation conjonctive qui aboutit à la formation de ce que l'on appelle les cicatrices ; et, d'un autre côté, jamais les foyers ne déterminent la contracture permanente que lorsque, en raison de leur localisation, ils sont placés de façon à interrompre le cours des fibres du faisceau pyramidal — circonstance dans laquelle la dégénération secondaire est en jeu.

D'ailleurs, nous pouvons citer au moins un exemple d'une lésion intéressant systématiquement les faisceaux pyramidaux, primitivement et indépendamment de l'intervention de toute lésion cérébrale en foyer, de toute encéphalite.

Il s'agit d'une affection que j'ai plusieurs fois déjà étudiée avec vous, et dont je veux seulement détacher aujourd'hui un épisode. J'ai proposé d'appeler *sclérose latérale amyotrophique* cette maladie dans laquelle les deux systèmes de faisceaux pyramidaux sont affectés dans la moelle et le bulbe. Seulement, par en haut, la lésion ne peut pas être suivie ordinairement au-delà du pédoncule cérébral; elle semble donc se développer de bas en haut(1). L'altération retentit sur la substance grise des cornes antérieures de la moelle et sur les parties grises analogues du bulbe rachidien; et elle se fait suivant deux modes. Dans certaines régions, c'est une lésion destructive des éléments cellulaires. La conséquence est alors une atrophie des muscles où se rendent les nerfs émanant des régions ainsi lésées de la substance grise. Dans d'autres parties, c'est une simple lésion fonctionnelle, irritative, des éléments ganglionnaires. Il en résulte que, dans ces parties, outre la paralysie plus ou moins prononcée, il y a une exagération notable des réflexes tendineux, et même à un certain moment, une contracture parfois considérable des membres. La contracture et, à son défaut, l'exagération des réflexes musculaires et tendineux distinguent cliniquement, d'après mes observations, cette forme d'atrophie musculaire spinale de celle dans laquelle les éléments cellulaires sont détruits sans participation des faisceaux blancs. Je n'insiste pas plus longuement; il me suffit de relever que la théorie proposée trouve ici une éclatante confirmation.

2° Une autre explication pathogénique de la contracture

---

(1) Quelques faits récemment observés établissent cependant la possibilité des lésions intra-encéphaliques du faisceau pyramidal. Voy. Charcot, *Conférence de la Salpêtrière*, *in Progrès Médical*, 1880, n° 3.

permanente est la suivante : on suppose qu'elle résulte de l'irritation de tubes nerveux n'appartenant pas au faisceau pyramidal, mais se mêlant à ses fibres. Ces tubes nerveux n'étant pas séparés de leurs centres trophiques, ne dégénéreraient pas, mais resteraient simplement irrités au sein des parties sclérosées. Je ferai remarquer que les tubes de ce genre sont rares au milieu du faisceau pyramidal ; que quelquefois on ne trouve pas un seul tube sain au milieu des parties sclérosées, et que, d'ailleurs, en supposant que ces tubes appartinssent au système des fibres commissurales courtes, ils ne pourraient jouer un rôle dans la production de la contracture, que par le fait de la participation de la substance grise.

III.

Veuillez considérer, Messieurs, que dans la théorie proposée, et c'est par là que je terminerai, la cause immédiate de la contracture est dans la substance grise et non dans le faisceau latéral lui-même. Il s'agit donc là d'une lésion consécutive, deutéropathique, aléatoire en quelque sorte, dont le degré pourra varier, suivant les sujets, suivant les âges, et dont l'existence même n'est pas dans l'espèce un fait absolument nécessaire.

C'est là une remarque importante, car elle fait comprendre que la contracture permanente, bien qu'elle se rattache à la sclérose pyramidale primitive ou consécutive par un lien assez étroit, n'en est pas, cependant, un symptôme nécessaire, pathognomonique. Ainsi, quoique sclérose et contracture s'observent, en général, simultanément, on peut voir la sclérose sans contracture et la contracture sans sclérose comme, par exemple, dans le cas de l'hystérie. On conçoit, en effet, que l'irritation ganglionnaire qui provoque la contracture s'établisse primitivement, ou en conséquence de lésions autres que celle des faisceaux latéraux. Le fait ne me paraît pas avoir été démontré, mais je le considère comme très possible. En somme, Messieurs, je le répète à dessein, la situation peut être résumée en un mot : La contracture permanente n'est pas une fonction du faisceau pyramidal.

IV.

Il n'en est pas moins certain que partout où dans la pathologie spinale la sclérose des faisceaux pyramidaux existe à un titre quelconque, la contracture permanente figure parmi les symptômes habituels.

1° Prenons le cas des dégénérations consécutives descendantes de cause spinale et supposons qu'il s'agisse d'un mal de Pott avec compression de la moelle épinière. Considérons exclusivement les troubles moteurs et admettons qu'ils ouvrent la scène. Cela, d'ailleurs, n'est pas rare. Ici il n'y a pas un début brusque, soudain, nettement déterminé comme dans l'apoplexie; les phénomènes paralytiques se développent le plus souvent avec lenteur, progressivement.

Quoi qu'il en soit, à un moment donné, s'accuse une certaine faiblesse parétique, puis à la longue une paralysie véritable, résultat évident de l'interruption des conducteurs des incitations motrices dans les cordons antéro-latéraux et plus particulièrement dans les faisceaux pyramidaux. Notez bien, Messieurs, ce fait que la paralysie en question n'a rien d'une paralysie avec contracture.

Mais au bout de quelques jours ou de quelques semaines la scène change : *a)* Des secousses, des crampes se font sentir, accompagnées d'une rigidité temporaire, rappelant les phénomènes correspondants observés chez les hémiplégiques. — *b)* D'ailleurs, auparavant, les réflexes tendineux (phénomène du genou, etc.), étaient assurément beaucoup plus prononcés que dans le cas de lésion encéphalique unilatérale. — *c)* Il en est de même des autres modes de l'activité réflexe. C'est en effet dans le cas de compression spinale que les mouvements réflexes sont le plus intenses ; ils sont alors parfois comparables à ceux qu'on observe chez les grenouilles strychnisées ; l'acte d'uriner, d'aller à la garderobe, l'introduction d'un cathéter déterminent des secousses énergiques, des mouvements convulsifs involontaires dans les membres paralysés. — *d)* Enfin, tôt ou tard la contracture se manifeste et il est bien rare qu'elle fasse complètement défaut, à moins qu'il ne s'agisse d'une localisation particulière, par exemple lorsque la compression s'exerce sur la partie la plus inférieure du renflement lombaire. Dans la règle, c'est une contracture en extension qui se produit ; et cependant il n'est pas rare de voir les membres inférieurs se ramasser sur le bassin en flexion forcée ; il semble même que cette attitude soit plus commune dans les myélites par compression que dans les myélites transverses spontanées.

Il n'est pas non plus inutile de relever que tous ces phénomènes occupent un seul membre quand la compression est unilatérale, et ce membre est naturellement celui qui répond au côté où siège la lésion. Mais, en général, les symptômes spasmodiques tels que la trépidation épileptoïde et la contracture sont beaucoup moins accentués que quand il s'agit d'une lésion *transverse totale.*

2° Que devient cette contracture ? Tantôt les sujets s'affaiblissent, des eschares se forment, la fièvre hectique se déclare, et simultanément le pouvoir réflexe et la contracture disparaissent. Tantôt, au contraire, une amélioration progressive permet d'espérer une issue plus heureuse, et dans un certain nombre de cas la guérison absolue, complète, a pu être constatée. L'état spasmodique se dissipe, les mouvements volontaires s'exécutent de nouveau ; seulement les membres conservent encore une certaine rigidité due à la rétraction tendineuse, mais la chirurgie peut y remédier. De ce mode de terminaison si favorable, M. Bouchard a relaté cinq cas. Pour ma part, j'en ai observé six ou sept.

Quant à déterminer les conditions anatomiques de ces guérisons presque inespérées, les examens microscopiques ne sont pas encore assez nombreux pour qu'on puisse rien dire d'absolument précis à cet égard. Néanmoins, dans le cas observé dans mon service et étudié par Michaud, tout porte à croire qu'il s'était agi d'une régénération véritable.

Mais je ne puis à ce propos oublier de faire remarquer que les résultats de l'expérimentation sont bien peu favorables à l'idée d'une régénération, et pour ne parler que des expériences les plus récentes, je vous rappellerai que Eichorst et Naunyn ayant cru observer cette régénération chez les chiens, Schiefferdecker chercha à vérifier ces observations sur les chiens opérés par Goltz. Ces animaux étaient en nombre et quelques-uns d'entre eux avaient survécu dix, douze et même quinze mois à l'opération. Or, même dans ces conditions, aussi favorables que possible, Schiefferdecker ne put découvrir aucune trace de régénération dans le segment inférieur de la moelle ; la cicatrice fibrillaire traitée par l'acide osmique, ne renfermait pas de tubes nerveux.

3º La myélite transverse primitive reproduit, à peu de modifications près, le tableau que je vous ai présenté de la myélite par compression, et ici encore le syndrome *para-*

plégie spasmodique peut être, d'après les conditions qui précèdent, rattaché à la sclérose consécutive descendante.

Mais la paraplégie spasmodique peut assez fréquemment se présenter dans la clinique sous une forme qui pendant bien longtemps n'a pas été remarquée comme elle le mérite. Ici le malade n'est pas, ainsi que dans la plupart des cas supposés précédemment, condamné à garder le lit. Il peut souvent dès l'origine du mal marcher sans appui et faire même d'assez longues courses. Mais alors sa démarche est toute particulière. Ollivier (d'Angers) en avait présenté un tableau fidèle dans sa description de la myélite chronique; et tout récemment encore, M. Erb qui en a fait une étude minutieuse l'a désignée sous le nom de démarche spasmodique (*spastischer Gang*). M. Séguin qualifie le même syndrome de *paraplégie tétanoïde*.

Lorsque le malade est couché, la raideur des membres est déjà très sensible; lorsqu'il est assis, elle s'accuse encore davantage; les jambes s'étendent sur les cuisses et les pieds restent suspendus en l'air sans qu'il soit jamais possible au malade de les appuyer à terre. Enfin, dès les premiers mouvements de marche, « le tronc se redresse et se renverse en arrière comme pour contrebalancer le poids du membre inférieur qu'un tremblement involontaire agite avant qu'il soit appuyé de nouveau sur le sol ». Le pied est pris de trépidation chaque fois qu'il est porté en avant et le tremblement par moments s'étend à tout le corps.

Il n'est pas douteux que ce genre de paraplégie se rattache le plus souvent à des lésions spinales vulgaires, compression, myélites, etc.; d'ailleurs, outre la rigidité des membres, il existe encore d'autres symptômes concomitants ou antérieurs, qui ne permettent pas d'hésitation à cet égard. Mais, dans d'autres cas, la maladie date de l'enfance, ou bien elle s'est développée lentement, progressivement, en l'absence de tous symptômes autres que la rigidité musculaire qui, des membres inférieurs où elle reste fréquemment confinée, tend parfois à gagner les membres supérieurs.

M. Erb a émis l'idée que ces cas se rapportaient à une forme pathologique spéciale qu'il a proposé de caractériser du nom de *paraplégie spasmodique*. Il a considéré même comme très vraisemblable que l'affection dont il s'agit se rattache à une sclérose primitive des cordons latéraux. J'ai partagé et je partage encore l'opinion de M. Erb en ce qui concerne le caractère particulier de bon nombre de ces cas qui affectent dans la clinique cette forme de la paralysie spasmodique; et j'ai proposé de les rassembler dans un groupe nosographique particulier sous le nom de *tabes dorsal spasmodique* (1). Ainsi, le tabes dorsal spasmodique serait une maladie particulière, et la paraplégie spasmodique représenterait un syndrome commun à plusieurs maladies, au tabes spasmodique entre autres.

Mais je suis le premier à reconnaître que le tabes dorsal spasmodique, en tant qu'espèce nosographique distincte, ne saurait avoir d'existence réelle et définitive tant que l'anatomie pathologique n'aura pas parlé en faveur de son autonomie. S'il s'agit là effectivement d'une affection à part, l'autopsie révélera une lésion également spéciale, peut-être la sclérose primitive des faisceaux pyramidaux soupçonnée par M. Erb. Si, au contraire, les nécropsies démontrent qu'il s'agit tantôt d'une myélite par compression, tantôt d'une myélite transverse syphilitique ou autre, il est clair que l'autonomie clinique n'est qu'une apparence.

La question n'est donc pas encore décidée. Je ferai remarquer seulement que les premiers résultats de l'épreuve anatomo-pathologique ne sont pas favorables à la doctrine de l'unité morbide du tabes dorsal spasmodique. En effet, quelques cas que j'avais rattachés à ce groupe noso-

---

(1) Voir à ce sujet la thèse de M. Bélous. — *Étude sur le tabes spasmodique.*

graphique ont dû, après l'autopsie, en être détachés et ramenés à une affection depuis longtemps connue comme
pouvant donner lieu aux symptômes de la paraplégie spasmodique. Je veux parler de la sclérose en plaques; mais
c'est là un point qui mérite d'être étudié avec certains
détails et que le temps ne nous permet pas d'aborder au
jourd'hui.

SEIZIÈME LEÇON

Myélites transverses et tabes dorsal spasmodique.

Sommaire. — Myélites transverses et hémisections de la moelle épinière.
— Paralysie des deux membres inférieurs dans le cas de lésion spinale
unilatérale. — Hypothèse anatomique qui donne la clef de ce phénomène.
— Opinions de Kölliker, Gerlach, Krause, Schiff, Vulpian, Schiefferdecker.

Contracture permanente et démarche spasmodique dans la myélite
transverse. — Description d'Ollivier (d'Angers). — Cette description
s'applique à la paraplégie tétanoïde de Séguin (démarche spasmodique
d'Erb).

Formes lentes de la myélite transverse.

Tabes dorsal spasmodique. — Théorie de Erb. — Localisation spinale.
— L'anatomie pathologique n'a encore fourni aucune preuve. — Diagnostic avec la sclérose en plaques.

Tabes dorsal chez l'adulte et chez l'enfant. — Paralysie spasmodique
infantile. — Étiologie, pathogénie, autonomie nosographique du tabes
dorsal. — Opinions et observations contradictoires.

Messieurs,

Je me propose de poursuivre et de terminer aujourd'hui
la revue des affections spinales organiques dans lesquelles
la contracture permanente des membres paralysés est un
symptôme habituel, appartenant au tableau classique de la
maladie. Mon but est, vous ne l'ignorez pas, de vous faire
reconnaître que l'existence régulière, constante ou à peu
près d'une lésion soit primitive, soit consécutive des faisceaux pyramidaux est un trait commun à toutes les mala-

dies dont il s'agit. Dans le cours de cet exposé qui, au premier abord, semble viser principalement une question de
pure théorie, nous avons rencontré déjà et nous rencontrerons encore des données d'une certaine portée pratique,
et dont vous trouverez maintes fois l'application dans la clinique des maladies cérébro-spinales.

I.

1º Notre attention s'est portée tout particulièrement
sur la myélite transverse, et nous avons considéré les cas
dans lesquels la lésion occupe sur un point toute l'épaisseur
du cordon spinal. Je dois vous dire quelques mots relativement à ceux dans lesquels la lésion transverse s'est localisée sur une partie seulement de l'épaisseur de la moelle
épinière, de manière à reproduire en quelque sorte la
lésion désignée en pathologie expérimentale sous le nom
de *section hémilatérale*. Ce genre de localisation spinale
en foyer se rencontre, ainsi que je l'ai fait remarquer, assez
souvent dans la pratique. Il n'est point rare que les altérations de la myélite par compression, traumatique, spontanée,
ou syphilitique, soient des lésions en foyer hémilatérales.

Dans cette catégorie de faits, je vous rappellerai deux
exemples choisis entre beaucoup d'autres pour les besoins
de la démonstration : 1º le cas d'une lésion traumatique
consistant par exemple en un coup de couteau ayant détruit
en travers une moitié de la moelle épinière ; 2º le cas très
commun de la myélite spontanée syphilitique. Ici la lésion
porte à la fois sur une des colonnes de substance grise,
sur les faisceaux postérieurs et sur les faisceaux antéro-
latéraux ; mais le point essentiel que je tiens à relever, c'est
la lésion consécutive du cordon latéral, lésion descendante,

et nous savons que cette lésion dégénérative est due à l'interruption du cours des fibres du faisceau pyramidal.

2° Déjà, Messieurs, j'ai eu l'occasion de vous signaler un fait qui a été observé dans plusieurs cas, à savoir, que la sclérose descendante n'est pas toujours limitée au côté correspondant, et qu'elle s'étend quelquefois au côté opposé, comme dans le cas de M. Müller dont je vous ai dit les principaux détails.

Pour expliquer ce fait, en apparence singulier, j'ai émis l'hypothèse que quelques-unes des fibres de chacun des faisceaux pyramidaux, déjà entrecroisées à la partie inférieure du bulbe, subissent dans la moelle une seconde décussation, au moins chez certains sujets; et il est nécessaire d'admettre dans mon hypothèse que les fibres, entrecroisées deux fois, ne sont pas interrompues dans leurs cours par la présence d'une cellule ganglionnaire, et que venant du faisceau pyramidal du côté droit, elles vont faire partie du faisceau pyramidal du côté gauche.

La théorie dont il s'agit est principalement fondée quant à présent sur le fait anatomo-pathologique en question; il ne sera donc pas sans intérêt de rechercher si elle ne compte pas en sa faveur quelques données de l'anatomie normale.

Bon nombre d'auteurs, Kölliker, Gerlach, Krause, décrivent dans la commissure antérieure un entrecroisement auquel prennent part des fibres de provenances diverses. Mais tous s'accordent à reconnaître que ces fibres, venues d'une des cornes de la substance grise, franchissent la ligne médiane et vont faire partie du faisceau antérieur du côté opposé. Dans ces descriptions, il n'est pas question de fibres mettant en communication directe le faisceau pyramidal d'un côté, avec le faisceau pyramidal du côté opposé. Cependant, à l'aide de préparations faites avec le chlorure d'or, M. Schiefferdecker, qui a étudié ce sujet avec beaucoup de soin, prétend avoir reconnu des fibres nerveuses qui, parties du faisceau latéral droit, se porteraient directement à la commissure antérieure, et qui, arrivées en avant du canal central, pourraient être suivies jusqu'à une certaine distance de l'autre côté de la ligne médiane.

Ces fibres pénètrent-elles dans les faisceaux antérieurs ou s'arrêtent-elles dans la substance grise? Passent-elles au contraire dans le cordon latéral opposé? Cela n'est pas démontré; toutefois cela n'est pas impossible. Je doute que l'anatomie normale, réduite à ses propres ressources, puisse décider la question ; mais il n'est pas invraisemblable que dans les cas pathologiques on arrive à suivre le trajet des faisceaux dégénérés; et si la disposition supposée existe réellement, elle expliquera non seulement le fait parfaitement établi d'une sclérose descendante des deux faisceaux pyramidaux dans le cas de lésion unilatérale, mais encore ce fait déjà reconnu en physiologie expérimentale, qu'une lésion transverse hémilatérale produit une paralysie motrice aussi bien dans le membre opposé que dans le membre correspondant à la section.

A ce propos, je vous rappellerai encore que les expériences de M. Schiff et de M. Vulpian ont eu pour résultat de modifier, sous ce rapport, l'enseignement traditionnel qui remonte jusqu'à Galien. On croyait que la transmission des incitations volontaires par les faisceaux blancs était exclusivement directe. On sait aujourd'hui que; si elle est surtout directe, elle est cependant en partie croisée. En d'autres termes, la section d'une moitié latérale de la moelle épinière, chez un cochon d'Inde par exemple, produit une paralysie des deux côtés, paralysie à la vérité beaucoup plus accentuée du côté de la lésion qu'elle ne l'est du côté opposé.

3° C'est ainsi que les choses se passent à peu de chose près chez l'homme, au moins chez un certain nombre d'individus. La paralysie du côté de la lésion n'est jamais aussi complète qu'on aurait pu le supposer, si la transmission des incitations volontaires était directe ; et, d'autre part, il est rare que le membre du côté opposé à la lésion ne présente pas, lui aussi, un certain degré de paralysie. Cette disposition hypothétique offre donc certains avantages puisqu'elle permet encore la marche, alors même que la lésion hémilatérale est très profonde, en répartissant en quelque sorte la paralysie des deux côtés. Du reste, dans le cours ultérieur des événements, les réflexes cutanés, tendineux ou autres, la rigidité et la contracture doivent apparaître en pareil cas, absolument comme s'il s'agissait d'une myélite transverse totale. Seulement il est très rare que ces phénomènes y soient fort accentués ; et, toutes choses égales d'ailleurs, ils sont toujours beaucoup plus prononcés du côté correspondant à la lésion.

II.

J'en reviens après cette digression à la myélite transverse totale. Nous nous sommes arrêtés, vous le savez, à étudier les divers modes de terminaison que peut présenter la paralysie en semblable occurrence, alors que déjà la contracture permanente s'est établie. Je vous ai fait remarquer qu'à côté des cas de guérison totale, complète, il y a à signaler des cas de guérison imparfaite : les mouvements reparaissent dans les membres inférieurs, grâce à l'amendement de la rigidité musculaire ; mais cette rigidité persiste cependant à un certain degré, et bien que le malade puisse peut-être sortir du lit et marcher, il ne progresse qu'à pas lents et pénibles. Veuillez remarquer la situation dans laquelle se trouve le malade supposé. Ainsi

que je vous le disais dans la précédente séance, lorsqu'il
est au lit, la rigidité est considérablement diminuée; mais
elle existe encore à un certain degré; d'ailleurs les réflexes
tendineux sont beaucoup plus prononcés qu'à l'état normal,
et la trépidation spinale survient à l'occasion du moindre

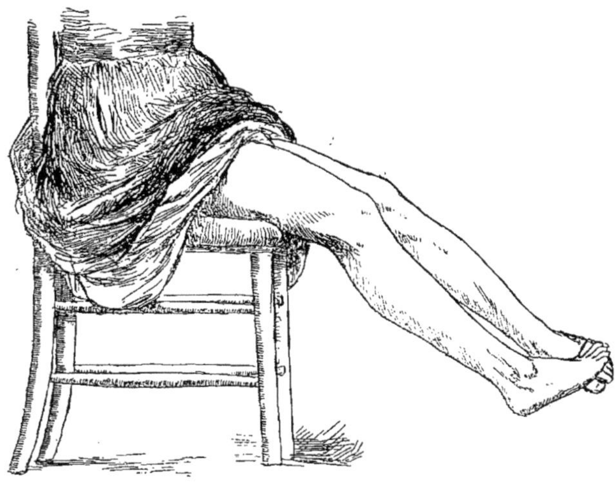

Fig. 88.

mouvement volontaire. Lorsqu'il s'assied sur un siège un
peu élevé, les jambes ont de la tendance à rester horizontales; en tout cas les pieds ne touchent pas à terre. Enfin
le malade se dresse et se tient debout. Par ce seul fait les
deux membres se raidissent et se collent l'un à l'autre, animés en même temps de trépidation épileptoïde. D'abord, en
quelque sorte fixé au sol, il parvient non sans efforts à détacher ses pieds et il commence à progresser. C'est ici qu'il
convient, Messieurs, de vous présenter le tableau remarquablement fidèle, tracé par Ollivier (d'Angers).

« Chaque pied, dit-il, se détache avec peine du sol et
dans l'effort que fait alors le malade pour le soulever entièrement et le porter en avant, le tronc se redresse et se

renverse en arrière comme pour contrebalancer le poids du membre inférieur, qu'un tremblement involontaire agite avant qu'il soit appuyé de nouveau sur le sol.

» Dans ces mouvements de progression, tantôt la pointe du pied est abaissée et traîne plus ou moins sur la terre avant de s'en détacher, tantôt elle est relevée brusquement, en même temps que le pied est rejeté en dehors. J'ai vu quelques malades qui ne pouvaient marcher au pas, quoique appuyés sur une canne, qu'en se renversant le tronc et la tête en arrière, de telle sorte que leur attitude avait quelque analogie avec celle que détermine le tétanos. »

Tout cela, Messieurs, est exact, quoique peut-être un peu forcé, comme l'est nécessairement la description d'un type. Ce type présente en outre une variante. Le malade qui, en pareil cas, se sert généralement de deux béquilles ou de deux cannes, marche littéralement sur la pointe des pieds, par suite de la contraction exagérée des gastrocnémiens. Son corps s'incline en avant et figure un plan incliné, de telle sorte qu'il est à chaque instant menacé de tomber la face contre terre. Cette variété décrite par Erb serait plus commune que le type d'Ollivier (d'Angers).

Il est très remarquable de voir que cette description, d'ailleurs très vivante, d'Ollivier et qui ne s'applique pas à des cas exceptionnels, soit restée en quelque sorte lettre morte jusque dans ces derniers temps ; elle n'a pas été remarquée même à l'époque où Duchenne signalait avec tant de soin les caractères de la démarche des ataxiques ; si bien que cela a été comme une révélation quand M. Seguin (de New-York) d'abord en 1873, puis plus tard M. Erb (d'Heidelberg) en 1874 appelèrent de nouveau l'attention sur la démarche particulière que présentent certains paralytiques et qu'ils proposèrent de désigner, l'un sous le nom de *tetanoïd paraplegia*, l'autre sous le nom de démarche spasmodique (*spastischer Gang*).

Vous comprenez, Messieurs, que, malgré l'intérêt qui s'attache à ce fait de la démarche spasmodique, on ne saurait voir là le caractère d'une maladie particulière, contrairement à ce qui a lieu pour la démarche des ataxiques, qui est en quelque sorte pathognomonique. C'est un symptôme commun à plusieurs maladies spinales et pour arriver au diagnostic nosographique, il faut nécessairement invoquer les symptômes concomitants.

III.

Nous avons supposé jusqu'ici des cas de myélite transverse à début aigu ou subaigu, où les accidents arrivent rapidement à leur plus haut degré pour rétrograder ensuite. Mais il ne faut pas ignorer qu'il existe des cas dans lesquels l'affection revêt, dès l'origine, les allures d'une maladie chronique primitive. La lésion est ici encore transverse, mais elle est incomplète et son évolution est lente. Le malade, par exemple, n'a jamais été confiné au lit; c'est un paraplégique chez lequel les symptômes parétiques ont pu passer plus ou moins longtemps inaperçus. Mais la démarche a le caractère spasmodique dès l'origine, et, si lente que doive être l'évolution du mal, on doit s'attendre dans la règle à voir la paraplégie s'accompagner des autres symptômes nécessaires pour caractériser nosographiquement le genre de l'affection.

IV.

Cependant, Messieurs, il existe et il n'est pas rare de

rencontrer dans la clinique un certain nombre de cas où
les symptômes de la paralysie spasmodique, développés
primitivement comme dans le cas qui précède, se montrent
en quelque sorte isolés de tout autre symptôme, depuis
l'origine jusqu'à la terminaison du mal, sans altération de
la sensibilité, sans troubles dans les fonctions du rectum, de
la vessie, etc., sans douleurs pseudonévralgiques, sans
accidents céphaliques concomitants. L'affection se caractérise particulièrement aussi par une évolution lente et par
une tendance marquée à l'envahissement progressif des
membres supérieurs.

Ce genre de paraplégie spasmodique a paru assez spécial à quelques médecins — et je suis du nombre, — pour
qu'ils aient été amenés à penser qu'il ne s'agit pas là
de cas vulgaires de myélite transverse (par compression,
syphilitique ou autre), accidentellement dépourvus de leurs
attributs ordinaires et se présentant, comme on dit, sous la
forme fruste; mais qu'il s'agit d'une affection particulière,
d'une maladie autonome, se rattachant vraisemblablement à
une lésion de localisation spéciale.

M. Erb est entré le premier dans cette voie en 1875. Je
l'y ai bientôt suivi, ainsi qu'en témoignent mes leçons de
1876. M. Erb a désigné cette affection prétendue spéciale
sous le nom de *paralysie spinale spasmodique*. J'ai proposé, puisqu'il s'agissait d'un état morbide particulier, le
nom de *tabes dorsal spasmodique*, le terme de « paralysie
spasmodique » ne pouvant représenter qu'un syndrome
commun à plusieurs maladies spinales. La description donnée
par M. Erb ne diffère d'ailleurs par aucun trait essentiel de
celle que j'ai donnée après lui. Je ne me suis écarté de
M. Erb que sur un point. M. Erb a affirmé, ou peu s'en
faut, que la lésion à laquelle les symptômes doivent être
rattachés est actuellement connue : elle ne serait autre que
la sclérose symétrique et systématique des faisceaux latéraux. En ce qui me concerne, tout en reconnaissant la loca-

lisation proposée par M. Erb comme très vraisemblable, j'ai tenu à rester sur la réserve ; j'ai fait remarquer que toutes les observations de sclérose symétrique sans participation des cornes grises antérieures sont de date ancienne. « Ce sont, disais-je, de vieux souvenirs un peu effacés et qu'il faudrait raviver. Il faut attendre pour se prononcer à cet égard, le contrôle d'observations nouvelles. »

A l'heure qu'il est, Messieurs, ainsi que je le montrerai tout à l'heure, l'observation anatomo-pathologique n'a encore fourni aucune preuve, et, de ce côté, la solution du problème reste en suspens. Toujours est-il qu'en attendant, la description clinique mérite de subsister par elle-même.

V.

Mais avant d'en arriver là, je voudrais, me conformant à ce que je vous annonçais dans la leçon dernière, vous dire quelques mots d'une maladie cérébro-spinale assez bien déterminée aujourd'hui, anatomiquement et cliniquement, et qui, dans quelques-unes de ses formes frustes, peut se traduire presque exclusivement par la paraplégie spasmodique, de telle sorte que sous cette apparence l'affection dont il s'agit pourrait être et a été en effet confondue avec celle que j'ai appelée le *tabes dorsal spasmodique.* Je veux parler de la *sclérose en plaques disséminées.*

Je me bornerai à rappeler que les foyers scléreux disposés sans ordre dans les diverses parties du névraxe, dominent généralement dans la moelle, où elles occupent de préférence les faisceaux antéro-latéraux. Il y a lieu de signaler ici un point important dont je vous ai déjà dit un mot. C'est que ces plaques scléreuses, une fois développées, resteront isolées dans les faisceaux de la moelle, sans donner lieu à la dégénération secondaire ; il y a là une exception flagrante à la loi wallérienne. Peu importe, d'ailleurs ; qu'il nous suffise, pour le moment, de considérer l'affection exclusivement par le côté clinique.

D'abord, nous devons relever, ainsi qu'on devait s'y attendre, d'après la multiplicité des lésions et la variabilité de leur siège, que les symptômes de la maladie en question sont eux-mêmes variés et nombreux : troubles céphaliques, tels que nystagmus, amaurose, embarras de la parole, troubles intellectuels, vertiges ; troubles spinaux, parmi lesquels, le plus habituellement il y a lieu de mentionner surtout un tremblement particulier des membres supérieurs, quelquefois remplacé par de la contracture, une paraplégie spasmodique, etc.; je laisse de côté l'atrophie musculaire qui s'observe également dans les cas où la substance grise est atteinte, et les symptômes tabétiques quand il existe des lésions des faisceaux postérieurs ; tels sont, en résumé, les signes qui permettent, lorsqu'ils se trouvent tous réunis, de diagnostiquer facilement la maladie.

Mais il se peut que tout cet appareil se décompose en quelque sorte pièce à pièce et que bon nombre de symptômes fassent défaut. Ainsi, dans telle forme, on n'observera que des troubles céphaliques, vertiges, nystagmus, etc. Dans telle autre, au contraire, il n'existera que des symptômes de paraplégie spasmodique presque isolés: je dis *presque isolés*, car, en y regardant d'un peu près, on discerne l'existence actuelle ou passée de quelques-uns de ces phénomènes concomitants qui se présentent en si grand nombre dans les cas types. Ainsi, en présence d'une paraplégie spasmodique, il faut se remettre en mémoire la série des accidents qui peuvent se trouver réunis dans un cas complet de sclérose multiloculaire. Il doit être fort exceptionnel que deux ou trois d'entre eux ne se montrent pas associés, à une certaine époque de la maladie, avec la paralysie spasmodique, si celle-ci relève d'une sclérose en plaques ; et c'est surtout d'après ce principe que le diagnostic peut être établi.

VI.

Maintenant, Messieurs, je vais, en deux mots, présenter une esquisse de l'état morbide que M. Erb et moi nous croyons devoir, jusqu'à plus ample informé, considérer comme une maladie particulière, le *labes dorsal spasmodique*.

1° La description clinique peut être tracée d'ailleurs en quelques mots. La maladie se développe chez des sujets âgés de trente à cinquante ans, particulièrement chez des hommes, en l'absence de toute cause occasionnelle appréciable. Il n'y a point de trouble de la sensibilité ; le mal se produit lentement, progressivement, se révélant d'abord par une simple lourdeur des jambes, puis par une parésie véritable accompagnée de raideur ; enfin la démarche prend le caractère spasmodique, et le malade est souvent obligé de s'aliter, mais seulement quelquefois après de longues années. Il va de soi que les réflexes tendineux sont très exagérés, tandis que les réflexes cutanés conservent leurs caractères normaux.

2° La maladie, telle qu'elle se déclare dans le premier âge, mérite une mention spéciale (Erb, Seeligmüller, Stromeyer). La rigidité commence souvent à se produire peu après la naissance, sans accompagnement d'accidents cérébraux. La nourrice s'aperçoit que les membres sont rigides et qu'il devient dès lors plus difficile d'habiller .l'enfant ; quelquefois le tronc lui-même est raide. Arrive l'âge de marcher, et l'on. constate que la station debout et la marche sont impossibles ; il faut attendre que l'enfant ait trois ou quatre ans pour le voir se dresser péniblement en s'appuyant aux meubles. La manière dont les enfants de cet

Fig. 89.

âge, soutenus sous les bras, progressent tant bien que mal, est très caractéristique. Les hanches sont légèrement fléchies, les genoux sont dans l'adduction, collés l'un à l'autre avec tant de force que les jambes et les pieds s'embarrassent en s'entrecroisant. Enfin, la flexion plantaire des deux pieds qui reposent sur les orteils détermine une inclinaison du corps en avant qui met encore obstacle à la marche.

D'ailleurs, les réflexes tendineux sont exaltés ; il n'y a pas d'atrophie musculaire ; les muscles ont conservé leur excitabilité normale ; il existe donc un contraste bien tranché, sous tous les rapports, entre cette affection et la paralysie spinale infantile, et ainsi nous voyons qu'à côté des paralysies spinales infantiles il existe une paralysie spasmodique infantile, bien distincte et nettement séparable de celle-ci.

A leur tour, les extrémités supérieures sont affectées : l'avant-bras se raidit, demi-fléchi, dans la pronation, les doigts repliés dans la paume de la main. Jamais, je le répète, on n'a constaté d'accidents céphaliques et la colonne vertébrale ne présente rien d'anormal. La pathogénie de l'affection est par conséquent extrêmement vague. M. Seeligmüller invoque l'accouchement prématuré, à sept ou huit mois, la consanguinité. Mais ce sont là des prétextes plutôt que des raisons. Somme toute, les autopsies manquent. On ne peut cependant s'empêcher de songer qu'à l'époque où la maladie débute, le faisceau latéral est en pleine voie de développement, et que cette condition, sous de certaines influences, peut ne pas être défavorable à la production d'une lésion inflammatoire.

3° Chez l'adulte, une lésion du même genre, également limitée au système des faisceaux latéraux, rendrait compte de tout l'ensemble des phénomènes. Mais, encore une fois, à l'heure qu'il est, l'hypothèse n'a pas reçu de vérification. Il y a donc là un problème intéressant d'anatomie pathologique à résoudre, et je ne saurais trop vous engager à y appliquer toute votre attention, s'il vous arrivait de vous trouver en présence d'un cas de ce genre.

4° Je viens de dire que le tabes spasmodique n'a encore d'existence qu'en clinique et que si, en réalité, comme je le crois, il s'agit bien là d'une espèce morbide, celle-ci manque encore tout à fait de substratum anatomique. Néanmoins, dans ces derniers temps, un certain nombre d'auteurs se sont appliqués à démontrer que la maladie en question n'est qu'une construction nosographique artificielle, et que les lésions d'une myélite quelconque, spontanée, compressive, syphilitique ou autre, peuvent donner lieu à cet ensemble, qui ne représenterait plus dès lors une affection spéciale.

A l'appui de cette théorie, on a publié quelques observations où l'on a cru reconnaître les caractères assignés par M. Erb et par moi à ce que j'appelle tabes dorsal spasmodique, et où, à l'autopsie, on avait rencontré les lésions spinales les plus variables. J'ai examiné ces observations avec grand soin, et je ne crois pas qu'aucune d'elles possède réellement la signification qui leur a été donnée.

Par le côté clinique, ce sont des cas de myélite vulgaire par compression, syphilitiques en effet, anormaux à quelques égards, mais où l'on retrouve toujours plus ou moins accentués les troubles de la sensibilité, des fonctions de la vessie et du rectum, si caractéristiques dans cette forme de myélite ; à l'autopsie existaient des lésions diverses, et présentant toutefois ce trait commun, essentiel dans l'espèce : c'est que les altérations dont il s'agit avaient entraîné avec elles une sclérose latérale. Cela montre seulement — ce qu'on savait du reste — que la démarche spasmodique, ou, si vous voulez, la paralysie spasmodique peut se manifester sous les formes de myélite les plus diverses. Mais dans l'espèce morbide, la démarche n'est pas tout ; elle n'est qu'un des éléments de la maladie.

Cela démontre aussi que le diagnostic est difficile et qu'avant de se décider il faut y regarder d'un peu près. Je m'y suis trompé moi-même au moins une fois, ainsi que je me suis plu à le reconnaître hautement, à l'occasion d'un cas présenté à ma clinique comme un exemple de tabes spasmodique. L'autopsie démontra qu'il n'en était pas ainsi, et qu'il s'agissait d'une sclérose en plaques. Mais, en relisant l'observation, nous nous aperçûmes que la malade avait accusé des vertiges, qu'elle avait éprouvé du tremblement des extrémités, symptômes de valeur qui auraient pu mettre sur la voie du diagnostic véritable. Depuis cette époque, j'ai également rapporté à leur origine légitime pendant la vie des cas qui eussent pu être rattachés au tabes spasmodique ; cette fois l'autopsie est venue confirmer mon diagnostic.

Ainsi les choses restent ce qu'elles étaient avant la publication des observations adverses auxquelles je viens de faire allusion ; et, en résumé, si, faute d'observations anatomiques suffisantes, l'existence nosographique autonome du tabes dorsal spasmodique n'est pas encore solidement établie, on peut dire d'un autre côté, que, malgré les critiques, elle n'est pas encore sérieusement ébranlée. C'est d'ailleurs une question dont la solution ne peut manquer d'être donnée un jour prochain.

Vous voyez donc, Messieurs, par l'exposé qui précède, que la contracture permanente est un symptôme commun aux affections organiques spinales — et elles sont nombreuses — où il existe une lésion des faisceaux latéraux. Il importe toutefois de ne pas oublier que la contracture permanente n'est pas l'indice certain d'une lésion organique de la moelle épinière, car il existe nombre de cas où les faisceaux latéraux sont affectés peut-être fonctionnellement, mais à coup sûr sans lésion matérielle. Sous ce rapport le cas de l'hystérie, auquel j'ai fait souvent allusion, est un exemple des plus démonstratifs.

DIX-SEPTIÈME LEÇON

Des amyotrophies spinales et des localisations dans la substance grise de la moelle épinière.

Sommaire. — Lésions systématiques dans la moelle épinière. — L'étude de ces lésions doit précéder celle des lésions non systématisées. — Rôle physiologique de la substance grise. — Transmission des impressions sensitives et des impulsions motrices.

Les lésions systématiques de la substance grise paraissent cantonnées dans la région des cornes antérieures. — Elles sont presque toutes de nature irritative ou inflammatoire. — Polyomyélites antérieures systématiques. — Elles sont aiguës, subaiguës ou chroniques. — Caractères fondamentaux de ces affections. — Troubles de la motilité. — Troubles trophiques. — Intégrité des fonctions de la vessie et du rectum. — Abolition des réflexes.

Délimitation du groupe des polyomyélites systématiques. — Amyotrophies protopathiques et deutéropathiques.

Formes aiguës : paralysie spinale infantile, paralysie spinale de l'adulte. — Forme subaiguë : paralysie générale spinale antérieure subaiguë de Duchenne (de Boulogne). — Forme chronique : atrophie musculaire progressive de Duchenne et Aran.

Polyomyélites non systématisées. — Myélites centrales, sclérose épendymaire, sclérose en plaques, sclérose latérale amyotrophique.

Du système neuro-musculaire en général.

Messieurs,

Vous n'avez certainement pas perdu de vue ce tableau, ou, pour mieux dire, ce plan topographique que je vous ai présenté déjà dans la séance qui a inauguré le cours de cette année, et que depuis lors j'ai eu maintes fois l'occasion de placer à nouveau sous vos yeux. Il est destiné, vous ne l'avez pas oublié, à faire embrasser d'un coup d'œil les diverses régions de la moelle épinière dans lesquelles, par une sorte de sélection, se cantonnent celles des lésions spinales qu'on appelle aujourd'hui *lésions systématiques*.

Cette dénomination de *lésions systématiques*, que j'ai empruntée à l'enseignement de M. Vulpian, est, ainsi que je vous l'ai fait remarquer bien des fois déjà, parfaitement appropriée. En effet, ces départements, ces régions que la maladie peut affecter isolément, sans participation des régions limitrophes, représentent autant de *systèmes* distincts anatomiquement et fonctionnellement; ce sont, en quelque sorte, autant d'organes destinés chacun à un rôle physiologique particulier; et, conséquemment, ainsi le veut la logique des choses, l'affection de chacun de ces organes doit, dans les conditions pathologiques, se traduire par une symptomatologie propre. De telle sorte que, les symptômes étant connus, il sera permis au clinicien de remonter jusqu'à la lésion et d'en déterminer le siège.

On est tout naturellement conduit par ce qui précède à considérer les maladies systématiques, dans le domaine de la moelle épinière, comme autant d'affections élémentaires, dont la connaissance approfondie devra être appliquée au débrouillement des affections plus complexes, non systématisées, ou, autrement dit, distribuées dans le cordon nerveux, d'une façon diffuse et inégale; c'est-à-dire, qu'en bonne méthode, l'étude des lésions systématiques spinales doit nécessairement précéder celle des lésions spinales non systématisées.

J'ose espérer, Messieurs, que les développements dans lesquels nous sommes entrés à propos des lésions du système des faisceaux pyramidaux ont justifié, pour une part, ces propositions que j'ai plusieurs fois émises devant vous. Ils vous ont mis à même tout au moins, si je ne m'abuse, de reconnaître la signification de ce syndrome désigné sous le nom de *paralysie spasmodique* et qui, ainsi que vous l'avez vu, joue un rôle si prédominant dans la pathologie spinale.

I.

Aujourd'hui, Messieurs, je voudrais diriger toute votre attention sur une région que nous avons déjà rencontrée plusieurs fois, incidemment, dans le cours de nos études, mais qui n'a pas encore été de notre part l'objet d'une exploration régulière. Je veux parler de l'axe gris spinal, ou, comme on dit encore plus brièvement, de la substance grise.

Inutile de faire ressortir à vos yeux que, bien qu'elle occupe dans la moelle épinière un espace relativement restreint, la substance grise est cependant, au point de vue physiologique, la partie la plus importante du centre spinal. Il suffira de rappeler qu'elle est le lieu de passage obligé pour la transmission des impressions sensitives et des impulsions motrices volontaires ou réflexes. De telle sorte que, si cette voie venait à être coupée, l'accomplissement de toutes ces fonctions serait du même coup rendue impossible.

Mais en outre, il semble aujourd'hui péremptoirement démontré que toutes les parties de la substance grise ne sont pas indistinctement affectées à l'exécution de ces diverses fonctions. Dans cet espace si limité, il y a lieu en effet d'établir physiologiquement plusieurs régions bien distinctes. Ainsi, à ce point de vue, la substance grise centrale doit être distinguée des cornes ou colonnes de substance grise. La première seule, avec les cornes postérieures pour une certaine part, joue un rôle dans la transmission des impressions sensitives, tandis que les cornes antérieures paraissent destinées exclusivement à la transmission des impulsions motrices et n'ont aucun rapport avec la sensibilité.

II.

Ces résultats, fondés sur l'expérimentation, ont trouvé leur confirmation dans le domaine pathologique. La maladie en effet, mieux encore que ne le peut faire le plus habile physiologiste, produit des altérations qui affectent isolément certains départements de la substance grise.

A. Or, Messieurs, ici se présente un fait capital dans l'histoire de ces lésions systématiques de la substance grise. C'est que les seules, méritant véritablement ce nom, que l'on connaisse aujourd'hui, affectent de se cantonner dans une région toujours la même, et cette région est celle des cornes antérieures.

Les affections dont il s'agit ont donc, vous le voyez, pour caractère anatomique univoque non seulement de se circonscrire dans les colonnes antérieures, mais encore de constituer une lésion exclusive, systématique dans l'acception rigoureuse du mot, c'est-à-dire emprisonnée dans la région, sans participation, sinon accidentelle, des régions voisines.

Les lésions qui reconnaissent cette localisation étroite sont presque toutes de nature irritative ou inflammatoire. On a proposé, dans ces derniers temps, de les distinguer par une dénomination qui tend à indiquer du même coup la nature du processus et le genre de la localisation : on les a appelées *polyomyélites antérieures systématiques ;* systématiques, car la substance grise antérieure peut être affectée incidemment, secondairement, dans des cas d'affections spinales d'un autre ordre. Il faut ajouter encore le qualificatif *aiguë* ou *chronique*, suivant que l'affection évolue selon l'un ou l'autre de ces deux modes.

En raison même de cette localisation, et aussi en raison de la spécificité physiologique de la région intéressée, les affections de ce groupe, ainsi qu'on pouvait le prévoir, se présentent dans la clinique avec un certain nombre de traits communs et propres à les distinguer de toutes les affections spinales occupant dans le cordon médullaire un siège différent.

B. En quelques mots, voici les caractères fondamentaux du groupe :

1° Les muscles sont frappés d'impuissance motrice. La paralysie est plus ou moins complète ; mais — et ceci est le fait fondamental, — les muscles des parties affectées sont en outre le siège de lésions trophiques plus ou moins profondes, se révélant en particulier par des réactions électriques spéciales. C'est là un fait qui distingue du premier coup ces paralysies de celles qui résultent d'une lésion des faisceaux blancs et spécialement des faisceaux latéraux, cas dans lesquels la nutrition des muscles n'est nullement affectée.

2° Les muscles de la vie animale seront seuls intéressés, ou tout au moins les muscles de la vessie et du rectum resteront indemnes. Le caractère que je vous signale actuellement, Messieurs, est assez singulier pour que vous en preniez acte avec soin ; quant à présent, il n'est pas facile d'en donner la raison physiologique.

3° Il n'existera dans ces affections aucune modification, sinon accidentelle et transitoire, de la sensibilité. Ce trait distingue les affections systématiques de celles qui occupent d'une façon diffuse la substance grise ; et ces dernières,

en outre des troubles de la sensibilité, affectent une tendance marquée aux troubles trophiques cutanés, aux eschares, etc., tendance qui ne se montre jamais dans le cas de
lésions systématiques.

4° Dans la plupart des cas, surtout quand il s'agit des
formes aiguës ou subaiguës, les divers réflexes sont ou di-
minués ou complètement abolis. Vous avez prévu que l'épilepsie spinale non plus que la contracture n'appartiennent
pas aux affections de ce groupe, seulement, en raison de la
distribution souvent inégale des lésions musculaires trophiques, vous rencontrez en pareille circonstance des déviations ou déformations paralytiques.

III.

A. Les polyomyélites antérieures systématiques forment en somme un groupe nosographique assez naturel.
Le symptôme dominant, et pour ainsi dire unique, exclusif,
c'est, vous le comprenez, la lésion musculaire trophique.
Aussi ces altérations ont-elles été parfois désignées sous le
nom d'*amyotrophies spinales* ou *de cause spinale*. Mais il
convient d'ajouter le qualificatif *protopathique*, qui indique
que la lésion de la région spinale d'où dérive cette lésion
musculaire est le fait fondamental. Au contraire, on appel-
lera *amyotrophies spinales deutéropathiques* les diverses
affections de la moelle épinière dans lesquelles la lésion des
cornes antérieures n'est que secondaire, accidentelle, et où
l'altération trophique des muscles se trouve par conséquent
entremêlée cliniquement avec d'autres symptômes.

B. Le groupe des polyomyélites antérieures systématiques

renferme des affections qui appartiennent à la clinique journalière, et auxquelles le médecin doit s'intéresser particulièrement. Je crois donc nécessaire de les rappeler à votre attention par une énumération concise.

Ainsi que je l'ai dit, les lésions spinales antérieures systématiques évoluent tantôt suivant le mode aigu, tantôt suivant le mode chronique. Je ne comprendrai dans cette énumération que les espèces à l'égard desquelles l'anatomie pathologique s'est, à l'heure qu'il est, prononcée d'une façon définitive.

1° Une première classe est composée par le groupe des *amyotrophies spinales protopathiques aiguës*.

a) L'espèce *paralysie spinale de l'enfance* est la maladie qu'ont étudiée avec prédilection Duchenne (de Boulogne) et Heine. C'est, dans le groupe dont il est ici question, une maladie modèle pour l'étude anatomo-physiologique. En effet, les lésions sont parfaitement circonscrites ; d'autre part, la symptomatologie est elle-même très limitée, très précise, et tous les détails qu'elle comporte, ou peu s'en faut, peuvent être aujourd'hui facilement interprétés à la lumière des faits pathologiques.

b) La *paralysie spinale de l'adulte* est en quelque sorte la même maladie transportée dans la pathologie de l'adulte. Pendant longtemps, le rapprochement avait été fait uniquement sur la foi d'une symptomatologie vraiment très spéciale ; mais le contrôle anatomique s'est définitivement prononcé en faveur de ce rapprochement. Il n'en est pas de même, quant à présent, du second groupe, que je me bornerai à mentionner.

2° *Polyomyélites antérieures subaiguës*. Celles-ci répondent à l'affection décrite par Duchenne sous le nom de *paralysie générale spinale antérieure subaiguë*, c'est encore, sur plus d'un point, un chapitre d'attente, car, je le répète, les observations anatomo-pathologiques relatives à cette forme n'ont pas encore fourni de résultats péremptoires.

3º Enfin la *polyomyélite antérieure systématique chronique* est représentée par la forme d'amyotrophie dont Aran et Duchenne ont tracé le tableau clinique, et à laquelle ils ont donné le nom d'*atrophie musculaire progressive.* Cruveilhier avait reconnu dans cette affection une lésion des racines antérieures spinales. Les travaux modernes ont démontré que cette altération, mentionnée et décrite par Cruveilhier, se rattachait à une lésion systématique irritative des cornes grises antérieures. La maladie en question a été aussi désignée quelquefois sous le nom d'*amyotrophie spinale progressive protopathique.*

IV.

Telles sont, Messieurs, les grandes espèces du groupe des amyotrophies liées aux polyomyélites antérieures. En regard, ne fût-ce que pour établir un terme de comparaison et provoquer un contraste, il convient de faire figurer un instant diverses affections spinales dans lesquelles la lésion des cornes antérieures peut exister sans doute, mais ne constitue pas le fait anatomo-pathologique capital, unique.

Ici, la lésion originelle est en dehors de la substance grise, en dehors du moins de la région des cornes antérieures qui ne se trouvent affectées que consécutivement, par extension. Mais l'altération trophique se produit cependant en raison de la participation des cornes antérieures. On voit

donc que le symptôme est, en quelque sorte, surajouté à ceux
de la maladie principale, et, en pareil cas, le clinicien doit
s'attendre à avoir sous les yeux un ensemble symptomatique complexe, car, de fait, il n'est peut-être pas une lésion
spinale aiguë ou chronique qui ne puisse, à un moment
donné, envahir les cornes antérieures et y déterminer la
lésion des éléments ganglionnaires d'où dérive l'amyotrophie spinale.

Pour ne pas m'arrêter à ces remarques générales et nécessairement un peu vagues, permettez-moi de faire appel
à un certain nombre de cas concrets.

1°. *a*) Parmi les lésions spinales diffuses non systématisées on peut citer, dans le mode aigu, les myélites centrales
ou polyomyélites diffuses. Ici, la lésion trophique des
muscles, analogue à celle de la paralysie infantile, est chose
fréquente. Mais il se produit concomitamment des troubles
de la sensibilité, un dérangement plus ou moins profond des
fonctions de la vessie et du rectum, une formation d'eschares, etc., et si le malade survit et que les faisceaux blancs
participent au processus anatomique morbide, on voit se
développer une contracture permanente liée à tous les
autres signes de la paralysie spasmodique.

b) Dans le mode chronique, je vous citerai la *sclérose
péri-épendymaire*, la *méningite spinale hypertrophique*,
enfin la *sclérose en plaques* qui, dans certaines circonstances, peuvent prendre le masque de l'amyotrophie progressive. Il existe même des lésions non inflammatoires
qui peuvent avoir un résultat identique : telles sont
l'hydromyélie, les tumeurs intra-spinales (gliomes, sarco-
mes, etc).

2° Parmi les lésions systématiques, il faut mentionner la
sclérose postérieure qui, dans bien des cas, s'étend à la subs-

tance grise. Mais la forme morbide sur laquelle, dans cette énumération, je tiens surtout à appeler votre attention est la *sclérose latérale amyotrophique*. L'affection reconnaît, je vous l'ai dit, deux éléments anatomo-pathologiques : une lésion des faisceaux latéraux et une lésion des cornes antérieures. Et celle-ci n'est pas accidentelle, elle fait en quelque sorte partie intégrante de la maladie, bien qu'elle se développe, tout porte à le croire, secondairement. Il s'agit donc là d'une lésion systématique, à *éléments combinés*, comme on dit en Allemagne. C'est cette forme que j'ai cru devoir étudier avec détails plusieurs fois déjà devant vous, parce qu'elle montre que les lois de localisation formulées à propos de la substance grise spinale se retrouvent dans le bulbe. Vous savez en effet que les noyaux d'origine de l'hypoglosse, du facial, qui représentent les cornes antérieures dans la moelle allongée, sont souvent le siège exclusif des lésions pathologiques; de sorte qu'il existe des amyotrophies bulbaires protopathiques, qui peuvent être opposées aux amyotrophies bulbaires deutéropathiques.

V.

Ce coup d'œil d'ensemble vous permettra, Messieurs, d'envisager de plus près le sujet, en vous plaçant au point de vue de l'anatomie et de la physiologie pathologiques. Il vous faudra, en d'autres termes, chaque fois que vous étudierez ce sujet, porter tout particulièrement votre attention sur ces altérations de la substance grise, d'où dérivent les symptômes d'amyotrophie. Mais ici, comme partout ailleurs, l'investigation anatomo-pathologique, pour être fructueuse, suppose nécessairement une connaissance approfondie des conditions normales; et sans vouloir entrer bien entendu dans tous les détails que comporte un pareil sujet, je vous signalerai spécialement quelques points relatifs à l'anatomie et à la physiologie des régions que vous aurez à explorer. Non seulement vous devrez dans cette étude préparatoire considérer la substance grise elle-même, mais encore les nerfs moteurs qui y prennent origine, et aussi les muscles striés auxquels ceux-ci transmettent le mouvement.

C'est qu'en effet, Messieurs, les diverses parties qui viennent d'être énumérées sont en quelque sorte solidaires ; anatomiquement et physiologiquement elles représentent un système. La cellule nerveuse motrice, avec ses prolongements multiples, peut être à la vérité considérée comme un petit organe indépendant ; elle forme le lien qui rattache plusieurs systèmes les uns aux autres, mais n'appartient exclusivement à aucun d'eux.

Cependant, il importe de remarquer que, de tous ces prolongements de la cellule antérieure spinale, le plus important, le plus caractéristique au double point de vue physiologique et morphologique, est celui qui met l'organe cellulaire en continuité directe avec les nerfs moteurs ; de telle sorte que le tube nerveux moteur, dans sa partie essentielle qui est le cylindre axile, n'est qu'une émanation de la substance même de la cellule motrice. Aujourd'hui, l'on sait en effet que, par son extrémité périphérique, ce prolongement de l'élément ganglionnaire entre en relation pour ainsi dire immédiate avec l'élément musculaire. Avant 1840, sur la foi des travaux de Valentin, Burdach, on croyait que les extrémités périphériques des nerfs musculaires se terminaient en forme d'anses, dans l'intervalle des faisceaux primitifs. Mais Doyère a fait une découverte capitale, le jour où il a démontré que chez les tardigrades, le nerf moteur se termine par un filament unique au niveau d'un monticule qui fait corps avec le faisceau primitif, et qu'on appelle encore à l'heure qu'il est l'*éminence* ou la *colline* de Doyère.

Chacun sait aussi qu'en 1862, M. Rouget a été plus loin ; il a fait voir que, sous le sarcolemme, c'est-à-dire dans la substance même du faisceau primitif, le monticule de Doyère est formé par un amas de substance granuleuse dans lequel se termine le tube nerveux, réduit au cylindre axile. Les travaux de Krause, de Kühne et enfin ceux de Ranvier ont confirmé ces données d'une façon générale, en les complétant par une foule de détails importants. Mais le grand fait découvert par Rouget, c'est justement cette connexité étroite du nerf centrifuge et de la substance des muscles.

Ainsi, Messieurs, vous le voyez, il existe d'un côté entre l'élément ganglionnaire et le cylindre axile, qui n'est en somme qu'un prolongement de cet élément, un rapport de continuité immédiat, comme il en existe un d'autre part entre l'extrémité terminale de ce prolongement et la substance de l'élément musculaire.

Il y a donc, ainsi que je l'annonçais, anatomiquement parlant, une solidarité intime entre la cellule motrice, le nerf moteur et la fibre musculaire; en réalité, on peut les considérer comme trois éléments consécutifs d'un même système; et dire même, sans forcer les choses, que la cellule spinale plonge directement dans la substance de la cellule musculaire par l'intermédiaire de son prolongement axile.

Mais il importe de les remarquer, Messieur, dans cette association, l'un des éléments est, pour ainsi parler, *dominateur;* les autres sont subordonnés. L'intégrité des muscles comme celle des nerfs dépend de celle des éléments ganglionnaires. Il est démontré en effet que la lésion de l'élément ganglionnaire retentit nécessairement sur le muscle par la voie du nerf; que la lésion du nerf retentit sur le muscle, qui par conséquent occupe le dernier rang dans l'association ; car il n'est nullement démontré d'un autre côté, quant à présent du moins, qu'une lésion des muscles ou des nerfs moteurs puisse retentir sur l'élément ganglionnaire et en altérer la nutrition.

Telles sont les considérations que je tenais à vous présenter, Messieurs, sur cet ensemble d'éléments qu'on pourrait désigner sous le nom de *système neuro-musculaire*, et dont l'étude préliminaire est indispensable à quiconque veut aborder avec fruit la topographie pathologique des diverses régions de la substance grise.

APPENDICE

I

Sclérose latérale amyotrophique. — Autonomie et caractère spasmodique de cette affection.

Observations.

Dès le début de l'étude que M. Charcot a consacrée à l'histoire des contractures, dans ses dernières conférences de la Salpêtrière, a pris place, en première ligne, l'analyse détaillée d'un cas typique de sclérose latérale amyotrophique. Cette affection, dont la première description date à peine de cinq ou six ans, a été, dans ces derniers temps, l'objet de critiques assez nombreuses, visant surtout la nature spasmodique et l'autonomie nosographique que M. Charcot lui a attribuée. C'est pour affirmer, une fois de plus, la nature essentiellement spasmodique de cette maladie, au moins dans sa première période, que M. Charcot, en inaugurant ses leçons cliniques de cette année, a cru devoir présenter un exemple, en quelque sorte idéal, de sclérose latérale amyotrophique, et en discuter les caractères fondamentaux.

On peut dire, d'une façon très générale, que certaines paralysies se traduisent principalement par de la rigidité ou de la contracture spasmodique des masses musculaires ; tandis que d'autres sont marquées par l'absence de ce symptôme ou même par un état opposé, la flaccidité des membres. Cette division dichotomique, toute sommaire qu'elle soit, suffit à montrer l'intérêt pratique qui s'attache à l'interprétation du symptôme *contracture*.

Depuis quelques années, les observateurs ont, en outre, constaté l'importance de divers phénomènes qu'on peut désigner sous le nom générique de réflexes tendineux, et l'examen minutieux qu'on en a fait peut jeter un grand jour sur les conditions pathologiques qui favorisent l'apparition des contractures. Ces réflexes, lorsqu'ils ne dépassent pas une certaine mesure, appartiennent aux conditions normales. Mais, lorsqu'ils se montrent manifestement exaltés, ils constituent un symptôme morbide d'une importance réelle, tant au point de vue purement clinique qu'au point de vue de la théorie physiologique.

Or, dans l'état actuel de nos connaissances physiologiques, la contracture spasmodique permanente des muscles passe, à juste titre, pour un phénomène étrange, inexplicable, ou peu s'en faut, paradoxal en quelque sorte. Cependant, des recherches nombreuses, récemment entreprises en France et à l'étranger, tendent à établir que l'exaltation des réflexes tendineux et la contracture sont des faits connexes, pour ainsi dire équivalents, ou tout au moins appartenant à la même série ; que l'interprétation physiologique, qui convient à l'une, convient également à l'autre ; de telle sorte que, par là, la contracture permanente spasmodique se trouverait dépouillée de son caractère paradoxal.

Mais, voici le cas concret sur lequel M. Charcot appelle l'attention ; il est des plus précieux au point de vue de la thèse qu'il se propose de développer.

Il s'agit d'une femme, actuellement âgée de quarante-sept ans. Elle est confinée au lit et paraît absolument immobile, inerte. D'ailleurs, son intelligence est parfaite, et, quoiqu'elle ne puisse plus se faire comprendre, elle se rend très bien compte de son état. On constate, à première vue, que cette femme est paralysée de tous les membres, que la tête elle-même ne se tient plus en sa position normale et qu'elle penche tantôt à droite, tantôt à gauche, sans pouvoir être jamais volontairement redressée. On se figurerait donc assez naturellement que cette malheureuse est frappée d'une paralysie totale flaccide. Mais il y a cependant loin de là, à la réalité. D'ailleurs, un examen plus minutieux est indispensable pour se rendre compte de l'état relatif des différentes parties du corps.

En ce qui concerne les membres inférieurs, on s'aperçoit, en effet, qu'ils ont une attitude assez particulière : les pieds sont étendus, les genoux sont collés l'un à l'autre ; les deux jambes paraissent rigides. Néanmoins, on peut les fléchir et on n'éprouve pas une très grande résistance. Toutefois, cette résistance est plus considérable que dans les conditions ordinaires ; il suffit, pour s'en assurer, de provoquer cette réflexion passive successivement chez cette malade et chez un individu sain ; on constate alors que la raideur existe vraiment, ou, en d'autres termes, que la flaccidité du membre est remplacée par ce qu'on a appelé la *flexibilitas cerea*. Si l'on percute avec un marteau de Skoda le tendon rotulien, immédiatement la jambe tressaute et même, parfois, reste animée pendant quelque temps des mouvements rapides de l'épilepsie spinale. Enfin, ces deux membres sont émaciés, mais non atrophiés, et ce que l'on observe sur l'un peut être observé sur l'autre. Quant à la sensibilité, elle est partout intacte ; la malade ne présente à cet égard, aucun trouble morbide, et, on peut affirmer, qu'à moins de circonstances exceptionnelles, elle n'en présentera jamais.

Pour ce qui est des fonctions de la vessie et du rectum, il n'y a rien non plus à signaler d'anormal ; de telle sorte que, si l'on s'en tenait simplement à l'état des membres inférieurs, en faisant abstraction des caractères morbides dont il sera question tout à l'heure, on ne relèverait chez cette malade que des symptômes de *paraplégie spasmodique*.

Mais les membres supérieurs présentent, eux aussi, des caractères bien particuliers ; et, d'abord, leur attitude seule est des plus remarquables Ils sont à demi fléchis sur la poitrine, dans la supination, les mains tournées en avant, les doigts recroquevillés. De plus, ces membres sont extrêmement amaigris et en apparences flasques, si bien qu'à les considérer isolément, on pourrait se croire en présence d'un cas d'atrophie musculaire progressive. Il n'en est rien cependant, et, là encore, il s'agit d'une paralysie spasmodique. En effet, si l'on examine de près ce qui reste des masses musculaires du bras et de l'avant-bras, on distingue, en certains points, un frémissement cutané correspondant à des contractions fibrillaires spontanées et passagères ; en outre, la flexion provoquée de ces membres détermine la même sensation de résistance que dans les membres inférieurs ; enfin, la percussion du tendon du triceps détermine un réflexe manifestement exagéré ; et, si, au lieu de provoquer l'action réflexe de ce muscle, on frappe légèrement la face antérieure de l'avant-bras aux différents points qui correspondent aux tendons fléchisseurs des doigts, la griffe s'accuse davantage sous l'influence de chacun de ces chocs, caractère des plus importants dans l'espèce, puisque le réflexe tendineux des fléchisseurs des doigts est peu prononcé ou même fait défaut, le plus souvent, à l'état normal. Il faut également signaler ce fait, que les deux membres supérieurs sont symétriquement affectés, à d'infimes différences près, et que la sensibilité y est partout conservée intacte.

Si, maintenant, on analyse les détails que présente l'attitude de la tête et l'expression du visage, voici ce que l'on peut observer. Le cou est impuissant à maintenir la tête ; le menton vient butter contre le sternum, et si la malade est un peu renversée en arrière, la tête est entraînée par son poids, et les muscles antérieurs sont absolument incapables de la ramener dans sa position régulière. Pour ce qui est de la face, elle présente une physionomie qu'on peut caractériser d'un mot : paralysie labio-glosso-laryngée. Mais il s'agit ici d'une paralysie labio-glosso-laryngée un peu différente de celle qu'a décrite Duchenne, et le masque tout spécial qui en résulte permet de reconnaître, souvent à première vue, ce genre de maladie. Des rides en grand nombre, des sillons profondément creusés, et particulièrement les sillons naso-labiaux, ainsi que ceux de la région frontale, les commissures tiraillées, les yeux grands ouverts comme si les paupières avaient de la peine à se fermer, impriment un cachet vraiment spécifique à ce visage qui, par son aspect pleurard, se différencie aisément du masque inerte de la paralysie de Duchenne.

D'ailleurs, après cela, plus rien qui ne se rencontre dans la paralysie labio-glosso-laryngée protopathique ; aujourd'hui, en effet, la malade ne peut plus articuler un seul mot, elle émet un son monotone, nasillard, à chaque instant interrompu par un mouvement de déglutition pénible. Elle peut cependant faire saillir légèrement sa langue ridée, petite et tremblottante, entre les arcades dentaires faiblement écartées. Mais elle est incapable de siffler, de souffler, d'avaler même, sans s'engouer à chaque instant, et elle laisse sa salive couler sans cesse de sa bouche à demi-fermée.

L'examen minutieux de tous ces symptômes est, à coup sûr, des plus intéressants et des plus instructifs. Il fait voir un mélange de certaines paralysies musculaires, en apparence flaccides, avec un ensemble de phénomènes spasmodiques aussi nettement caractérisés que possible ; et c'est précisément là que réside le problème de la paralysie spasmodique, Or, l'histoire de la malade en question permet de saisir les conditions de la combinaison bizarre de tous ces phénomènes, en quelque sorte incompatibles.

Il y a deux ans et demi que la femme Den… a éprouvé les premiers symptômes de l'affection, qui, aujourd'hui, touche à sa dernière période. Elle a d'abord ressenti quelques douleurs térébrantes dans les reins et dans les cuisses. Puis, elle a commencé à se sentir faible sur ses jambes, marchant péniblement « comme si elle avait un boulet à chaque pied ». Trois mois plus tard, s'est déclarée la paralysie des membres supérieurs, caractérisée par de l'impuissance motrice, des contractions fibrillaires et de la raideur. Vers le sixième mois, commence à se manifester la difficulté du langage. Peu à peu, tous ces symptômes s'accentuent, et, après dix mois de maladie, la femme D… était devenue absolument impotente. A cette époque (mars 1878) elle était soignée par M. le docteur Huchard, dans un service de l'hôpital Laënnec, et l'on peut dire que l'affection était alors arrivée à sa période d'état. Elle était alors si parfaitement caractérisée que M. Huchard put, immédiatement, porter le diagnostic de sclérose latérale amyotrophique. Mais, ce qu'il y a de très important à signaler, pour ce qui concerne l'état de la malade dans cette phase de son affection, c'est que tous les accidents spasmodiques possibles sont relatés avec le plus grand soin, sur l'observation recueillie alors par M. Huchard : secousses continuelles dans les membres, tremblements fibrillaires, contracture des fléchisseurs, trépidation spinale, intense à ce point, que le moindre contact la provoque et qu'elle peut, à la suite de cette excitation, persister pendant plus d'une minute; raideur des reins, raideur du cou, en un mot, sorte de tétanisation généralisée, associée à une atrophie musculaire progressive bien et dûment caractérisée.

C'est seulement au bout de dix-huit mois que cette femme fut admise dans le service de M. Charcot, à la Salpêtrière, et, alors, pour la première fois, se manifestèrent quelques troubles de la déglutition, ainsi que les accidents dyspnéiques transitoires (avril 1879). Jusqu'à cette date, qui peut être considérée comme l'apogée de la période spasmodique, tous les symptômes de l'hyperexcitabilité réflexe n'avaient fait que s'accroître. Mais, dès lors, et à mesure que la complication *atrophie musculaire* s'accentua, ils diminuèrent progressivement, d'abord dans les membres supérieurs, puis, dans les membres inférieurs, et c'est ainsi, qu'aujourd'hui, la malade présentée par M. Charcot n'offre plus, en quelque sorte, que les vestiges des accidents spasmodiques dont elle avait été, antérieurement, affectée à un si haut degré.

Cette observation, aussi complète que possible, réalise dans tous ses détails le type que M. Charcot avait signalé, en 1874, comme étant la détermination clinique d'une lésion médullaire, caractérisée par une sclérose symétrique des cordons latéraux, combinée avec une altération dégénérative des cornes antérieures de la substance grise (1).

(1) Cette femme est morte le 31 mai 1880. L'autopsie a confirmé le diagnostic ; les détails nécroscopiques seront publiés.

Mais, les faits de cette nature ne sont pas fortuits, acci-
dentels. et les exemples purs de cette variété morbide sont
et deviennent plus frappants, à mesure qu'on analyse avec
plus de soin les cas si communs d'affections spinales, décrits
jadis sous la désignation collective de myélites chroniques.

L'occasion s'est présentée de montrer, à côté de la malade dont il vient d'être question, un homme atteint d'accidents absolument identiques, et que M. le docteur de Lorne
a bien voulu conduire à la Salpêtrière pour permettre à
M. Charcot de faire voir la ressemblance étonnante des
deux cas.

Ici, l'affection est de date beaucoup plus récente. L'homme
dont il s'agit, âgé de trente-cinq ans, est malade seulement
depuis un an. En janvier 1879, il a éprouvé de la faiblesse
dans le bras gauche, et il n'a éprouvé que cela pendant deux
mois. Mais, au mois de mars, surviennent en quelques jours
un affaiblissement de la jambe gauche, puis du membre
supérieur et inférieur droits, une difficulté considérable de
prononciation (pour certaines lettres en particulier, les
g et les l, par exemple), et un amaigrissement rapide du
bras et de la main gauche. A cette époque, dit M. Charcot, on aurait été presque en droit d'affirmer l'existence de la sclérose latérale amyotrophique. Mais, peu à
peu, les symptômes de la maladie s'ajoutèrent les uns aux
autres et voici dans quel état se présente actuellement le
client de M. de Lorne.

Les deux bras sont paralysés ; la griffe est bien prononcée à chaque main, et les éminences thénar et hypothénar
ont disparu. Ces membres pendent inertes et flasques, en
apparence, de chaque côté du corps ; cependant, quand on
cherche à les fléchir, on éprouve une assez grande résistance, aussi bien, d'ailleurs, que pour les étendre après qu'ils
ont été fléchis Les jambes ne sont pas paralysées au même
degré, mais elles sont très faibles et le malade tombe à
chaque instant. Cette parésie est nettement spasmodique.
En effet, quand il marche, il ne fléchit pas les genoux, et
il dit lui-même « qu'il marche comme avec des jambes de
bois ». La progression est, aussi, rendue plus pénible par une

trépidation spinale spontanée, qui gêne ses mouvements à tout instant, et qui lui donne une attitude sautillante tout à fait bizarre. Enfin, les réflexes, et particulièrement les réflexes tendineux, sont considérablement exagérés dans tous les membres. Le signe du tendon rotulien, surtout, est beaucoup plus prononcé que dans les conditions normales, et il est suivi, la plupart du temps, d'une trépidation prolongée. Le *signe du pied* (trépidation provoquée par le redressement de la pointe du pied) existe aussi, à un très haut degré.

Quant à la paralysie labio-glosso-laryngée, elle n'est encore qu'à ses débuts, mais rien n'y manque : facies caractéristique de la double paralysie faciale, voix nasillarde, parole pâteuse, langage monotone, impossibilité de siffler, difficulté déjà inquiétante des deux premiers temps de la déglutition, etc.

Tels sont les deux cas, presque absolument identiques, sur lesquels s'appuie M. Charcot, comme base de la discussion qui va suivre. Il est d'abord incontestable que ces deux malades sont atteints de la même affection, à cette différence près que, chez le second, les progrès du mal sont plus rapides par le fait des accidents bulbaires relativement prématurés qui ont, à très courte échance, suivi les premiers symptômes de la paralysie atrophique des membres. Mais, à part cette légère différence, les deux observations offrent une similitude remarquable, et, pour ce qui a trait au pronostic, le résultat final sera indubitablement le même, c'est-à-dire la mort dans un bref délai.

Il s'agit donc d'une maladie bien spécialisée, autonome, et, dans les cas typiques comme les deux précédents, le diagnostic est absolument certain ; la constatation de la lésion se fera, chez l'un et l'autre sujet, conformément, à l'appellation anatomique de *sclérose latérale amyotrophique*, et il serait permis de dire d'avance que cette altération existe, en quelque sorte, comme si on l'avait faite. D'ailleurs, le diagnostic pendant la vie a été porté déjà dans des cas de ce genre, avec la plus grande précision, par nombre d'observateurs, MM. Rigal, Huchard, Seguin, Nixon, Pick et

Kahler. Ce n'est pas que, dans l'affection dont il s'agit, il existe des symptômes vraiment propres, pathognomoniques ; mais, il ne faut pas oublier, qu'un nombre relativement très restreint de phénomènes élémentaires peuvent, en se groupant de mille façons, constituer les formes si nombreuses et si variées des affections qu'on rencontre dans la clinique des centres nerveux. L'arrangement, l'enchaînement des symptômes, font seuls les différences ; et c'est ainsi que les vingt-quatre lettres de notre alphabet, diversement agencées, suffisent à toutes les productions si ingénieusement variées de notre littérature.

Toujours est-il que, dans l'espèce, cet arrangement, ce groupement de quelques symptômes qui, suivant la description de M. Charcot, constituent un des éléments principaux de la détermination de la maladie en question, ont permis aux cliniciens qui viennent d'être nommés, d'affirmer, pendant la maladie, un diagnostic que la nécroscopie est venue plus tard justifier de tous points.

Malgré la remarquable concordance des faits, déjà nombreux, qui ont pu être taxés de *sclérose latérale amyotrophique*, l'acceptation de cette variété nosographique ne s'est pas imposée à tous les médecins neuro-pathologistes, et, entre autres, à M. le professeur Leyden dont l'opinion sur ce sujet, formulée plusieurs fois dans diverses publications périodiques allemandes, vient d'être traduite, en France, dans un traité didactique des maladies de la moelle épinière. La compétence de M. Leyden, justifie les développements par lesquels M. Charcot a cru devoir réfuter les critiques du professeur de Berlin.

Les arguments fournis par M. Leyden à l'appui de la théorie qui confond, entre autres, dans un même groupe, la sclérose latérale amyotrophique et l'atrophie musculaire décrite par Duchenne et Aran, peuvent être résumés sous les quatre chefs qui suivent :

1° Dans la sclérose latérale amyotrophique, la paralysie serait *atonique ;* il n'existerait pas de symptômes spasmodiques ;

2° L'atrophie musculaire serait le symptôme dominant ; et il ne s'agirait pas d'une *paralysie* atrophique, en ce sens que le stade de paralysie initiale ferait dé.aut :

3° Il n'existerait qu'une seule forme de paralysie bulbaire : celle qu'a décrite Duchenne (de Boulogne ;

4° Enfin, les lésions de la sclérose latérale amyotrophique n'auraient rien de spécifique : l'altération de la substance blanche de la moelle, porterait aussi bien sur les faisceaux antérieurs que sur les faisceaux latéraux (pyramidaux).

Si les faits avancés par M. Leyden étaient conformes à la réalité, il est certain que l'autonomie de la sclérose latérale amyotrophique serait compromise.

Mais, pour réduire à néant les conditions indispensables de cette autonomie, il ne fallait à M. Leyden rien moins que nier la constance et même l'existence de l'ensemble des caractères essentiels sur lesquels reposent la description de M. Charcot.

Aussi, les signes cliniques et anatomiques qui donnent à la sclérose latérale amyotrophique une allure si particulière, sont-ils précisément ceux-là mêmes auxquels s'est adressé le professeur de Berlin, pour en récuser formellement la valeur. M. Charcot a profité de la présence des deux malades dont il vient d'être question, pour mettre une fois de plus en évidence l'exactitude des faits contestés par M. Leyden.

1. En ce qui concerne la nature spasmodique de la maladie, les deux exemples précédents sont aussi démonstratifs que possible ; la femme Den... en particulier, qui, à l'heure actuelle, semble frappée d'une paralysie atonique généralisée, a éprouvé *pendant un an et demi* une foule d'accidents spasmodiques permanents, tels que contractures partielles, contractures de la totalité d'une région musculaire, soubresauts, trépidation spinale , etc., etc ; et, même aujourd'hui, en dépit de l'atrophie extrême des membres supérieurs, on peut encore provoquer un réflexe tendineux exagéré des fléchisseurs des doigts, par la percussion de certains points de la région anti-brachiale antérieure.

Mais, la description de la sclérose latérale amyotrophique n'est pas de date si ancienne qu'on ne puisse en compter les cas. La statistique fournira donc la solution de la question en litige.

Or, en établissant le relevé des observations publiées jusqu'à ce jour, voici les résultats auxquels on arrive : sans compter les observations de M. Leyden lui-même, dont il sera question plus loin, onze cas sont relatés avec les détails très circonstanciés de la vérification nécroscopique ; c'est dire qu'il s'agit là de faits irrécusables. Dans tous ces cas, la contracture a été l'objet d'une mention spéciale. Pour sa part, M. Charcot a déjà fait cinq autopsies (1); et une fois seulement (cas de la femme Pic...) 2), la contracture ne figure pas au nombre des symptômes consignés dans l'observation ; mais l'exagération des réflexes tendineux y est signalée. et nous savons, aujourd'hui. que ce phénomène est en quelque sorte de la même espèce que la contracture elle-même. Quant aux six autres observations accompagnées d'autopsie, elles sont également affirmatives à l'égard de la contracture (Seguin. Worms, Hun, Kussmaul, Rigal, Pick et Kahler). Dans l'observation de M. Worms, en particulier, on voit spécifiée la *flexion forcée* des avant-bras, avec une trémulation convulsive des membres inférieurs. Quant aux faits de Rigal et de Pick et Kahler, ils étaient si nettement caractérisés que le diagnostic a pu être formulé de très bonne heure ; et. d'ailleurs, l'autopsie l'a pleinement justifié. Nous rapporterons ici le résumé de ces deux observations, car chacune d'elles est la reproduction fidèle du type décrit par M. Charcot.

OBSERVATION I. (Kahler et Pick) (3).

Catherine Mally, âgée de soixante-quatre ans. femme de ménage, commence à éprouver des secousses dans le bras gauche,

---

(1) Gombault. — *Etude sur la sclérose latérale amyotrophique*, observations I, II, III, IV.

(2, Cette observation sera publiée ultérieurement.

(3) *Beitrage zur Pathologie und pathologischen Anatomie der Centralnervensystems*, Leipzig, 1879.

puis dans le bras droit, au mois de *mai* 1877. Bientôt après, les deux bras s'affaiblissent, les avant-bras se rétractent, de manière à demeurer dans un état de demi-flexion légère ; mais la malade peut travailler encore.

En *septembre*, la faiblesse des bras s'accentue, et l'amaigrissement y est déjà sensible. La jambe gauche d'abord, puis la jambe droite, deviennent peu à peu impuissants : la malade est obligée de s'aliter. Elle remarque alors qu'elle prononce moins bien que par le passé.

En *octobre*, l'affection progresse rapidement. La femme Mal... prononce assez difficilement, pour que son mari ait de la peine à la comprendre.

En *octobre* 1878, elle entre à l'hôpital. L'état où elle se présentait alors est le suivant. Œdème des membres inférieurs. Pouls 90. Respiration 18. Ses bras sont ramenés sur l'épigastre ; les mains sont contracturées dans la flexion et pronation ; les phalanges sont fléchies. Ces membres sont très émaciés ; l'avant-bras est même complètement atrophié. Les jambes sont tendues, absolument paralysées, sans atrophie proprement dite. La rigidité est prononcée, surtout dans les muscles adducteurs de la cuisse. La tête est immobile. Les mouvements des yeux sont libres, mais le visage est inerte, surtout à droite. Le cou a conservé quelques mouvements de latéralité, mais toujours la tête s'abandonne, tantôt pour se renverser en arrière, tantôt pour retomber sur la poitrine. Généralement, elle incline un peu à droite. Au commencement du mois de janvier, se sont produits, pour la première fois, quelques troubles de la déglutition. La voix est nasillarde ; la parole est incompréhensible. La bouche, béante, laisse la salive s'écouler. La langue est molle, plissée, excavée de fossettes, animée de tremblements fibrillaires. Les réflexes sont exagérés partout (réflexes tendineux des membres supérieurs et des membres inférieurs ; trépidation spinale).

1er *février*. La déglutition devient impossible.

11 *février*. Les troubles respiratoires sont plus prononcés ; râles bronchiques.

14 *février*. Ralentissement de la respiration. — 15 *février*. Mort.

OBSERVATION II (Rigal) (1).

X..., âgé de trente-cinq ans, journalier, a été pris de faiblesse

---

(1) Cette observation sera commentée dans un mémoire que MM. Gombault et Debove doivent publier dans le prochain numéro des *Archives de Physiologie*.

et de raideurs dans le membre supérieur gauche, vers le mois de *janvier* 1876. Peu à peu, le membre supérieur droit fut frappé de la même manière, et, très rapidement, survint un amaigrissement notable des mains.

Au mois d'*avril*, c'est-à-dire quatre mois environ après le début de l'affection, les membres inférieurs s'affaiblirent et le malade y accusa des crampes et des soubresauts.

En *mai* 1876, il entre à l'Hôtel-Dieu, dans le service de M. Rigal. Voici, en résumé, l'état dans lequel il se trouve. Les bras sont appliqués au-devant de la poitrine ; les avant-bras sont demi-fléchis. Les doigts sont en griffe et on a dû placer un rouleau de bois dans la main, afin que les ongles ne s'y implantassent pas. Quand on veut modifier la résistance de cette contracture, on détermine une exagération de la flexion, avec quelques mouvements de trépidation. Cependant de faibles mouvements volontaires sont encore possibles.

Les membres inférieurs sont paralysés et contracturés, mais le malade peut encore marcher : — toutefois, la progression exagère toujours la raideur des jambes.

Le tronc, la face, le cou sont également raides. La tête est un peu inclinée en avant. L'orifice buccal est agrandi ; les commissures sont tirées en dehors. Impossibilité de siffler. La langue est libre, la déglutition n'est pas troublée. Les yeux sont grands ouverts et l'occlusion des paupières est pénible.

Au mois de *novembre* 1876, c'est-à-dire onze mois après le début de l'affection, la contracture a diminué dans les membres supérieurs ; mais les membres inférieurs sont dans un état spasmodique permanent. Le tronc et la tête sont encore raides. La parole et la déglutition s'embarrassent ; les différents symptômes de la paralysie bulbaire s'accentuent rapidement ; le malade succombe en *janvier* 1876, treize mois après les premiers symptômes de parésie.

Dans les deux observations qui précèdent, ainsi que dans toutes celles qui sont accompagnées de renseignements nécroscopiques, le diagnostic a été complètement confirmé. Mais, comme les cas de ce genre ne sont pas encore bien communs, il est assurément permis d'invoquer, à l'appui de la même thèse, les observations sans autopsie, où le tableau clinique est tellement ressemblant, que le diagnostic ne saurait hésiter un instant. Il en est ainsi, par exemple, des deux malades présentés par M. Charcot au début de sa leçon, et voici encore, en abrégé, deux faits bien conformes au type, spécialement en ce qui concerne les accidents spasmodiques de la première période. L'observation III est le résumé d'un cas récemment publié par M. Nixon (1); quant à l'observation IV, elle concerne une malade de la province qui a été perdue de vue par M. Charcot, mais dont l'affection a été assez avancée, déjà, pour que le doute fût impossible.

OBSERVATION III (Nixon).

Il s'agit d'un homme de 35 ans, charretier, qui, au mois de *février* 1878, fut pris d'une légère douleur dans le bras gauche, avec faiblesse et rigidité du même membre. Le mois suivant, le bras droit se prit à son tour, et le malade put, à partir de ce moment, constater l'amaigrissement de ses deux bras, qui étaient également animés de secousses musculaires fréquentes.

Au mois d'avril, survint la faiblesse des membres inférieurs. De temps en temps, la progression est gênée par la trépidation spinale. A mesure que la maladie s'accentue, les membres inférieurs deviennent raides comme des bâtons, « they got like stiks », et le malade cherche à les fléchir avec ses mains.

Dans le temps où les membres se raidissent, la physionomie se transforme ; la déglutition devient difficile. le malade remarque qu'il ne peut plus cracher... et, ainsi de suite. L'affection évolue, et voici, en quelques mois, sa situation au neuvième mois La lèvre inférieure est pendante ; l'expuition est impossible. La langue se meut encore, mais elle est petite, tremblottante, froncée, atrophiée. L'articulation des mots est excessivement embarrassée. — Les membres supérieurs sont profondément atrophiés, surtout au niveau des éminences thénar et hypothénar, mais il n'y a plus de rigidité constatable. Pour ce qui est des membres inférieurs, ils ne sont nullement atrophiés et le malade peut marcher encore, mais il a la démarche spasmodique et éprouve de la trépidation spinale.

---

(1) *Dublin Journal of med. science*, 1879.

OBSERVATION IV (Charcot).

Mme Mont..., âgée de cinquante-quatre ans, sans profession, à Cambrai, a ressenti, pour la première fo s, de la raideur et de la pesanteur dans la main droite au mois de novembre 1877. Au mois de mai 1878, c'est-à-dire après un inte: valle de six mois, le bras gauche se prit de la même manière, et la faiblesse de la main droite s'accusa de plus en plus. En septembre, commencèrent quelques engourdissements dans la jambe gauche, bientôt suivis d'une grande faiblesse. Le mois suivant, la jambe droite fut envahie à son tour. En même temps, l'articulation des mots devint pâteuse, la parole prit un caractère étrange, scandé, la voix commença à être nasillarde. En *janvier* 1879, les symptômes paralytiques s'exagèrent ; mais la malade a pourtant de la trépidation spinale, surtout en marchant. Elle vient consulter M. Charcot, à la Salpêtrière, en avril 1879. Facies caractéristique ; rides transversales du front, contracture de la partie inférieure de la face, soulèvement des commissures. Paralysie légère des muscles labiaux (la malade dit qu'elle bave continuellement pendant la nuit ; dans la journée même, elle est souvent obligée de s'essuyer la commissure droite). — Elle regarde de côté, ne tourne pas la tête à cause de la raideur de son cou. — La parole est monotone, on dirait que la malade récite tout ce qu'elle dit. Par moments, elle a des accès d'oppression. — Les mains pendent maigres, recroquevillées, impotentes ; la face palmaire est dirigée en avant. — La marche est pénible ; les genoux sont serrés, et la trépidation est une cause de gêne incessante. Faux-pas à chaque instant. Exagération des réflexes tendineux. Après la percussion du tendon rotulien, la jambe devient raide, et il faut attendre quelque temps avant qu'on parvienne à la fléchir aisément. — Diagnostic : Sclérose latérale amyotrophique au onzième mois. Cette malade a été perdue de vue.

Il est incontestable que les deux cas, dont l'histoire abrégée vient d'être rapportée, sont, à part la durée de l'évolution clinique, de tous points semblables à l'observation de la malade présentée par M. Charcot. On peut même dire qu'arrivée à une période aussi avancée la maladie ne porte aucune difficulté de diagnostic. Mais l'intérêt essentiel de ces deux faits, au point de vue où se place M. Charcot, consiste dans la multiplicité et la généralisation des symptômes spasmodiques qui s'imposaient à l'observation la plus superficielle. Ils n'étaient, d'ailleurs, prononcés à ce point, que parce que l'atrophie musculaire n'avait pas marché vite. Quoi qu'il en soit les malades des observations III et IV sont à coup sûr affectés de sclérose latérale amyotrophique, au même titre que les deux malades dont il a été question tout d'abord ; et, bien que l'autopsie n'ait pas été faite encore, on est aussi certain de l'existence de la lésion que si on l'avait actuellement sous les yeux. Or, comme ces quatre cas sont péremptoires au sujet des manifestations spasmodiques (contractures, etc.), il ne subsiste sur un total de 15 observations classiques, qu'un seul cas où il n'ait pas été fait mention de la contracture en propres termes, bien que l'exagération des réflexes tendineux ait été signalée ; aussi, ce cas unique lui-même n'est-il pas tout à fait en défaut. La conclusion tirée de la statistique est donc loin d'infirmer le caractère spasmodique de l'affection.

Mais il existe, dit-on, des cas contradictoires ? On a cité des faits dans lesquels la contracture n'a pas été observée ? — Si l'on fait appel encore à la statistique, voici, en quelques mots, à quels résultats on arrive :

1º Les cas prétendus contradictoires ne dépassent pas le chiffre de cinq, ou tout au plus de six : et cela est déjà une infériorité par rapport aux observations de cas positifs qui sont au nombre de quinze ;

2º Dans l'un de ces cas contradictoires (Shaw, de Brooklyn), la contracture, prétend-on, n'a pas été observée. Mais a-t-elle existé à un moment donné pour disparaître par la suite ? Et les réflexes tendineux ont-ils étudiés ? Il n'en est pas question.

3º Dans un autre des cas du même groupe (Pick), s'il n'y avait pas de contracture, la malade était sujette à des secousses involontaires. Or, les secousses involontaires, comme l'exagération des réflexes tendineux sont des phénomènes analogues ou de la même origine, et qui confinent à la con-

tracture. Quant aux réflexes, il n'en est pas plus question
dans cette observation que dans la précédente.

4° Il ne reste donc, en fait de cas contradictoires, que les
quatre ou cinq cas de M. Leyden lui-même. Or, pour ce qui
est des réflexes tendineux, M. Leyden ne croit pas que,
dans aucune de ses observations, l'absence des réflexes n'ait
pas été signalée. A cet égard, cependant, l'observation II de
son mémoire fait exception, car il y est dit : « Les réflexes
tendineux du genou sont nettement conservés (1). » Quant
à la contracture, elle n'existerait jamais ; tout au plus
pourrait-on admettre un certain état de rigidité déterminé
par la *position habituelle des membres*, et cette rigidité
serait sensible au genou, à l'épaule, au coude.

Outre que la rigidité articulaire pure et simple, dans le
cas d'une paralysie flaccide, semble une chose bien invraisemblable, n'est-il pas vraiment plus naturel d'envisager
cette rigidité comme un faible degré de contracture, comme
cet état caractéristique du muscle malade et cependant
actif, et qui, en un mot, suffit à maintenir entre les surfaces
articulaires une adhérence assez grande, pour faire naître
la sensation de résistance particulière à la *flexibilitas
cerea ?* D'ailleurs, M. Leyden ne s'en est pas tenu là. Il a
énuméré d'autres signes de contracture, comme la flexion
des doigts avec impossibité de les étendre, et tremblement
provoqué (2). Il s'agit là d'un phénomène vulgaire dans
l'état de contracture permanente, et relevé depuis longtemps
dans la contracture des hémiplégiques. Dans le même
genre, M. Leyden signale la trépidation à l'occasion des
mouvements de progression, cette trépidation sur laquelle
M. Charcot a tant insisté comme étant une cause de gêne
considérable dans la marche. Or, chez un des malades de
M. Leyden, non seulement la marche était rendue difficile,
mais elle était pour ce motif même devenue impossible :

---

(1) *Sehnenreflexe am Knie sind deutlich vorhanden. Arch. f. Pysch.* 1878,
VIII, Bd ; 3. Heft : P 675.

(2) *Die Finger konnen ni ht gestreckt werden, und beim Versuch der
Bewegung. tritt ein eigenthümliches leichthes Zittern ein.* ' *Loc. cit.*

« Le *patient* peut à peine se tenir debout, et il est obligé de se rasseoir immédiatement, parce que ses jambes commencent à trembler (1). »

Tels sont les cas dont M. Leyden s'est servi pour tenter de démontrer que la sclérose latérale amyotrophique n'affectait pas l'allure d'une maladie spasmodique. La conclusion qu'on pouvait tirer déjà des observations précédentes s'impose dès lors avec plus de rigueur. Mais les cas de M. Leyden n'en sont pas pour cela moins précieux ; ils doivent même être consultés avec fruit. comme des exemples cliniques de paralysie spasmodique. où l'ensemble des symptômes propres à la contracture peut être modifié, à un moment donné, par l'apparition de l'atrophie musculaire. L'intervention plus ou moins précoce de cet élément séméiologique nouveau, jette une cer aine perturbation dans le consensus des phénomènes qui constituent, par leur groupement, l'état de contracture. Mais, si l'un de ces phénomènes disparaît, un autre, tout à fait connexe, en quelque sorte homologue, pourra parfois subsister longtemps encore : c'est pour cela que les caractères de la contracture, qui assurément, sont très variés, demandaient à être recherchés minutieusement sous toutes leurs formes ; et, si, dans les observations de Pick et de Kahler, invoquées par M. Leyden, la contracture proprement dite n'a pas été observée, on eût été amené à découvrir le caractère spasmodique de l'affection, en analysant avec soin les caractères des réflexes tendineux dont il n'est fait aucune mention.

II. — La seconde objection de M. Leyden peut être résumée de la façon suivante : dans la sclérose latérale amyotrophique, décrite par M. Charcot, il ne s'agit que d'une atrophie musculaire *primaire* progressive ; l'atrophie musculaire est le symptôme dominant ; et ce n'est pas. à proprement parler, une *paralysie atrophique,* en ce sens qu'il n'y a pas un stade antérieur de paralysie simple.

C'est là une assertion que M. Charcot relève et réfute

______

(1) *Loc. cit.*

par les observations de M. Leyden lui-même. En effet, à ne
considérer que les membres inférieurs, où l'atrophie est
tardive et par conséquent exceptionnelle (la mort, en
général, survenant auparavant), il est incontestable que,
de prime-abord, ces membres paraissent frappés d'une paralysie tout simple. Tel est le cas du malade cité dans l'observation I du professeur de Berlin (1). « Aux membres
inférieurs, les masses musculaires ne sont pas précisément
atrophiées, mais flasques, et leur énergie est extraordinai-
rement diminuée. » Il en est absolument de même dans l'observation II du même travail : « Les extrémités inférieures
sont sensiblement affaiblies, sans atrophie remarquable » ;
— et, un peu plus loin : « les jambes ne sont pas atrophiées
d'une façon frappante, mais les muscles sont flasques,
et leur force très notablement amoindrie ; le malade peut
à peine se tenir debout (2)». M. Westphal a fait une remarque absolument identique ; il signale l'impuissance motrice
très prononcée des membres inférieurs, avec conservation
des réflexes tendineux : « Les membres inférieurs, dit-il,
sont flasques ; le malade ne peut marcher debout sans être
aidé (3). » Donc, pour ce qui concerne les membres inférieurs, aucun doute n'est possible : l'atrophie est précédée
d'une période plus ou moins longue de paralysie. Mais, aux
membres supérieurs même, quand l'atrophie ne survient
pas trop brusquement, cette paralysie peut se montrer
comme un symptôme isolé de la maladie qui commence,
et, sous ce rapport, les observations II, III et IV sont très
concluantes.

III. — Quant à l'identité de nature de la paralysie labio-
glosso-laryngée de Duchenne, avec les accidents bulbaires
de la sclérose latérale amyotrophique, l'insinuation de
M. Leyden est démentie par des faits récents qu'il suffit

---

(1) *Loc. cit.*, p. 670.
(2) *Loc. cit.*, p. 675.
(3) Tome III, p. 338.

d'énumérer. Sans compter les observations, déjà publiées, de MM. Charcot, Joffroy et Duchenne, Eisenlohr, etc., M. Charcot signale les cas de MM. Sabourin et Pitres, Déjérine, Duval et Raymond, comme étant de ceux en présence desquels il n'est plus permis de confondre les deux maladies dans une seule même description, par le côté anatomique tout au moins.

IV. — Enfin, la dernière objection de M. Leyden est la suivante : anatomiquement, la lésion n'a rien de spécifique ; elle ne porte pas exclusivement sur les faisceaux latéraux (pyramidaux) ; les faisceaux antérieurs sont pris, et il faudrait que la lésion pût être suivie au-dessus du pont de Varole, pour qu'on fût en droit de conclure à la nature systématique de l'affection.

Pour ce qui est de la coexistence d'une altération du cordon antérieur, M. Charcot fait remarquer tout d'abord que si on l'observe, c'est en quelque sorte fortuitement, qu'il est des cas, ainsi que l'a reconnu M. Flechsig, où elle fait défaut. En second lieu, cette altération est toujours d'une infime importance, relativement à la sclérose du cordon latéral (pyramidal) ; il suffit, pour s'en convaincre, de jeter les yeux sur les figures très exactes, d'ailleurs, que M. Leyden a jointes à son mémoire (1). On peut ainsi s'assurer que la coloration morbide du cordon antérieur est très pâle, très diffuse, tandis que le cordon latéral est vivement teint par le carmin. Cela veut dire simplement que la dégénération, primitivement localisée au faisceau pyramidal, a déterminé dans son voisinage, par contiguïté et non par continuité, une réaction inflammatoire relativement légère. D'ailleurs, cette propagation de l'altération systématique aux parties voisines, n'a pas même échappé aux anatomo-pathologistes français, qui ont adopté sans réserves l'opinion de M. Charcot.

Dans un travail cité précédemment, MM. Debove et Gombault l'ont signalée et décrite, mais sans lui attribuer

---

(1) *Loc. cit.* Taf. XII, fig. 2, A. T.
(2) Debove et Gombault. *Loc. cit.*, p. 762.

plus d'importance qu'elle n'en mérite : « Les racines intra-
spinales ne sont pas saines, et il est probable que leur
lésion a amené, à la partie antérieure des cornes de substance grise, cette altération légère du cordon antérieur,
désignée dans l'observation, sous le nom de *zone de rayonnement*. »

Si, d'autre part, on considère, non plus dans la moelle
épinière, mais dans le bulbe, la grande distance qui sépare
les pyramides antérieures des noyaux moteurs, on est bien
obligé d'admettre que la sclérose du faisceau pyramidal a
des rapports très étroits avec l'altération dégénérative de
la substance grise.

Enfin, le desideratum qui manquait encore à la description anatomique de la sclérose amyotrophique, à savoir la
prolongation pédonculo-cérébrale de la sclérose latérale,
vient d'être rempli par MM. Pick et Kahler, dans l'observation dont la partie clinique a été résumée plus haut :
« Dans la partie externe du tiers moyen de l'étage inférieur
des pédoncules cérébraux, ces auteurs ont trouvé de nombreux corps granuleux. Ces points ont été reconnus sclé-
rosés sur des coupes pratiquées, après durcissement dans
l'acide chromique. Les sillons compris entre les circonvolutions frontales et occipitales étaient grêles et durs, et les sillons précentral et central très larges et très profonds.» Des
corps granuleux existaient aussi dans le pied du pédoncule, chez une femme autopsiée par M. Charcot (Pick).

On le voit, tout concourt à confirmer l'autonomie clinique
et anatomo-pathologique de la sclérose latérale amyotrophique ; et, à mesure que le nombre des faits grossira,
l'unité nosographique de cette affection ressortira avec plus
d'évidence (1). Il en sera donc de la sclérose latérale amyo-

---

(1) Quelques faits nouveaux, depuis que ces lignes ont été rédigées,
sont venus augmenter la série des cas authentiques de sclérose latérale
amyotrophique ; et, si nous ne craignions les répétitions, nous les résume-
rions ici comme nous avons fait pour les observations de Nixon, Rigal,
Pick et Kahler. Voy. entre autres, l'observation très complète d'Adam-
kiewicz an. in *Progrès médical*, 1880. (Separatabdruck' aus den Charité
Annalen. V. Jährgg.)

trophique, comme il en a été de la sclérose en plaques ou de l'ataxie locomotrice. Voilà, certainement, deux maladies spinales dont l'autonomie n'est contestée par personne : et, cependant, les formes anormales, les formes frustes diffèrent singulièrement du type décrit par Duchenne. Bien plus, on pourrait dire que ce sont ces formes mêmes qui, une fois ramenées à l'interprétation véritable, ont le plus contribué à la conception synthétique de l'ataxie et de la sclérose multiloculaire. Mais, cette synthèse ne serait peut-être pas réalisée encore pour l'ataxie locomotrice elle-même, si Duchenne n'avait eu le mérite de préciser les caractères d'un type, d'un étalon, auquel pussent être comparées les nombreuses variétés de l'espèce. L'histoire de la sclérose latérale amyotrophique, à l'heure actuelle, en est donc au même point que l'ataxie locomotrice progressive à l'époque de Duchenne (de Boulogne). Il fallait d'abord en réaliser le type fondamental ; tel a été l'objet que s'est proposé M. Charcot dans ses travaux antérieurs, et dans les confé-rences que nous venons d'analyser.

TABLE DES MATIÈRES

PREMIÈRE PARTIE

Localisations cérébrales.

PREMIÈRE LEÇON.

DE LA LOCALISATION DANS LES MALADIES CÉRÉBRALES.

SOMMAIRE. — Préambule. — Aridité apparente de l'étude des localisations cérébrales. — Principes de ces localisations.

De l'encéphale au point de vue morphologique. — Nécessité d'une nomenclature exacte. — Topographie des circonvolutions.

Importance de l'anatomie comparée. — Circonvolutions du cerveau du singe : lobes frontal, pariétal et sphénoïdal. — Centres psycho-moteurs. — Différences dans la composition de l'écorce grise des diverses régions de l'encéphale. 1

DEUXIÈME LEÇON.

STRUCTURE DE L'ÉCORCE GRISE DU CERVEAU.

SOMMAIRE. — Caractères généraux de la structure de l'écorce grise du cerveau.

1° Cellules ganglionnaires ou nerveuses ; — cellules pyramidales.

Notions sur les cellules nerveuses des cornes antérieures de la substance grise de la moelle épinière (cellules motrices). — Dimensions, forme, corps, noyau, nucléole, protoplasma, fibrilles et granulations ; — réseau nerveux ; — prolongements du protoplasma ; prolongement nerveux.

Comparaison des cellules nerveuses motrices de la moelle avec les cellules pyramidales.

Cellules pyramidales : dimensions ; — cellules de la petite espèce ; — cellules de la grosse espèce ou cellules géantes. — Constitution de ces cellules : configuration, corps, noyau, nucléole ; — prolongements cellulaires ; — prolongement pyramidal ; — prolongements rappelant ceux du protoplasma ; — prolongement basal.

2° et 3° Éléments cellulaires globuleux — cellules allongées.

4° et 5° Tubes médullaires ; — névroglie.

Rapports de ces éléments entre eux ; — type à cinq couches.

Importance de l'examen de la structure de la substance grise corticale par circonvolution. — Division au point de vue de la structure de l'écorce grise en deux régions. Travaux de Betz.................... 17

TROISIÈME LEÇON.

CONSIDÉRATIONS SUR LA STRUCTURE NORMALE DE L'ÉCORCE GRISE DES CIRCONVOLUTIONS (*suite*).

SOMMAIRE. — Description d'une coupe de l'écorce grise du cervelet. — Type de stratification en cinq couches des éléments cellulaires nerveux. — Régions où existe ce type de stratification. — Département des cellules pyramidales ou cellules gigantesques. — Relation entre ces cellules et les centres psycho-moteurs.

Description de la face interne des hémisphères cérébraux. — Lobule paracentral. — Circonvolutions ascendantes. — Faits cliniques et expérimentaux relatifs au développement des cellules pyramidales géantes.

Structure de l'écorce grise des régions postérieures de l'encéphale.................... 31

QUATRIÈME LEÇON.

PARALLÈLE ENTRE LES LÉSIONS SPINALES ET LES LÉSIONS CÉRÉBRALES.

SOMMAIRE. — Conditions indispensables pour l'étude des localisations cérébrales dans les maladies chez l'homme. — Nécessité d'une bonne observation clinique et d'une autopsie régulière.

Histoire naturelle des lésions encéphaliques.

Parallèle entre les grands compartiments de l'axe cérébro-spinal : — Systématisation des lésions de la moelle épinière. — Localisations spinales. — Le cerveau est placé sous un autre régime pathologique que les autres parties du névraxe ; rareté des localisations. Différence des lésions. — Fréquence des lésions vasculaires dans les maladies du cerveau. — Nécessité de l'étude de la distribution des vaisseaux. — Aperçu extérieur des artères cérébrales 42

CINQUIÈME ET SIXIÈME LEÇONS.

CIRCULATION ARTÉRIELLE DU CERVEAU.

SOMMAIRE. — Travaux de M. Duret et de M. Heubner. — Artères principales du cerveau. — Système des artères corticales ; — vaisseaux nourriciers. — Système des artères centrales ou des ganglions centraux.

Artère sylvienne ; ses branches ; artères des noyaux gris centraux ; — branches corticales, ramifications et arborisations ; — artères nourricières de la pulpe encéphalique : elles sont longues (artères médullaires) ou courtes (artères corticales).

Effets de l'oblitération de ces diverses artères. — Ramollissements superficiels, plaques jaunes. — Communication entre les territoires vasculaires : opinion de Heubner ; opinion de Duret. — Artères terminales (Cohnheim).

Autonomie relative des territoires vasculaires du cerveau. — Localisation des lésions de l'écorce.

Branches de la sylvienne : frontale externe et inférieure ; — artère de la circonvolution frontale ascendante ; — artère de la circonvolution pariétale ascendante ; — artère du pli courbe ; — artères cérébrale antérieure et cérébrale postérieure : leurs branches 53

SEPTIÈME LEÇON.

CIRCULATION DES MASSES CENTRALES (NOYAUX GRIS ET CAPSULE INTERNE).

SOMMAIRE. — Circulation artérielle des noyaux gris centraux — Hémorrhagie intra-encéphalique. — Différence anatomo-pathologique entre les parties périphériques et les parties centrales du cerveau. — Rareté relative de l'hémorrhagie cérébrale dans les parties périphériques ; sa fréquence dans les parties centrales.

Origine des artères du système central. — Artères terminales : leurs caractères. — Indépendance des systèmes artériels cortical et central. — Analogies entre les artères de la protubérance, du bulbe et des ganglions centraux. — Leur mode d'origine explique la prédominance dans ces parties des ruptures artérielles. — Les branches qui composent ce système naissent des cérébrales antérieure et postérieure de la sylvienne.

Disposition des noyaux gris : leur forme et leurs rapports. — Considérations sur la capsule interne : ses parties constituantes (faisceaux pédonculaires directs ; faisceaux pédonculaires indirects ; faisceaux rayonnants) 75

HUITIÈME ET NEUVIÈME LEÇONS.

ARTÈRES CENTRALES. — LÉSIONS ISOLÉES DES NOYAUX GRIS.

SOMMAIRE. — Origine du système artériel des masses ganglionnaires centrales. — Participation, dans des proportions variables, des grandes artères du cerveau, à la constitution de ce système. — Description des artères striées : artères striées internes, — artères striées externes (lenticulo-striées ; — lenticulo-optiques). — Artères terminales.

Conséquences de l'oblitération des artères centrales émanant de la sylvienne. — Ramollissement des corps opto-striés. — Hémorrhagies intra-encéphaliques. — Diagnostic régional.

Lésions isolées des noyaux gris. sans participation de la capsule interne. — Hémiplégies cérébrales *centrales* et *corticales* — Lésions de la capsule interne. — Variété des symptômes suivant le siège qu'occupe la lésion dans la capsule interne.

Nouvelles considérations anatomiques : Fibres pédonculaires directes se rendant à la substance corticale du lobe occipital ; — leur rôle relativement à la sensibilité. — Preuves fournies : 1° par les lésions de la région postérieure lenticulo-optique de la capsule interne (hémianesthésie cérébrale) ; — 2° par l'expérimentation 89

DIXIÈME LEÇON.

DE L'HÉMIANESTHÉSIE CÉRÉBRALE — DE L'AMBLYOPIE CROISÉE. — DE L'HÉMIOPIE LATÉRALE.

SOMMAIRE. — Résumé des caractères de l'hémianesthésie cérébrale. — Ses ressemblances avec l'hémianesthésie des hystériques. — L'anesthésie intéresse la sensibilité générale dans ses divers modes et les sens spéciaux.

De l'amblyopie hystérique. — Examen ophthalmoscopique. — Exploration fonctionnelle : Diminution de l'acuité visuelle ; — Rétrécissement concentrique et général du champ visuel, etc.

De l'amblyopie croisée avec hémianesthésie de cause cérébrale : Mêmes symptômes.

Les lésions des hémisphères cérébraux qui produisent l'hémianesthésie déterminent également l'amblyopie croisée et non l'hémiopie latérale.

De l'hémiopie. — Hypothèse de la semi-décussation. — Hémiopie homologue unilatérale. — Variétés de l'hémiopie. 114

ONZIÈME LEÇON.

ORIGINE DES PARTIES CÉRÉBRALES DES NERFS OPTIQUES.

SOMMAIRE. — Rapports entre l'amblyopie croisée et l'hémianesthésie sensitive résultant d'une lésion de la capsule interne.

Origine cérébrale des nerfs optiques.

Couronne rayonnante de Reil. — Faisceaux rayonnants cortico-optiques : Fibres antérieures (racine antérieure de la couche optique); — Fibres moyennes (expansions latérales); — Fibres postérieures (expansions cérébrales des nerfs optiques). — Rapports anatomiques entre les expansions cérébrales des nerfs optiques et les fibres centripètes de la couronne rayonnante (hémianesthésie sensitive).

Bandelettes optiques. — Origine de la racine externe (couche optique, corps genouillés externes, tubercules quadrijumeaux antérieurs). — Origines de la racine interne (corps genouillés internes, tubercules quadrijumeaux postérieurs).

Connexion entre les amas de substance grise et l'écorce grise de l'encéphale : faisceaux rayonnants cortico-optiques.
Effets des lésions des tubercules quadrijumeaux antérieurs.
Faits d'hémiopie latérale supposée d'origine intra-cérébrale...... 128

DOUZIÈME LEÇON.

Des dégénérations secondaires.

Sommaire. — Région antérieure ou lenticulo-striée des masses centrales (capsule interne dans ses deux tiers antérieurs, noyau caudé et noyau lenticulaire). — Influence des lésions de ces régions sur la production de l'hémiplégie motrice. — Faits expérimentaux. — Concordance entre eux et les faits de la pathologie humaine. — Différence entre les lésions du noyau caudé et celles de la partie antérieure de la capsule interne.

Des dégénérations secondaires ou scléroses descendantes. — Lésions qui les produisent ; — importance du siège et de l'étendue de ces lésions.

Caractères des scléroses descendantes : étendue ; — aspects de la lésion sur le pédoncule cérébral, la protubérance, la pyramide antérieure et le faisceau latéral de la moelle.

Analogies et différences entre les scléroses latérales consécutives de cause cérébrale et les scléroses fasciculées primitives des faisceaux latéraux. — Symptômes liés aux scléroses secondaires : impuissance motrice, contracture permanente. — Atrophie musculaire produite par l'extension de la sclérose latérale aux cornes de substance grise.

Sclérose descendante consécutive à une lésion du système cortical. — Démonstration des fibres pédonculaires directes : faits anatomo-pathologiques. — Le siège des lésions corticales qui produisent des dégénérations secondaires répond au siège des centres dits psycho-moteurs.. 145

DEUXIÈME PARTIE

Localisations spinales.

PREMIÈRE LEÇON.

INTRODUCTION. — TOPOGRAPHIE DE LA MOELLE ÉPINIÈRE. — AFFECTIONS SYSTÉMATIQUES.

SOMMAIRE. — Introduction. — Progrès de l'anatomie pathologique du système nerveux. — Beaucoup de maladies nerveuses sont cependant inaccessibles à l'anatomie pathologique.

Historique rapide de l'ataxie locomotrice et de la sclérose en plaques longtemps considérées comme des névroses. — L'étude des lésions, avec le concours de l'expérimentation, peut fournir les bases d'une interprétation physiologique des phénomènes morbides.

Constitution de la moelle épinière. — Lésions systématiques ; — Faisceau pyramidal (faisceau direct et faisceau croisé). — Faisceaux de Goll et de Burdach. — Cette décomposition des diverses parties de la moelle s'annonce dès la période de développement de l'organe. — Recherches de Pierret de Flechsig.

Affections élémentaires. — Localisations bulbaires et médullaires.   171

DEUXIÈME LEÇON.

DU FAISCEAU PYRAMIDAL. — DÉVELOPPEMENT DE CE FAISCEAU.

SOMMAIRE. — Affections systématiques de la moelle épinière. — Elles répondent à une topographie anatomique normale, mise en relief par l'anatomie pathologique, la clinique et l'anatomie du développement.

Recherches de Parrot, de Schlossberger, de Weisbach. — Chez l'enfant nouveau-né, le cerveau n'est pas complètement achevé. — Prédominance des actes réflexes — Observations de Soltmann et Tarchanoff sur les cerveaux des animaux nouveau-nés doués de mouvements volontaires. — Chez l'homme, à la naissance, le cerveau est un organe à peu près indifférent.

Faisceaux pyramidaux croisés. — Faisceaux pyramidaux directs (cordons de Türck). — Leur trajet dans les diverses régions de la moelle

épinière. — Leur trajet dans le bulbe. — Entrecroisement des pyramides. — Différents types de décussation. — Importance de la connaissance de ces types au point de vue de l'interprétation des faits patholo-
giques 185

TROISIÈME LEÇON.

DU FAISCEAU PYRAMIDAL DANS LES PÉDONCULES CÉRÉBRAUX, LA CAPSULE
INTERNE ET LE CENTRE OVALE.

SOMMAIRE. — Trajet du faisceau pyramidal au dessus de la région bulbaire. — Trajet de la protubérance. — Trajet pédonculaire. — Étendue du faisceau pyramidal dans l'étage inférieur ; opinion de M. Flechsig. — Développement relativement précoce du faisceau pyramidal dans
le pédoncule.
    Division de la capsule interne en trois régions sur les coupes horizon-
tales. — Segment antérieur, segment postérieur, genou de la capsule.—
Localisation du faisceau pyramidal dans le segment postérieur de la
capsule interne.
    Du faisceau pyramidal dans le centre ovale. — Observations chromo-
logiques de Parrot. — Formation de l'anse rolandique. — De toutes les
régions du manteau de l'hémisphère, ce sont les régions dites motrices
qui se développent les premières 197

QUATRIÈME LEÇON.

DÉGÉNÉRATIONS SECONDAIRES. — DÉGÉNÉRATION DU FAISCEAU PYRAMIDAL
DANS LE PÉDONCULE, LA PROTUBÉRANCE, LE BULBE, LA MOELLE ÉPINIÈRE.
— DÉGÉNÉRATION EXCEPTIONNELLE DU FAISCEAU INTERNE DU PÉDONCULE.
— DIVISION DE L'ÉTAGE INFÉRIEUR DU PÉDONCULE EN TROIS RÉGIONS.

SOMMAIRE. — Introduction à l'étude des dégénérations secondaires. — Dégénérations de cause cérébrale ; elles sont descendantes. — Dégénérations de cause spinale ; elles sont tantôt descendantes, tantôt ascendantes. — Dégénérations de cause périphérique.
    Conditions de la dégénération descendante de cause cérébrale. —
Une question de localisations domine la situation. — La nature de la
lésion importe peu, pourvu que cette lésion soit destructive. — Lésion
consécutive du pédoncule ; elle divise l'étage inférieur en trois régions.
— Dégénération dans la protubérance, dans le bulbe, dans la moelle épinière.
    Localisation de la lésion dégénérative dans la région opto-striée. —
Études de M. Flechsig. — Le vaisseau pyramidal proprement dit n'est
pas seul capable de dégénération descendante. — Dans la capsule interne il occupe au moins les deux tiers antérieurs du segment postérieur.
— Le faisceau postérieur (fibres sensitives de Meynert) ne dégénère ja-
mais 210

CINQUIÈME LEÇON.

DÉGÉNÉRATIONS SECONDAIRES (*suite*).— DÉLIMITATION DU FAISCEAU
PYRAMIDAL DANS LE MANTEAU DE L'HÉMISPHÈRE.

SOMMAIRE. — Dans l'étude des dégénérations secondaires de cause céré-
brale, le siège du foyer cérébral est le point capital. — Importance de la
connaissance des plis du cerveau. — Circonvolutions motrices. — Vicq
d'Azyr (1785), Rolando (1829), Leuret (1839).
Étude histologique des circonvolutions. — Cellules géantes de Betz et
Mierzejewsky. — Description antérieure de Luys.
Analyse histologique et anatomie comparée des circonvolutions. — Hitzig, Ferrier, Betz, Beven Lewees.
Vue schématique du faisceau pyramidal dans l'hémisphère cérébral. —
Région rolandique du manteau. — Lésions en foyer de cette région ; elles
donnent lieu à des dégénérations secondaires, tant à la suite de l'altération des fibres du centre ovale qu'à l'occasion des destructions corti-
cales 225

SIXIÈME LEÇON.

DÉGÉNÉRATIONS SECONDAIRES DE CAUSE CÉRÉBRALE (*fin*). —
AMYOTROPHIES CONSÉCUTIVES.

SOMMAIRE. — Les lésions dégénératives du faisceau pyramidal permettent
d'établir nettement les rapports anatomiques de ce faisceau. — La terminaison des fibres de ce faisceau dans la moelle épinière donne matière
à plusieurs hypothèses. — L'aboutissant de la fibre pyramidale est la
cellule antérieure. — Généralement cette cellule arrête le travail de dégénération descendante. — Quelquefois elle est envahie elle-même. —
Troubles trophiques qui sont la conséquence de la dégénération propagée aux cornes antérieures.
Il existe donc autre chose que des rapports de contiguité entre le faisceau pyramidal et la substance grise de la moelle épinière. — Atrophie
musculaire des hémiplégiques. — Observations de Charcot, Vulpian,
Hallopeau, Leyden, Pitres, Brissaud.
La propagation se fait-elle par le tissu conjonctif ou par les fibres ner-
veuses elles-mêmes ? 233

SEPTIÈME LEÇON.

DÉGÉNÉRATIONS SECONDAIRES DE CAUSE SPINALE. — DÉGÉNÉRATIONS
ASCENDANTES DU FAISCEAU CÉRÉBELLEUX ET DESCENDANTES DU FAISCEAU
PYRAMIDAL.

SOMMAIRE. — Dégénérations secondaires de cause spinale. — Leur fréquence. — Le cas vulgaire par excellence est celui de la compression

de la moelle dans le mal de Pott. — Pachyméningite caséo-tuberculeuse. — Lésion transverse totale. — Il faut que cette lésion soit destructive pour qu'il s'en suive une dégénération.

Division des dégénérations consécutives à la lésion transverse totale.— Dégénérations descendantes. — Dégénérations ascendantes. — Celles-ci portent sur les faisceaux latéraux et sur les faisceaux postérieurs. — Faisceaux *cérébelleux* de Flechsig.

Dégénérations dans le cas de lésion transverse partielle. — Elles n'ont lieu que quand la lésion destructive porte sur les faisceaux blancs. — Cas de l'hémiparaplégie spinale avec anesthésie croisée.

Lésion unilatérale de la moelle épinière déterminant, à la longue, une altération dégénérative des deux cordons latéraux. — Ce fait constitue une exception des plus rares. — Observations de Müller. — Déductions anatomiques qu'il est permis de tirer de cette observation. — Double entrecroisement de certaines fibres du faisceau pyramidal   213

HUITIÈME LEÇON.

DÉGÉNÉRATIONS ASCENDANTES DE CAUSE SPINALE. — FAISCEAUX DE GOLL
ET FAISCEAU DE BURDACH. — DÉGÉNÉRATIONS SPINALES DE CAUSE PÉRI-
PHÉRIQUE.

SOMMAIRE.—Dégénérations secondaires des cordons postérieurs.— Ces cordons sont décomposables, chacun en deux systèmes anatomiques distincts. — L'autonomie de ces deux systèmes repose sur des considérations relatives au développement, à l'anatomie de structure et à l'anatomie pathologique.

Développement des cordons postérieurs. — Travaux de Pierret, de Kölliker. — Apparition indépendante des faisceaux de Goll et du faisceau de Burdach. — Division ultérieure des deux appareils par les *sillons postérieurs intermédiaires*, Sappey.

Structure des faisceaux de Goll. — Noyaux de ces faisceaux sur le plancher du quatrième ventricule. — Structure des faisceaux de Burdach.

Lésions systématiques isolées, soit dans le faisceau de Goll, soit dans le faisceau de Burdach. — Les lésions du faisceau de Goll ne donnent pas lieu aux symptômes de l'ataxie locomotrice. — Compression de la moelle épinière produisant la dégénération totale du faisceau de Goll et la dégénération partielle du faisceau de Burdach.

Dégénérations de cause périphérique. — Il n'en existe encore que trois ou quatre observations. — Théorie probable de ces dégénérations...   253

NEUVIÈME LEÇON.

DES DÉGÉNÉRATIONS SECONDAIRES SPINALES OU CÉRÉBRALES AU POINT DE
VUE DES LOIS DE WALLER. — EXPÉRIENCES DE SCHIEFFERDECKER, FRANCK
ET PITRES.

SOMMAIRE. — La raison des dégénérations secondaires spinales est du même ordre que celle des altérations wallériennes. — Lois de Waller.

Dégénérations descendantes et ascendantes. — Les faisceaux qui dégénèrent par en bas sont comparables aux nerfs centrifuges des racines antérieures. — Les faisceaux qui dégénèrent par en haut sont assimilables aux racines postérieures.

Expériences de Westphal, Vulpian, Schiefferdecker. — Epoque du début des dégénérations. — Les dégénérations expérimentales ressemblent de tous points aux dégénérations pathologiques chez l'homme. — Le faisceau pyramidal n'est pas compacte chez le chien. — Diffusion des fibres dégénérées dans le cordon antéro-latéral.

Expériences de Franck et Pitres. — Dégénération dans la capsule interne à la suite de l'ablation du gyrus sigmoïde.

Exception spéciale à la sclérose en plaques. — Desideratum histologique. 263

DIXIÈME LEÇON.

DÉTERMINATION DU TRAJET DES FAISCEAUX BLANCS DE LA MOELLE ÉPINIÈRE PAR L'ÉTUDE DES DÉGÉNÉRATIONS SECONDAIRES. — ANALYSE EXPÉRIMENTALE DES FONCTIONS DES FAISCEAUX PYRAMIDAUX.

SOMMAIRE. — Tous les faisceaux blancs de la moelle sont capables de dégénération systématique. — Faisceaux à fibres longues. — Faisceaux à fibres courtes. — Schéma.

Cordons postérieurs. — Faisceaux intrinsèques. — Faisceaux de Burdach et faisceaux de Goll. — Faisceaux extrinsèques. — Faisceau cérébelleux direct.

Cordons antéro-latéraux. — Faisceaux intrinsèques. — Faisceaux extrinsèques. — Faisceau pyramidal.

Résultats fournis par l'expérimentation. — Les faisceaux anté-latéraux sont-ils excitables ? — L'excitabilité du faisceau pyramidal est manifeste chez l'homme dans tout le trajet cérébro spinal de ce faisceau. — Expériences de Vulpian, Schiff. — Hémisections spinales. — Vivisections de Woroschiloff. — Influence du faisceau pyramidal sur l'activité réflexe de la moelle épinière. — Les faisceaux pyramidaux sont les conducteurs des incitations volontaires. 273

ONZIÈME LEÇON.

SÉMÉIOLOGIE GÉNÉRALE DES DÉGÉNÉRATIONS SECONDAIRES DU FAISCEAU PYRAMIDAL.

SOMMAIRE. — Description de la maladie spinale secondaire. — Attitude du malade au lendemain de l'attaque apoplectique. — Pronostic à formuler dès le début. — Ce pronostic est basé sur le diagnostic anatomique du siège de la lésion.

Détermination exacte du territoire vasculaire aux dépens duquel s'est produite l'hémorrhagie cérébrale. — Le foyer est circonscrit ou il a des chances d'agrandir. — L'intégrité du faisceau pyramidal est la condition *sine quâ non* de la guérison.

Symptômes précurseurs de la contracture secondaire. — Epilepsie spinale, clonus du pied. — Statistique. — Propagation de l'épilepsie spinale au côté sain. — Phénomène de la main. — Réflexes tendineux.... 287

DOUZIÈME LEÇON.

DE LA CONTRACTURE TARDIVE DES HÉMIPLÉGIQUES ET DE SES VARIÉTÉS CLINIQUES.

SOMMAIRE. — Influences diverses qui exagèrent la contracture ou même la prvoqnent prématurément. — Strychnine, faradisation, traumatisme. — Contracture traumatique (observation). — Analogie des contractures hémiplégiques par traumatisme et des contractures hystériques.

A quelle époque survient la contracture secondaire des hémiplégiques. Attitude des membres. — La contracture affecte tous les groupes antagonistes. — Attitudes vicieuses.

Contractures paralytiques, par adaptation, myopathiques. — La contracture des hémiplégiques n'est pas une rigidité passive. — Expériences de Gaillard (de Poitiers).

Tonicité musculaire normale. — Théorie d'Onimus. — Expériences confirmatives de Boudet de Pâris et Brissaud. — Le tonus musculaire est une action réflexe permanente.

Types et variétés des attitudes des membres contracturés. — Contracture de la face. — Terminaisons diverses de la contracture hémiplégique... 299

TREIZIÈME LEÇON.

DE LA CONTRACTURE TARDIVE DES HÉMIPLÉGIQUES ET DE SES VARIÉTÉS CLINIQUES.

SOMMAIRE. — Influences diverses qui exagèrent la contracture. — Strychnine. — Traumatismes.

La contracture est toujours imminente chez les hystériques. — Elle se produit dans les mêmes circonstances.

Epoque de son apparition chez les hémiplégiques. — Elle vient par gradations. — Elle détermine des attitudes et des déformations des membres qui sont toujours les mêmes. — Interprétation de ces attitudes. — Théorie de l'action des antagonistes. — Expériences de Gaillard (de Poitiers). — Tonus musculaire 313

QUATORZIÈME LEÇON.

HÉMIPLÉGIE SPASMODIQUE DE L'ENFANCE. — MOUVEMENTS ASSOCIÉS. — INDÉPENDANCE DES ARCS DIASTALTIQUES POUR LES RÉFLEXES TENDINEUX ET CUTANÉS.

SOMMAIRE. — L'hémiplégie spasmodique de l'enfance a les mêmes caractères que l'hémiplégie des apoplectiques. — Causes anatomiques de cette hémiplégie. — Atrophie des membres, du thorax, du bassin.

Intermittences de la contracture hémiplégique. — Influence des mouvements volontaires sur l'intensité de la contracture. — Syncinésies. — Rôle des mouvements associés dans les variations de la contracture. — Pronostic de la contracture.

Raison physiologique de ce phénomène. — A la suite de la lésion cérébrale il faut distinguer deux périodes dans le développement de la lésion spinale secondaire. — L'exaltation des réflexes ne résulte pas seulement de la suppression de l'influence modératrice cérébrale.

La lésion des cornes antérieures dans l'hémiplégie permanente est une lésion *irritative*. — Elle agit comme la strychnine. — Exagération du tonus musculaire. — Indépendance des arcs diastaltiques réflexes. — Ataxie locomotrice ; hystérie avec hémianesthésie ; hémiplégie de cause encéphalique. — L'hypothèse de la lésion irritative dynamique explique mieux que les autres théories les symptômes spasmodiques de la sclérose descendante... 327

QUINZIÈME LEÇON.

RÔLE PHYSIOLOGIQUE DU FAISCEAU PYRAMIDAL DANS LA CONTRACTURE PERMANENTE ; HÉMIPLÉGIE, MYÉLITE PAR COMPRESSION, TABES DORSAL SPASMODIQUE

SOMMAIRE. — Relations des extrémités périphériques du faisceau pyramidal avec les cellules des cornes antérieures. — Lésions de ces cellules. — Elles sont de nature irritative. — Phénomènes cliniques : actes réflexes. — Théories relatives à la pathogénie de la contracture.

Théorie de l'encéphalite. — Théorie de l'irrigation des tubes nerveux mélangés à ceux du faisceau pyramidal.

La cause immédiate de la contracture est dans la substance grise elle-même. — Preuves fournies par la pathologie spinale proprement dite. — Myélites transverses. — Paraplégie spasmodique. — Tabes dorsal spasmodique.. 341

SEIZIÈME LEÇON.

Myélites transverses et tabes dorsal spasmodique.

Sommaire. — Myélites transverses et hémisection de la moelle épinière.
— Paralysie des deux membres inférieurs dans le cas de lésion spinale
unilatérale. — Hypothèse anatomique qui donne la clef de ce phénomène.
— Opinions de Kölliker, Gerlach, Krause, Schiff, Vulpian, Schiefferdecker.
Contracture permanente et démarche spasmodique dans la myélite
transverse. — Description d'Ollivier (d'Angers). — Cette description
s'applique à la paraplégie tétanoïde de Séguin (démarche spasmodique
d'Erb).
Formes lentes de la myélite transverse.
Tabes dorsal spasmodique. — Théorie de Erb. — Localisation spinale.
— L'anatomie pathologique n'a encore fourni aucune preuve. — Diagnostic avec la sclérose en plaques.
Tabes dorsal chez l'adulte et chez l'enfant. — Paralysie spasmodique
infantile. — Etiologie, pathogénie, autonomie nosographique du tabes
dorsal. — Opinions et observations contradictoires............. 354

DIX-SEPTIÈME LEÇON.

Des amyotrophies et des localisations dans la substance grise de la moelle épinière.

Sommaire. — Lésions systématiques dans la moelle épinière. — L'étude
de ces lésions doit précéder celle des lésions non systématisées. — Rôle
physiologique de la substance grise. — Transmission des impressions
sensitives et des impulsions motrices.
Les lésions systématiques de la substance grise paraissent cantonnées
dans la région des cornes antérieures. — Elles sont presque toutes de
nature irritative ou inflammatoire. — Polyomyélites antérieures systématiques. — Elles sont aiguës, subaiguës ou chroniques. — Caractères
fondamentaux de ces affections. — Troubles de la motilité. — Troubles
trophiques. — Intégrité des fonctions de la vessie et du rectum. —
Abolition des réflexes.
Délimitation du groupe des polyomyélites systématiques. — Amyotrophies protopathiques et deutéropathiques.
Formes aiguës : paralysie spinale infantile, paralysie spinale de
l'adulte. — Forme subaiguë : paralysie générale spinale antérieure subaiguë de Duchenne (de Boulogne). — Forme chronique : atrophie musculaire progressive de Duchenne et Aran.
Polyomyélites non systématisées. — Myélites centrales, sclérose
épendymaire, sclérose en plaques, sclérose latérale amyotrophique.
Du système neuro-musculaire en général.................. 370

APPENDICE.

Sclérose latérale amyotrohique. — Autonomie et caractère spasmodique
de cette affection.................................. 385

*

TABLE ANALYTIQUE

A

AFFECTIONS ÉLÉMENTAIRES, 45, 183, 185.

AMBLYOPIE chez les hystériques, 117; — chez les hémiplégiques, 119. — Rapports entre l' — croisée et l'hémianesthésie sensitive résultant d'une lésion de la capsule interne, 128.

AMYOTROPHIES SPINALES, 375; — protopathiques, deurétopathiques, aiguës et chroniques, 376; — progressive protopathique. (V. ATROPHIE MUSCULAIRE PROGRESSIVE); — deutéropathique, 378.

ANÉVRYSMES MILIAIRES, 47; — leur importance dans la pathogénie de l'hémorrhagie cérébrale, 96, 293.

ANSE ROLANDIQUE, 208.

ANTAGONISTES (Contractures des), 318.

APHASIE, 9; — dans la migraine, 144.

APOPLEXIE, 76, 289; — Pronostic de l' —, 290. (V. HÉMORRHAGIE CÉRÉBRALE.)

ARCS DIASTALTIQUES, 335; — Indépendance des — musculaire et cutané, 337.

ARTÈRES du cerveau, 47; — de la base de l'encéphale, 48; — leur division en systèmes, en groupes, 48; — cérébrales postérieures, communicantes, sylviennes, etc., 48, 52; — Recherches de Duret et Heubner, 54; — corticales, 56; — centrales ou ganglionnaires, 57; — Indépendance des systèmes cortical et central, 57; — Branches de la sylvienne, 58, 60; — nourricières, 60, 292; — courtes et longues, 61, 62; — terminales, 65, 293; — Anatomie descriptive de ces artères corticales, 68, 74; — Anatomie descriptive des artères centrales ou ganglionnaires, 79, 89, 94; — striées, lenticulostriées, lenticulo-optiques, 92, 93.

ATAXIE LOCOMOTRICE, 174, 261; — Réflexes dans l' —, 300.

ATROPHIE CÉRÉBRALE, 328.

ATROPHIE MUSCULAIRE dans l'hémiplégie, 240; — dans la sclérose latérale amyotrophique, 391; — progressive, 300, 377.

ATTITUDE des membres dans le cas de contracture permanente, 317, 323; — Variétés et types, 324 et suiv.

AVANT-COIN, 37.

AVANT-MUR, 8, 291.

AXE GRIS CENTRAL, 372.

B

BANDELETTES OPTIQUES, 123; — leurs racines externes et internes, 136, 138.

BRUIT MUSCULAIRE, 321.

BULBE RACHIDIEN. Il est le siège de lésions systématiques, 46; — sa circulation, 78; — son développement, 190.

C

CAPSULE INTERNE, 6, 7; — ses rapports avec le pied du pédoncule, 83; — sa constitution, 86; — ses lésions, 100 ; — Variétés des symptômes suivant le siège de ces lésions, 101, 105 ; — Régions de la —, 106, 223 ; — Influence des lésions de la — sur le développement des dégénérations secondaires, 146 ; — Trajet du faisceau pyramidal dans la —, 203 ; — Genou de la —, 204, 221 ; — Localisations dans la —, 220 ; — Lésions destructives de la —, 293, 294.

CELLULES ganglionnaires ou pyramidales, 18 ; — Leur analogie avec les cellules motrices de la moelle épinière, leur structure, leurs prolongements, 18, 19, etc ; — géantes, 20, 29, 33, 40, 227, 229 ; — araignées, 24 ; — motrices antérieures, 18, 238 ; — kinésodiques, 277 ; — œsthésodiques, 277.

CENTRES MOTEURS, 11, 40 ; — leur développement, 207.

CENTRE OVALE DE VIEUSSENS, 205.

CENTRES TROPHIQUES, 265.

CHAMP VISUEL, 118. (V. AMBLYOPIE.)

CHROMOLOGIQUES (Faits), 206.

CIRCONVOLUTIONS, 9 ; — chez le singe, 10 ; — chez l'homme, 11 ; — leur description, 12 et suiv. ; — fondamentales, 16 ; — ascendantes, 37 ; — Structure des —, 227.

CLAUSTRUM, 291.

CLONUS. (V. PHÉNOMÈNE DU PIED et PHÉNOMÈNE DU GENOU.)

COLLINE DE DOYÈRE, 380.

CONDUCTION INDIFFÉRENTE, 282.

CONTRACTURE précoce, 99, 289 ; — permanente, 100 ; — ses rapports avec la dégénération secondaire, 154 ; — Prodromes de la —, 294 ; — Influence de la strychnine sur la —, 311 ; — Influence du treumatisme, 314 ; — chez les hystériques, 316 ; — attitude des membres dans la —, 317 ; — myopatique, 319 ; — Guérison exceptionnelle de la —, 325 ; — Rôle physiologique de la —, 338 ; — dans la sclérose multiloculaire, 353 ; — dans le tabès dorsal spasmodique, 359, 367 ; — Valeur séméiologique de la —, 368 ; — dans la sclérose latérale amyotrophique, 386.

CONVULSIONS ÉPILEPTIFORMES, 99.

CORDONS MÉDULLAIRES, 177 ; — de Goll, de Burdach, pyramidaux, etc. (V. FAISCEAUX) ; — postérieurs (dégénération), 253.

CORNES ANTÉRIEURES (Lésions des), 333 ; — lésion irritative, 334 ; — dans la moelle allongée, 379.

CORPS CALLEUX, 36 ; — Circonvolution du —, 36.

CORPS STRIÉ. Sa situation, 4 ; — ses rapports avec la capsule interne, 86, 88 ; — sa circulation, 92, 93.

COUCHES OPTIQUES. Leur situation, 4 ; — Leur importance au point de vue des localisations, 81.

COUPES TRANSVERSALES, 7 ; — pariétales, 205, 232 ; — du bulbe, 193.

COURONNE RAYONNANTE, 6 ; — ses rapports avec la capsule interne, 86 ; — sa constitution, 132 ; — ses fibres postérieures, 134.

CRUCIAL. (V. SILLON.)

CRUSTA. (V. PIED DU PÉDONCULE.)

D

DÉCUSSATION. (V. ENTRECROISEMENT.)

DÉFORMATIONS paralytiques des membres, 317.

DÉGÉNÉRATIONS SECONDAIRES, 153 ; — leurs causes, 153, 211 ; — de cause cérébrale, 212 ; — Dans les — de cause cérébrale, le siége du foyer cérébral est le point capital, 226 ; — Séméiologie générale des —, 287 ; — de cause spinale, 212, 243 ; — descendantes et ascendantes, 247 ; — Faisceaux de Goll et de Burdach, 260 ; — reproduites par l'expérimentation, 268, 274 ; — de cause périphérique, 212, 261.

DÉMARCHE SPASMODIQUE, 360 ; — Elle peut se manifester dans les formes de myélites les plus diverses, 368.

DIASTALTIQUES. (V. ARCS.)

E

ETAGE SUPÉRIEUR, 199.

ETAGE INFÉRIEUR, 5 ; — sa division,

en faisceaux distincts, 108 ; — Faisceau centripète de Meynert, 109, 223 ; — rôle de ce faisceau, 113 ; — Faisceau pyramidal dans l'—, 198 ; — Structure et développement des éléments de l'—, 202.

ECORCE CÉRÉBELLEUSE, 31 ; — type à trois couches.

ECORCE CÉRÉBRALE, 10 ; — type à cinq couches, 25.

ELECTROTHÉRAPIE, 314.

EMBRYOGÉNIE, 180.

EMINENCE DE DOYÈRE, 380.

ENCÉPHALITE, 345.

ENTRECROISEMENT DES PYRAMIDES, 193 ; — ses variétés et ses types, 194, 196 ; — double des fibres pyramidales, 251.

EPILEPSIE SPINALE PROVOQUÉE, 300.

ERYTHÈME des fesses, 289.

EXCITABILITÉ du faisceau pyramidal, 280.

EXPANSION PÉDONCULAIRE, 200.

F

FAISCEAUX SPINAUX, 177 ; — leur autonomie, 181 ; — leur développement, 254.

— cunéiformes ou de Burdach, 178 ; — leur développement, 255, 258.

— de Goll, 256 ; — Noyaux des —, 257 ; — leur développement, 256, 257 ; — leur dégénération, 260.

— cérébelleux directs, 248.

— antéro-latéraux, 178, 218.

— pyramidaux, 190 ; — leur trajet, 191 ; — dans la protubérance, 197 ; — dans les pédoncules, 198, 203 ; — dans la capsule interne, 203 ; — leur origine cérébrale, 208 ; — Dégénération des —, 215 ; — Schéma des — intra-encéphaliques, 231 ; — Développement des —, 236 ; — leur terminaison, 237, 251 ; — leurs centres trophiques, 266 ; — chez le chien, 268 ; — Rôle physiologique des —, 279 ; — son excitabilité, 280 ; — transmission volontaire, 283. (V. DÉGÉNÉRATION SECONDAIRE.)

— pyramidaux directs ou de Türck, 191.

— pyramidaux croisés, 191, 193, 218.

— Division des — en extrinsèques et intrinsèques, en f. à fibres longues et f. à fibres courtes, 275 et suiv.

FILUM TERMINALE, 236.

FLEXIBILITAS CEREA, 387.

G

GANSE DE REIL, 135.

GENOU de la capsule interne, 204.

GRAPHIQUE (Analyse) des réflexes. (V. RÉFLEXES.)

GYRUS ANGULARIS, 12. (V. PLI COURBE.)

GYRUS FORNICATUS, 36. (V. CORPS CALLEUX.)

GYRUS SYGMOÏDE, 270.

H

HÉMIANESTHÉSIE, 95 ; — cérébrale, 100 ; — liée aux lésions postérieures de la capsule interne, 101, 107 ; — — preuves expérimentales, 111 ; — Caractères de l'—, 115 ; — sensorielle, 116 ; — des hystériques, 117, 315 ; — Rapports entre l'amblyopie croisée et l'— sensitive résultant d'une lésion capsulaire, 129 ; — dans les lésions de la protubérance ou du pédoncule, 139 ; — expérimentale, 151.

HÉMYOPIE, 121 ; — homologue unilatérale, 123, 125 ; — Formes de l'—, 125, 126 ; — Causes de l'—, latérale, 143.

HÉMIPARAPLÉGIE SPINALE, 250.

HÉMIPLÉGIE, 95 ; — Troubles trophiques dans l'—, 239 ; — posthémorrhagique, 289 ; — Contracture tardive de l'—, 295 et suiv. ; — dans l'hystérie, 315.

— spasmodique de l'enfance, 158, 328.

HÉMISECTIONS SPINALES, 281, 355.

HÉMISPHÈRES cérébraux. Leurs limites, 4.

HÉMORRHAGIE CÉRÉBRALE, 76, — sa rareté relative dans les parties périphériques, 76 ; — Artères de l'—, 93 ; — Siège, mode de formation et extension de l'—, 103 ; — Hémiplégie consécutive à l'—, 289.

HÉMORRHAGIE MÉNINGÉE, 328.

HISTOIRE NATURELLE des lésions encéphaliques, 43.
HYSTÉRIE (Contractures dans l'), 315.

I

ICTUS APOPLECTIQUE, 289.
INDURATION MULTILOCULAIRE. (V. SCLÉROSE EN PLAQUES.)
INFARCTUS CÉRÉBRAL, 66.
INFLUENCE MODÉRATRICE DU CERVEAU, 286.
INSULA DE REIL, 8, 291.
IRRITATION ET LÉSIONS IRRITATIVES, 333, 334, 342, 348.

K

KINÉSODIQUES (Cellules). (V. CELLULES.)

L

LÉSIONS. (V. SYSTÉMATIQUES.)
LOBES CÉRÉBRAUX, 12 et suiv.
LOBULE PARACENTRAL, 29, 33, 37; — Exemples de lésions du —, 39.
LOBULE QUADRILATÈRE, 37. (V. AVANT-COIN.)
LOCALISATION. Signification de ce mot, 3; — Conditions indipensables pour l'étude des —, 43; — des affections systématiques, 46, 177; — dans les maladies cérébrales et de l'importance de la — sur les dégénérations secondaires, 214; — spinales, 183.
LOCUS NIGER, 83, 201.

M

MAL DE POTT, 348.
MANTEAU de l'hémisphère, 204; — spinal, 176, 275.
MÉNINGITE SPINALE HYPERTROPHIQUE, 378.
MIGRAINE, 143.
MOUVEMENTS ASSOCIÉS, 310; — permanents, théorie de Hitzig, 330, 339.
MYÉLITE primitive, 332, 348; — transverse totale, 358.
— secondaire, 351.
MYOPATHIQUES. (V. CONTRACTURES.)

N

NATES, 137. (V. TUBERCULES QUADRIJUMEAUX.)
NERFS (Structure des), 380.
NERFS OPTIQUES, 137.
NEURO-MUSCULAIRE (Système), 381.
NEURO-RÉTINITE, 120.
NOIX VOMIQUE. (V. STRYCHNINE.)
NOUVEAU-NÉ (Cerveau du), 186; — Absence de contracture chez le —, 333.
NOYAU CAUDÉ, 6; — sa circulation, 75; — ses rapports avec la couronne rayonnante, 131.
NOYAUX GRIS DE L'ENCÉPHALE, 4; — leur circulation, 75; — leurs lésions indépendantes de celles de la capsule interne, 98.
NOYAU LENTICULAIRE, 7; — au point de vue des localisations, 81; — ses hémorrhagies, 105.

P

PACHYMÉNINGITE caséo-tuberculeuse, 244.
PAPILLE ÉTRANGLÉE, 120.
PARALYSIE SPINALE INFANTILE, 38, 300; — quelle place occupe-t-elle dans le groupe des polyomyélites, 376.
PARALYSIE SPINALE DE L'ADULTE, 376.
PARAPLÉGIE spasmodique, 351; — tétanoïde, 351; — dans la myélite, 361; — Interprétation de la —, 371.
PARÉSIE hystérique, 315.
PIED DU PÉDONCULE, 5; — dans ses rapports avec la capsule interne, 83, — sa constitution, 84; — Lésions du —, 148; — Fibres pédonculaires directes et fibres pédonculaires indirectes, 165; — Faisceau pyramidal dans le —, 199.
PÉDONCULES cérébraux, 4; — leurs rapports de continuité avec la capsule interne, 147; — leur division en trois régions, 200; — Dégénération systématique dans les —, 216; — Atrophie des —, 329.
PHÉNOMÈNE du genou, 303.
— de la main, 298.

— du pied, 297. (V. Trépidation spinale.)

Plaques jaunes, 71, 166, 328.

Plis du cerveau, 9, 226.

Pli courbe, 12.

Polyomyélite antérieure, 333 ; — — systématiques, 373 ; — leurs caractères cliniques, 374 et suiv. ; — aiguë et subaiguë, 376 ; — chronique, 377. — diffuse, 378.

Processus cerebelli ad testes, 200.

Prolongement nerveux des cellules, 20 ; — pyramidal, 22 ; — basal, 23.

Protubérance. Elle est le siège de lésions systématiques, 46 ; — sa circulation, 78 ; — Trajet du faisceau pyramidal dans la —, 198 ; — Dégénération systématique dans la —, 217 ; — Atrophie de la —, 329.

Pulvinar, 135.

Putamen, 102.

Pyramides antérieures, 198 ; — Atrophie des —, 329. (V. Entrecroisement.)

R

Racines nerveuses, 265.

Radiations optiques, 138.

Ramollissement cérébral par ischémie, 62 ; — Sa fréquence dans les parties périphériques de l'encéphale, 76, — Foyers localisés de —, 233.

Réflexes ; chez le nouveau-né, 188 ; — tendineux, 298 et suiv. ; — patellaires, 303 ; — tendineux en général et leur analyse graphique, 307 et suiv. ; — dans la sclérose latérale amyotrophique, 346 ; — dans la paraplégie spasmodique, 359 ; — abdomineux, 344.

Réseau nerveux de Gerlach ou réticulum nerveux, 19, 343.

Riesenzellen, 20. (V. Cellules géantes.)

Rigidité des membres, 351 ; — dans le tabès dorsal spasmodique, 365.

Rolandique. (V. Zone.)

Ruban de Vicq d'Azyr, 16.

S

Scissures du cerveau, 13 et suiv.

Sclérose descendante. (V. Dégénérations secondaires.)

Sclérose péri-épendymaire, 378.

Sclérose en plaques, 175 ; — Absence des dégénérations secondaires dans la —, 271 ; — Contracture dans la —, 353 ; — Paralysie spasmodique dans la —, 363.

Scléroses fasciculées systématiques, 156 ; — Anatomie des —, 157 ; — consécutives et primitives, 158, 159.

Sclérose latérale amyotrophique, 46, 346 ; — La — est une lésion systématique à éléments combinés, 379 ; — Autonomie de cette affection, 394 ; — Observations et discussion de ces observations, 394, 407.

Scotome scintillant, 144.

Semi-décussation, 123, 193.

Sensorium commune, 41, 105.

Signe du tendon. (V. Phénomène du genou.)

Sillon de Rolando, 14.

Sillon crucial, 29, 229, 270.

Sillons postérieurs intermédiaires, 259.

Spasmodique. (V. Paraplégie et Tabès).

Splenium, 133.

Strychnine. Son influence sur la contracture, 301 ; — Expériences thérapeutiques de Fouquier, 311 ; — Expériences de Vulpian, 322, 338.

Suppléance fonctionnelle, 100, 152.

Syncinésies. (V. Mouvements associés.)

Syphilitique (Myélite), 352, 355.

Systèmes d'association, 23.

Systématiques (Lésions) en général, 45, 46 ; elles répondent à une topographie anatomique normale, mise en relief par l'anatomie pathologique, la clinique et l'anatomie de développement, 185 et suiv. ; — au point de vue de la pathologie et de la physiologie, 371.

Systématisation des lésions, 44, 371.
Système neuro-musculaire, 381.

T

Tabès dorsal spasmodique, 352 ; — Théories du —, 362 ; — Diagnostic du — avec la sclérose en plaques disséminées, 363.
Tapetum, 133.
Tegmentum, 83, 199.
Territoires vasculaires, 63.
Testes. (V. Tubercules quadriju-meaux.)
Tétanos artificiel, 311.
Thalamus, 135. (V. Couche optique.)
Tonicité musculaire, 320, 343.
Tonus musculaire, 320, — Théories d'Onimus, 321 ; — Irritation physiologique des cornes antérieures, 334, 343.
Topographie spinale, 171, 181.
Tractus optiques. (V. Bandelettes optiques.)
Traumatisme (Influence du) sur la contracture permanente, 314, 338, 345.
Trépidation spinale, 296, 300, 301,
Trophiques (Troubles), 239.
Tubes médullaires, 24, 187, 347.
Tubercules quadrijumeaux, 134 ; — leurs rappports avec les racines des nerfs optiques, 137 ; — lésions des — 140.

V

Volonté (Transmission des ordres de la) par l'intermédiaire du faisceau pyramidal, 282 ; — hypothèses et opinions soutenus depuis Galien, 357.

W

Wallériennes (Lésions), 264.

Z

Zones radiculaires, 180.
Zone rolandique, 204, 230 ; — chez le chien, 269.

VERSAILLES. — CERF ET FILS, IMPRIMEURS, 59, RUE DUPLES

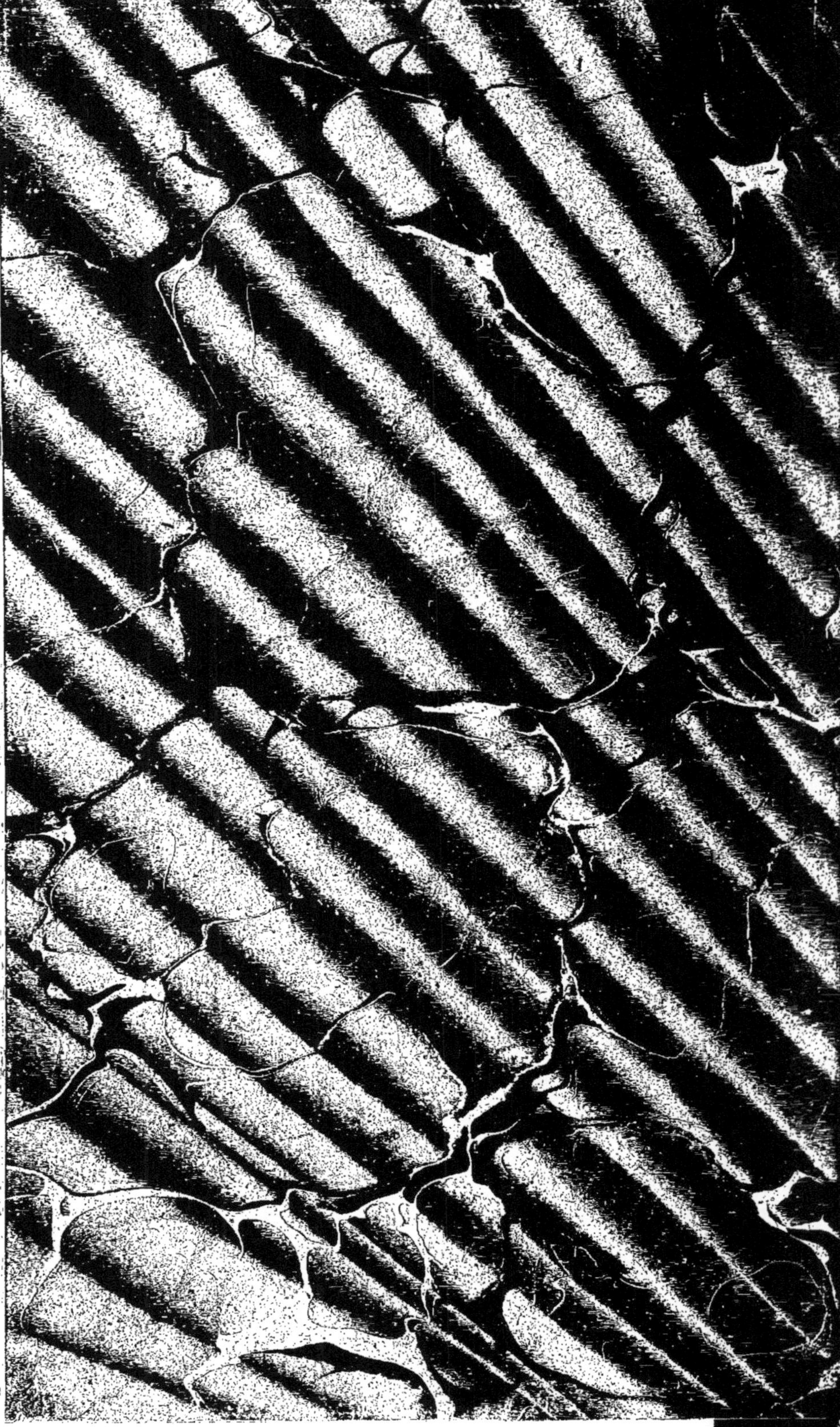

9 782013 633970